未来教育 编著

全国计算机等级考试
一本通 二级C语言

无纸化真考题库
二级公共基础知识

人民邮电出版社
北京

图书在版编目（CIP）数据

2020年全国计算机等级考试一本通. 二级C语言 / 未来教育编著. -- 北京：人民邮电出版社，2020.4（2022.7重印）
ISBN 978-7-115-53140-7

Ⅰ. ①2… Ⅱ. ①未… Ⅲ. ①电子计算机－水平考试－自学参考资料②C语言－程序设计－水平考试－自学参考资料 Ⅳ. ①TP3

中国版本图书馆CIP数据核字(2019)第291776号

内 容 提 要

本书面向全国计算机等级考试二级C语言科目，严格依据其新版考试大纲详细讲解知识点，并配有大量的真题和练习题，以帮助考生在较短的时间内顺利通过考试。

本书共15章，主要内容包括考试指南、公共基础知识、C语言概述、运算符与表达式、基本语句、选择结构、循环结构、数组、函数、指针、编译预处理和动态存储分配、结构体和共用体、文件、操作题高频考点精讲、新增无纸化考试套卷及其答案解析。

本书配套有"智能模考软件"。该软件有四大模块：考试题库、模拟考场、错题重做和配书资源。其中，"考试题库"模块包含119套历年真考试卷，考生可指定用某一套真考试卷进行练习。"模拟考场"模块则是随机组卷，其考试过程完全模拟真实考试环境，限时做题；若考生未能在规定的考试时间内交卷，则系统会强制交卷。交卷后软件系统自动评分，其评分机制亦与真实考试一致，考生可据此自测，自测过程中做错的试题将自动加入"错题重做"模块，供考生重做，以查缺补漏，提高复习效率。"配书资源"模块包含本书实例的素材文件、PPT课件、课后综合自测题的答案和解析。建议考生在了解、掌握书中知识点的基础上合理使用该软件进行模考与练习。图书与软件的完美结合能为考生顺利通过考试提供实实在在的帮助。

本书可作为全国计算机等级考试二级C语言科目的培训教材与辅导书，也可作为C语言的学习参考书。

◆ 编　著　未来教育
　　责任编辑　牟桂玲
　　责任印制　马振武

◆ 人民邮电出版社出版发行　北京市丰台区成寿寺路11号
邮编　100164　电子邮件　315@ptpress.com.cn
网址　http://www.ptpress.com.cn
大厂回族自治县聚鑫印刷有限责任公司印刷

◆ 开本：880×1230　1/16
印张：15.25　　　　2020年4月第1版
字数：617千字　　2022年7月河北第6次印刷

定价：42.00元

读者服务热线：(010)81055410　印装质量热线：(010)81055316
反盗版热线：(010)81055315
广告经营许可证：京东市监广登字 20170147 号

前　言

全国计算机等级考试由教育部考试中心主办,是国内影响较大、参加考试人数较多的计算机水平考试。此类考试的目的在于以考试督促考生学习,因此该考试的报考门槛较低,考生不受年龄、职业、学历等背景的限制,任何人都可以根据自己学习和使用计算机的实际情况,选择参加不同级别的考试。

对于二级C语言科目,考生从报名到参加考试只有3个月左右的准备时间。由于备考时间短,不少考生存在选择题或操作题其中一项偏弱的情况。为帮助考生提高备考效率,我们精心编写了本书。

本书具有以下特点。

1. 针对选择题和操作题

计算机等级考试二级C语言科目包括选择题和操作题两种考核形式。本书在对无纸化考试题库进行深入分析和研究后,总结出选择题和操作题的考点,通过知识点讲解及经典试题剖析,帮助考生更好地理解考点,并快速提高解题能力。

2. 章前考点总结

要想在有限的时间内掌握所有的知识点,考生会感到无从下手。本书通过对无纸化真考题库中的题目进行分析,总结各考点的考核概率,并对考点的难易程度进行评析,帮助考生了解考试的重点与难点。

3. 内容讲解易学易懂

本书的编写力求将复杂问题简单化,将理论难点通俗化,快速提高考生的复习效率。

- 根据无纸化考试题库总结考点,精讲内容。
- 通过典型例题帮助考生强化巩固所学知识点。
- 采用大量插图,简化解题步骤。
- 提供大量习题,巩固所学知识,以练促学,学练结合。

4. 考前模拟训练

为了帮助考生了解考试形式,熟悉命题方式,掌握命题规律,本书特意安排了两套无纸化考试套卷,以贴近真实考试的全套样题的形式供考生进行模拟练习。

5. 智能模考软件

为了更好地帮助考生提高复习效率,本书提供配套的智能模考软件。该软件主要包含以下功能模块。

- 考试题库:包含历年考试题目,以套卷的形式提供,并且考生在练习时可以随时查看答案及解析。
- 模拟考场:完全模拟真实考试环境,其操作界面、答题流程、评分标准均与真考的情况一致,能帮助考生提前熟悉真考环境和考试流程。

● **错题重做**：考生可将做错的试题收录于"错题重做"模块进行重做，以查漏补缺，提高复习效率。

● **配书资源**：主要有本书的PPT课件、素材文件，以及章末"综合自测"中所有试题的详细解析。

本软件的获取方式：扫描图书封底的二维码，关注微信公众号"职场研究社"，回复"53140"，即可免费获取本软件的下载链接。

在编写过程中，尽管我们着力打磨内容，精益求精，但水平有限，书中难免存在疏漏之处，恳请广大读者批评指正。考生在学习的过程中，可以访问未来教育考试网，及时获得考试信息及下载资源。如有疑问，可以发送邮件至 muguiling@ptpress.com.cn，我们将会给您满意的答复。

最后，祝愿各位考生顺利通过考试。

编　者

目 录

第0章 考试指南 ... 1
0.1 考试环境简介 ... 2
0.2 考试流程演示 ... 2

第1章 公共基础知识 ... 5
1.1 数据结构与算法 ... 6
考点1 算法 ... 6
考点2 数据结构的基本概念 ... 6
考点3 线性表及其顺序存储结构 ... 7
考点4 栈和队列 ... 9
考点5 线性链表 ... 10
考点6 树和二叉树 ... 11
考点7 查找技术 ... 12
考点8 排序技术 ... 13
1.2 程序设计基础 ... 15
考点9 程序设计方法与风格 ... 15
考点10 结构化程序设计 ... 15
考点11 面向对象的程序设计 ... 16
1.3 软件工程基础 ... 17
考点12 软件工程的基本概念 ... 17
考点13 结构化分析方法 ... 19
考点14 结构化设计方法 ... 20
考点15 软件测试 ... 21
考点16 程序的调试 ... 23
1.4 数据库设计基础 ... 23
考点17 数据库系统的基本概念 ... 23
考点18 数据模型 ... 25
考点19 关系代数 ... 26
考点20 数据库设计与管理 ... 28
1.5 综合自测 ... 29

第2章 C语言概述 ... 32
2.1 语言基础知识 ... 33
考点1 C语言概述 ... 33
考点2 C语言的构成 ... 33
2.2 常量、变量和数据类型 ... 35
考点3 标识符 ... 35
考点4 常量 ... 36
考点5 变量 ... 38
2.3 综合自测 ... 40

第3章 运算符与表达式 ... 42
3.1 C语言运算符 ... 43
考点1 C语言运算符简介 ... 43
考点2 运算符的结合性和优先级 ... 44
考点3 逗号运算符和逗号表达式 ... 45
3.2 算术运算符和算术表达式 ... 46
考点4 基本的算术运算符 ... 46
考点5 算术表达式和运算符的优先级与结合性 ... 47
考点6 自加、自减运算符 ... 48
3.3 赋值运算符和赋值表达式 ... 50
考点7 赋值运算符和赋值表达式 ... 50

考点 8　复合的赋值运算符 ·· 51
考点 9　强制类型转换运算符与赋值运算中的类型转换 ·· 52
3.4　位运算 ··· 54
考点 10　位运算符和位运算 ·· 54
3.5　综合自测 ··· 55

第 4 章　基本语句 ··· 57
4.1　C 语句概述 ··· 58
考点 1　C 语句分类 ·· 58
4.2　赋值语句与输入/输出 ·· 59
考点 2　字符输出函数 putchar( ) ··· 59
考点 3　字符输入函数 getchar( ) ··· 60
考点 4　格式输出函数 printf( ) ··· 61
考点 5　格式输入函数 scanf( ) ··· 63
4.3　综合自测 ··· 65

第 5 章　选择结构 ··· 67
5.1　关系运算符和关系表达式 ··· 68
考点 1　关系运算符和关系表达式 ·· 68
5.2　逻辑运算符和逻辑表达式 ··· 70
考点 2　逻辑运算符和逻辑表达式 ·· 70
5.3　if 语句和用 if 语句构成的选择结构 ··· 72
考点 3　if 语句的形式 ··· 72
考点 4　if 语句的嵌套 ··· 74
考点 5　由条件运算符构成的选择结构 ·· 75
5.4　switch 语句 ··· 76
考点 6　switch 语句 ·· 76
5.5　综合自测 ··· 78

第 6 章　循环结构 ··· 81
6.1　while 语句 ·· 82
考点 1　while 语句 ··· 82
6.2　do…while 语句 ·· 83
考点 2　do…while 语句 ··· 83
6.3　for 语句 ··· 85
考点 3　for 语句 ·· 85
6.4　循环的嵌套 ·· 88
考点 4　循环的嵌套 ··· 88
6.5　break 语句和 continue 语句 ·· 90
考点 5　break 语句 ··· 90
考点 6　continue 语句 ··· 91
6.6　综合自测 ··· 93

第 7 章　数组 ··· 96
7.1　一维数组的定义和引用 ·· 97
考点 1　一维数组的定义及其元素的引用 ··· 97
考点 2　一维数组的初始化 ··· 98
7.2　二维数组的定义和引用 ·· 100
考点 3　二维数组的定义及其元素的引用 ··· 100
考点 4　二维数组的初始化 ·· 102
7.3　字符数组 ··· 105
考点 5　字符数组的定义及其初始化和引用 ·· 105
考点 6　字符串和字符串结束标识 ·· 106
考点 7　字符数组的输入/输出 ··· 107
考点 8　字符串处理函数 ··· 108
7.4　综合自测 ··· 110

第 8 章　函数 ··· 115
8.1　库函数 ·· 116

考点1　库函数 ... 116
　8.2　函数定义的一般形式 ... 117
　　考点2　函数的定义 ... 117
　8.3　函数参数和函数返回值 ... 118
　　考点3　函数参数及函数的返回值 ... 118
　8.4　函数的调用 ... 120
　　考点4　函数调用的一般形式和调用方式 ... 120
　　考点5　函数的说明及其位置 ... 122
　8.5　函数的递归调用 ... 124
　　考点6　函数的递归调用 ... 124
　8.6　标识符的作用域和存储类别 ... 126
　　考点7　标识符的作用域和存储类别 ... 126
　8.7　综合自测 ... 127

第9章　指针 ... 131
　9.1　关于地址和指针 ... 132
　9.2　变量的指针和指向变量的指针变量 ... 133
　　考点1　指针变量的定义和引用 ... 133
　　考点2　指针变量作为函数参数 ... 135
　9.3　数组与指针 ... 137
　　考点3　移动指针 ... 137
　　考点4　指向数组元素的指针及通过指针引用数组元素 ... 138
　　考点5　用数组名作为函数参数 ... 140
　9.4　字符串与指针 ... 141
　　考点6　字符串及字符指针 ... 141
　9.5　指向函数的指针及返回指针值的函数 ... 142
　　考点7　用函数指针变量调用函数 ... 142
　9.6　综合自测 ... 143

第10章　编译预处理和动态存储分配 ... 147
　10.1　宏定义 ... 148
　　考点1　不带参数的宏定义 ... 148
　　考点2　带参数的宏定义 ... 149
　10.2　文件包含 ... 150
　　考点3　文件包含 ... 150
　10.3　关于动态存储的函数 ... 151
　　考点4　malloc()函数 ... 151
　　考点5　free()函数 ... 153
　10.4　综合自测 ... 154

第11章　结构体和共用体 ... 157
　11.1　用typedef说明一种新类型名 ... 158
　　考点1　用typedef说明一种新类型名 ... 158
　11.2　结构体类型、结构体变量的定义和引用 ... 159
　　考点2　结构体类型的变量、数组和指针变量的定义 ... 159
　11.3　指向结构体类型数据的指针 ... 162
　　考点3　指向结构体变量的指针 ... 162
　11.4　链表 ... 163
　　考点4　链表 ... 163
　　考点5　建立单向链表 ... 165
　　考点6　顺序访问链表中各节点的数据域 ... 167
　　考点7　在链表中插入和删除节点 ... 168
　11.5　共用体 ... 169
　　考点8　共用体类型的定义和引用 ... 170
　11.6　综合自测 ... 171

第12章　文件 ... 176
　12.1　C语言文件的概念 ... 177

	考点1　文件的概念和文件指针	177
12.2	文件的打开与关闭	178
	考点2　fopen()函数和fclose()函数	178
12.3	文件的读、写	180
	考点3　fputc()函数和fgetc()函数	180
	考点4　fread()函数和fwrite()函数	183
	考点5　fscanf()函数和fprintf()函数	183
	考点6　fgets()函数和fputs()函数	185
12.4	文件的定位	186
	考点7　fseek()函数和随机读写	186
12.5	综合自测	188

第13章　操作题高频考点精讲 … 191

- 13.1 C程序设计基础 … 192
  - 考点1　C程序结构特点 … 192
  - 考点2　常量与变量 … 192
  - 考点3　运算符及表达式 … 192
  - 考点4　强制类型转换 … 193
- 13.2 C语言的基本结构 … 193
  - 考点5　格式输入与输出 … 193
  - 考点6　条件与分支(if,switch) … 194
  - 考点7　循环 … 195
- 13.3 函数 … 196
  - 考点8　函数的定义、调用及参数传递 … 196
  - 考点9　迭代算法和递归算法 … 196
- 13.4 指针 … 197
  - 考点10　指针变量的定义 … 197
  - 考点11　函数之间的地址传递 … 197
- 13.5 数组 … 198
  - 考点12　一维数组 … 198
  - 考点13　排序算法 … 198
  - 考点14　二维数组 … 199
- 13.6 字符串 … 200
  - 考点15　字符串的表示 … 200
  - 考点16　指向字符串的指针 … 201
  - 考点17　字符串处理函数 … 201
- 13.7 结构体、共用体和用户定义类型 … 202
  - 考点18　结构体变量的定义与表示方法 … 202
  - 考点19　链表 … 202
  - 考点20　命名类型 … 203
  - 考点21　宏定义 … 203
- 13.8 文件 … 203
  - 考点22　文件的打开与关闭 … 203
  - 考点23　文件的读写 … 204
  - 考点24　文件检测函数 … 204

第14章　新增无纸化考试套卷及其答案解析 … 205

- 14.1 新增无纸化考试套卷 … 206
  - 第1套　新增无纸化考试套卷 … 206
  - 第2套　新增无纸化考试套卷 … 218
- 14.2 新增无纸化考试套卷的答案及解析 … 227
  - 第1套　答案及解析 … 227
  - 第2套　答案及解析 … 231

附录　综合自测参考答案 … 235

第0章

考试指南

俗话说:"知己知彼,百战不殆。"考生在备考之前,需要了解相关的考试信息,然后进行有针对性的复习,方可起到事半功倍的效果。为此,特安排本章,帮助考生在较短的时间了解实用的信息。本章介绍了上机考试环境及流程。各部分内容具体如下。

考试环境简介:介绍考试环境、考试题型及其分值。

考试流程演示:主要是介绍真实考试的操作过程,以免考生因不了解答题过程而造成失误。

0.1 考试环境简介

2020年全国计算机等级考试的硬件环境和软件环境,以及题型、分值、考试时间如下。

1. 硬件环境

考试系统所需要的硬件环境如表0.1所示。

表0.1　硬件环境

CPU	主频双核2.1GHz
内　　存	2GB 或以上
显　　卡	支持 DirectX 9
硬盘空间	10GB 以上可供考试使用的空间

2. 软件环境

考试系统所需要的软件环境如表0.2所示。

表0.2　软件环境

操作系统	中文版 Windows 7
应用软件	中文版 Microsoft Visual C++ 2010 Express

3. 本书配套软件的适用环境

本书配套的软件在教育部考试中心规定的考试环境下进行了严格的测试,适用于中文版 Windows 7 和中文版 Microsoft Visual C++ 2010 Express。

4. 题型及分值

全国计算机等级考试二级C语言考试满分为100分,共有4种考查题型,即选择题(40 小题,共40分)、程序填空题(1 小题,18 分)、程序修改题(1 小题,18 分)和程序设计题(1 小题,24 分)。

5. 考试时间

全国计算机等级考试二级C语言考试时间为120分钟,考试时间由考试系统自动计时,考试时间结束后,考试系统自动将计算机锁定,考生不能继续进行考试。

0.2 考试流程演示

考生考试过程分为登录、答题、交卷等阶段。

1. 登录

在实际答题之前,需要进行考试系统的登录。一方面,这是考生姓名的记录凭据,系统要验证考生的"合法"身份;另一方面,考试系统也需要为每一位考生随机抽题,生成一份二级C语言考试的试题。

(1)启动考试系统。双击桌面上的"NCRE 考试系统"快捷方式,或从"开始"菜单的"所有程序"中选择"第××(××为考次号)次 NCRE"命令,启动"NCRE 考试系统"。

(2)考号验证。在"考生登录"界面中输入准考证号,单击图0.1中的"下一步"按钮,可能会出现以下情况的提示信息。

- 如果输入的准考证号存在,将弹出"考生信息确认"界面,要求考生对准考证号、姓名及证件号进行验证,如图0.2所示。如果输入的准考证号错误,则单击"重输准考证号"按钮重新输入;如果输入的准考证号正确,则单击"下一步"按钮继续。

图0.1 输入准考证号

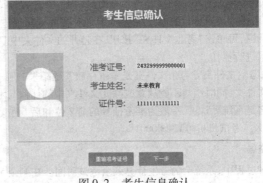
图0.2 考生信息确认

• 如果输入的准考证号不存在,考试系统会显示如图0.3所示的提示信息,并要考生重新输入准考证号。

(3)登录成功。当考试系统抽取试题成功后,屏幕上会显示二级C语言的考试须知,考生须勾选"已阅读"复选框并单击"开始考试并计时"按钮,开始考试并计时,如图0.4所示。

图0.3 准考证号无效

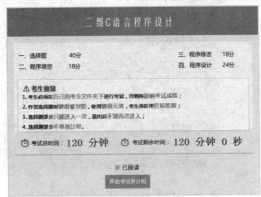
图0.4 考试须知

2. 答题

(1)试题内容查阅窗口。登录成功后,考试系统将自动在屏幕中间生成试题内容查阅窗口,至此,系统已为考生抽取了一套完整的试题,如图0.5所示。单击其中的"选择题""程序填空""程序修改"或"程序设计"按钮,可以分别查看各题型的题目要求。

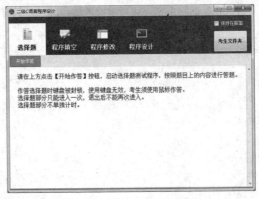
图0.5 试题内容查阅窗口

当试题内容查阅窗口中显示上下或左右滚动条时,表示该窗口中的试题尚未完全显示,因此,考生可用鼠标拖动滚动条显示余下的试题内容,防止因漏做试题而影响考试成绩。

(2)考试状态信息条。屏幕中出现试题内容查阅窗口的同时,屏幕顶部显示考试状态信息条,其中包括:①考试科目名称、考生的准考证号、考试剩余时间;②可以随时显示或隐藏试题内容查阅窗口的按钮;③退出考试系统进行交卷的按钮,如图0.6所示。"隐藏试题"字符表示屏幕中间的考试窗口正在显示。当用鼠标单击"隐藏试题"字符时,屏幕中间的考试窗口就被隐藏,且"隐藏试题"字符变成"显示试题"。

图0.6 考试状态信息条

(3)启动考试环境。在试题内容查阅窗口中,单击"选择题"标签,再单击"开始作答"按钮,系统将自动进入作答选择题的界面,可根据要求进行答题。注意:选择题作答界面只能进入一次,退出后不能再次进入。对于程序填空题、程序修改题和程序设计题,可单击"考生文件夹"按钮,在打开的文件夹中双击相应文件,在启动的 Microsoft Visual C ++ 2010 Express 中按照题目要求进行操作。

(4)考生文件夹。考生文件夹是考生存放答题结果的唯一位置。考生在考试过程中所操作的文件和文件夹绝对不能脱离考生文件夹,同时绝对不能随意删除此文件夹中的任何与考试要求无关的文件及文件夹,否则会影响考试成绩。考生文件夹的命名是系统默认的,一般为准考证号的前2位和后6位。假设某考生登录的准考证号为"2428999999000001",则考生文件夹为"K:\考试机机号\24000001"。

3. 交卷

考试过程中,系统会为考生计算剩余考试时间。在剩余5分钟时,系统会显示一个提示信息,提示考生注意保存并准备交卷。时间用完,系统自动结束考试,强制交卷。

如果考生要提前结束考试并交卷,则在屏幕顶部考试状态信息条中单击"交卷"按钮,考试系统将弹出如图0.7所示的"作答进度"窗口,其中会显示已作答题量和未作答题量。此时考生如果单击"确定"按钮,系统会再次显示确认对话框,如果仍单击"确定"按钮,则退出考试系统进行交卷处理;如果单击"取消"按钮,则返回考试界面,继续进行考试。

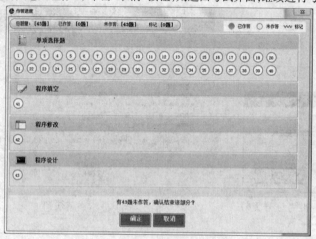

图 0.7 交卷确认

如果确定进行交卷处理,系统首先锁定屏幕,并显示"正在结束考试";当系统完成交卷处理时,在屏幕上显示"考试结束,请监考老师输入结束密码:",这时只要输入正确的结束密码就可结束考试。(注意:只有监考人员才能输入结束密码)

第1章

公共基础知识

本章内容主要是全国计算机等级考试二级的公共基础知识,主要介绍程序设计的基础知识和面向对象的程序设计基础。本章分为4节,包括数据结构与算法、程序设计基础、软件工程基础和数据库设计基础。

考 点	考核概率	难易程度
算法	45%	★★★
数据结构的基本概念	45%	★★
线性表及其顺序存储结构	45%	★
栈和队列	90%	★★★
线性链表	35%	★★★
树和二叉树	100%	★★★★★
查找技术	35%	★★
排序技术	25%	★★
程序设计方法与风格	10%	★
结构化程序设计	45%	★★
面向对象的程序设计	65%	★★★★
软件工程的基本概念	75%	★★★
结构化分析方法	85%	★★★
结构化设计方法	65%	★★★
软件测试	75%	★★
程序的调试	30%	★
数据库系统的基本概念	90%	★★
数据模型	90%	★
关系代数	90%	★★
数据库设计与管理	55%	★★★★★

1.1 数据结构与算法

考点1 算　　法

1. 算法的基本概念

算法是指对解题方案准确而完整的描述。

(1)算法的基本特征。

● 可行性:针对实际问题而设计的算法,执行后能够得到满意的结果,即必须有一个或多个输出。注意,即使某一算法在数学理论上是正确的,但如果在实际的计算工具上不能执行,则该算法也是不具有可行性的。

● 确定性:指算法中每一步骤都必须是有明确定义的。

● 有穷性:指算法必须能在有限的时间内做完。

● 拥有足够的情报:一个算法是否有效,还取决于为算法所提供的情报是否足够。

> **真考链接**
>
> 考核概率为45%。该知识点属于熟记性内容,考生要熟记算法的概念,以及时间复杂度和空间复杂度的概念。

(2)算法的基本要素。

算法一般由两种基本要素构成:

● 对数据对象的运算和操作;

● 算法的控制结构,即运算和操作时间的顺序。

算法中对数据对象的运算和操作:算法就是按解题要求从指令系统中选择合适的指令组成的指令序列。计算机算法就是计算机能执行的操作所组成的指令序列。不同的计算机系统,其指令系统是有差异的,但一般的计算机系统中都包括的运算和操作有4类,即算术运算、逻辑运算、关系运算和数据传输。

算法的控制结构:算法中各操作之间的执行顺序称为算法的控制结构。算法的功能不仅取决于所选用的操作,还与各操作之间的执行顺序有关。基本的控制结构包括顺序结构、选择结构和循环结构。

(3)算法设计的基本方法。

算法设计的基本方法有列举法、归纳法、递推法、递归法、减半递推技术和回溯法。

2. 算法的复杂度

算法的复杂度主要包括时间复杂度和空间复杂度。

(1)算法的时间复杂度。

所谓算法的时间复杂度,是指执行算法所需要的计算工作量。

一般情况下,算法的工作量用算法所执行的基本运算次数来度量,而算法所执行的基本运算次数是问题规模的函数,即

$$算法的工作量 = f(n)$$

其中,n 表示问题的规模。这个表达式表示随着问题规模 n 的增大,算法执行时间的增长率和 $f(n)$ 的增长率相同。

在同一个问题规模下,如果算法执行所需的基本运算次数取决于某一特定输入,可以用两种方法来分析算法的工作量:平均性态分析和最坏情况分析。

(2)算法的空间复杂度。

一个算法的空间复杂度,一般是指执行这个算法所需要的内存空间。算法执行期间所需要的存储空间包括3个部分:

● 算法程序所占的空间;

● 输入的初始数据所占的存储空间;

● 算法执行过程中所需要的额外空间。

在许多实际问题中,为了减少算法所占的存储空间,通常采用压缩存储技术。

考点2 数据结构的基本概念

1. 数据结构的定义

数据结构是指相互有关联的数据元素的集合,即数据的组织形式。

(1)数据的逻辑结构。

所谓数据的逻辑结构,是指反映数据元素之间逻辑关系(即前、后件关系)的数据结构。它包括数据元素的集合和数据元素之间的关系。

(2)数据的存储结构。

数据的逻辑结构在计算机存储空间中的存放形式称为数据的存储结构(也称为数据的物理结构)。数据结构的存储方式有顺序存储方法、链式存储方法、索引存储方法和散列存储方法。采用不同的存储结构,数据处理的效率是不同的。因此,在进行数据处理时,选择合适的存储结构是很重要的。

> **真考链接**
>
> 在选择题中,考核概率为45%。该知识点属于熟记性内容,熟记数据结构的定义、分类,能区分线性结构与非线性结构。

数据结构研究的内容主要包括3个方面:
- 数据集合中各数据元素之间的逻辑关系,即数据的逻辑结构;
- 在对数据进行处理时,各数据元素在计算机中的存储关系,即数据的存储结构;
- 对各种数据结构进行的运算。

2. 数据结构的图形表示

数据元素之间最基本的关系是前、后件关系。前、后件关系,即每一个二元组,都可以用图形来表示。用中间标有元素值的方框表示数据元素,一般称之为数据节点,简称为节点。对于每一个二元组,用一条有向线段从前件指向后件。

用图形表示数据结构具有直观易懂的特点,在不引起歧义的情况下,前件节点到后件节点连线上的箭头可以省去。例如,树形结构中,通常是用无向线段来表示前、后件关系的。

3. 线性结构与非线性结构

根据数据结构中各数据元素之间前、后件关系的复杂程度,一般将数据结构分为两大类型,即线性结构和非线性结构。如果一个非空的数据结构有且只有一个根节点,并且每个节点最多有一个直接前驱或直接后继,则称该数据结构为线性结构,又称线性表。不满足上述条件的数据结构称为非线性结构。

> **小提示**
>
> 需要注意的是,在线性结构中插入或删除任何一个节点后,它还应该是线性结构,否则不能称之为线性结构。

真题精选

下列叙述中正确的是( )。
A. 程序执行的效率与数据的存储结构密切相关
B. 程序执行的效率只取决于程序的控制结构
C. 程序执行的效率只取决于所处理的数据量
D. 以上3种说法都不对

【答案】A

【解析】在计算机中,数据的存储结构对数据的执行效率有较大影响,如在有序存储的表中查找某个数值的效率就比在无序存储的表中查找的效率高很多。

考点3 线性表及其顺序存储结构

1. 线性表的基本概念

在数据结构中,线性结构也称为线性表,线性表是最简单也是最常用的一种数据结构。

线性表是由 $n(n \geq 0)$ 个数据元素 $a_1, a_2, \cdots, a_n$ 组成的一个有限序列,除表中的第一个元素外,其他元素有且只有一个前件,除了最后一个元素外,其他元素有且只有一个后件。

线性表要么是个空表,要么可以表示为

$$(a_1, a_2, \cdots, a_n)$$

其中 $a_i(i=1,2,\cdots,n)$ 是线性表的数据元素,也称为线性表的一个节点。

> **真考链接**
>
> 考核概率为45%。该知识点属于了解性内容,考生需要了解线性表的基本概念。

每个数据元素的具体含义,在不同情况下各不相同,它可以是一个数或一个字符,也可以是一个具体的事物,甚至其他更复杂的信息。但是需要注意的是,同一线性表中的数据元素必定具有相同的特性,即属于同一数据对象。

> **小提示**
>
> 非空线性表具有以下一些结构特征:
> - 有且只有一个根节点,即头节点,它无前件;
> - 有且只有一个终节点,即尾节点,它无后件;
> - 除头节点与尾节点外,其他所有节点有且只有一个前件,也有且只有一个后件。节点个数 n 称为线性表的长度,当 $n=0$ 时,称为空表。

2. 线性表的顺序存储结构

将线性表中的元素一个接一个地存储在一片相邻的存储区域中。这种顺序表示的线性表也称为顺序表。

线性表的顺序存储结构具有以下两个基本特点:
- 元素所占的存储空间必须是连续的;
- 元素在存储空间的位置是按逻辑顺序存放的。

从这两个特点也可以看出,线性表是用元素在计算机内物理位置上的相邻关系来表示元素之间逻辑上的相邻关系。只要确定了首地址,线性表内任意元素的地址都可以方便地计算出来。

3. 线性表的插入运算

在线性表的插入运算中,在第 i 个元素之前插入一个新元素,完成插入操作主要有以下 3 个步骤:

(1) 把原来第 n 个节点至第 i 个节点依次往后移动一个元素位置;
(2) 把新节点放在第 i 个位置上;
(3) 修正线性表的节点个数。

> **小提示**
>
> 一般会为线性表开辟一个大于线性表长度的存储空间,经过多次插入运算,可能出现存储空间已满的情况,如果此时仍继续做插入运算,将会产生错误,此类错误称为"上溢"。

如果需要在线性表末尾进行插入运算,则只需要在表的末尾增加一个元素即可,不需要移动线性表中的元素。
如果在第一个位置插入新的元素,则需要移动表中的所有数据。

4. 线性表的删除运算

在线性表的删除运算中,删除第 i 个位置的元素,则要从第 $i+1$ 个元素开始直到第 n 个元素之间,共 $n-i$ 个元素依次向前移一个位置。完成删除运算主要有以下几个步骤:

(1) 把第 i 个元素之后(不包括第 i 个元素)的 $n-i$ 个元素依次前移一个位置;
(2) 修正线性表的节点个数。

显然,如果删除运算在线性表的末尾进行,即删除第 n 个元素,则不需要移动线性表中的元素。
如果要删除第 1 个元素,则需要移动表中的所有数据。

> **小提示**
>
> 由线性表的以上性质可以看出,线性表的顺序存储结构适合用于小线性表或者建立之后其中元素不常变动的线性表,而不适合用于需要经常进行插入和删除运算的线性表和长度较大的线性表。

真题精选

【例1】 下列有关顺序存储结构的叙述,不正确的是( )。

A. 存储密度大
B. 逻辑上相邻的节点物理上不必邻接
C. 可以通过计算机直接确定第 i 个节点的存储地址
D. 插入、删除操作不方便

【答案】B

【解析】顺序存储结构要求逻辑上相邻的元素物理上也相邻,所以只有选项B叙述错误。

【例2】在一个长度为 n 的顺序表中,向第 i 个元素($1 \leq i \leq n+1$)位置插入一个新元素时,需要从后向前依次移动(　　)个元素。

A. $n-i$　　　　　　B. i　　　　　　C. $n-i-1$　　　　　　D. $n-i+1$

【答案】D

【解析】根据顺序表的插入运算的定义知道,在第 i 个位置上插入 x,从 a_i 到 a_n 都要向后移动一个位置,共需要移动 $n-i+1$ 个元素。

考点4　栈和队列

1. 栈及其基本运算

(1)栈的基本概念。

栈实际上也是线性表,只不过是一种特殊的线性表。在这种特殊的线性表中,插入与删除运算都只在线性表的一端进行。

在栈中,允许插入与删除的一端称为栈顶(top),另一端称为栈底(bottom)。当栈中没有元素时称为空栈。栈也被称为"先进后出"表,或"后进先出"表。

> **真考链接**
>
> 考核概率为90%,属于必考知识点,该知识点较为基础,考生要理解栈和队列的概念和特点,掌握栈和队列的运算。

(2)栈的特点。

根据栈的上述定义,可知栈具有以下特点:

- 栈顶元素总是最后被插入的元素,也是最先被删除的元素;
- 栈底元素总是最先被插入的元素,也是最后才能被删除的元素;
- 栈具有记忆功能;
- 在顺序存储结构下,栈的插入和删除运算都不需要移动表中其他数据元素;
- 栈顶指针 top 动态反映了栈中元素的变化情况。

(3)栈的顺序存储及其运算。

栈的状态如图1.1所示。

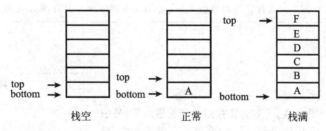

图1.1　栈的状态

根据栈的状态,可以得知栈的基本运算有3种。

- 入栈运算:在栈顶位置插入一个新元素。
- 退栈运算:取出栈顶元素并赋给一个指定的变量。
- 读栈顶元素:将栈顶元素赋给一个指定的变量。

2. 队列及其基本运算

(1)队列的基本概念。

队列是指允许在一端进行插入,而在另一端进行删除的线性表。允许插入的一端称为队尾,通常用一个称为尾指针(rear)的指针指向队尾元素;允许删除的一端称为队头,通常用一个头指针(front)指向头元素的前一个位置。

因此,队列又称为"先进先出"(FIFO,First In First Out)的线性表。插入元素称为入队运算,删除元素称为退队运算。

队列的基本结构如图1.2所示。

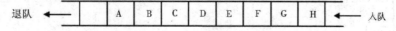

图1.2　队列

(2) 循环队列及其运算。

所谓循环队列,就是将队列存储空间的最后一个位置绕到第一个位置,形成逻辑上的环状空间,供队列循环使用。

在循环队列中,用尾指针指向队列的尾元素,用头指针指向队头元素的前一个位置,因此,从头指针指向的后一个位置直到尾指针指向的位置之间所有的元素均为队列中的元素。循环队列的初始状态为空,即 rear = front。

循环队列的基本运算主要有两种:入队运算与退队运算。

- 入队运算是指在循环队列的队尾加入一个新的元素。
- 退队运算是指在循环队列的队头位置退出一个元素,并赋给指定的变量。

小提示

栈是按照"先进后出"或"后进先出"的原则组织数据,而队列是按照"先进先出"或"后进后出"的原则组织数据。这就是栈和队列的不同点。

真题精选

【例1】 下列对队列的叙述,正确的是(　　)。

　　A. 队列属于非线性表　　　　　　　　B. 队列按"先进后出"原则组织数据
　　C. 队列在队尾删除数据　　　　　　　D. 队列按"先进先出"原则组织数据

【答案】D

【解析】队列是一种特殊的线性表,它只能在一端进行插入,在另一端进行删除。允许插入的一端称为队尾,允许删除的一端称为队头。队列又称为"先进先出"或"后进后出"的线性表,体现了"先到先服务"的原则。

【例2】 下列关于栈的描述,正确的是(　　)。

　　A. 在栈中只能插入元素而不能删除元素
　　B. 在栈中只能删除元素而不能插入元素
　　C. 栈是特殊的线性表,只能在一端插入或删除元素
　　D. 栈是特殊的线性表,只能在一端插入元素,而在另一端删除元素

【答案】C

【解析】栈是一种特殊的线性表。在这种特殊的线性表中,其插入和删除操作只在线性表的一端进行。

考点5　线性链表

1. 线性链表的基本概念

线性表的链式存储结构称为线性链表。

为了存储线性链表中的每一个元素,一方面要存储数据元素的值;另一方面要存储各数据元素之间的前、后件关系。为此,在链式存储结构中,每个节点由两部分组成:一部分称为数据域,用于存放数据元素值;另一部分称为指针域,用于存放下一个数据元素的存储序号,即指向后件节点。链式存储结构既可以表示线性结构,也可以表示非线性结构。

线性表链式存储结构的特点:用一组不连续的存储单元存储线性表中的各个元素。因为存储单元不连续,数据元素之间的逻辑关系,就不能依靠数据元素的存储单元之间的物理关系来表示。

真考链接

考核概率为35%,该知识点属于熟记性内容,考生主要熟记线性链表的概念和特点,顺序表和链表的优、缺点等。

2. 线性链表的基本运算

线性链表主要包括以下几种运算:

- 在线性链表中包含指定元素的节点之前插入一个新元素;
- 在线性链表中删除包含指定元素的节点;
- 将两个线性链表按要求合并成一个线性链表;
- 将一个线性链表按要求进行分解;
- 逆转线性链表;
- 复制线性链表;
- 线性链表的排序;
- 线性链表的查找。

3. 循环链表及其基本运算

(1)循环链表的定义。

在单链表的第一个节点前增加一个表头节点,队头指针指向表头节点,将最后一个节点的指针域的值由 NULL 改为指向表头节点,这样的链表称为循环链表。在循环链表中,所有节点的指针构成了一个环状链。

(2)循环链表与单链表的比较。

对单链表的访问是一种顺序访问,从其中某一个节点出发,只能找到它的直接后继,但无法找到它的直接前驱,而且对于空表和第一个节点的处理必须单独考虑,空表与非空表的操作不统一。

在循环链表中,只要指出表中任何一个节点的位置,就可以从它出发访问到表中其他所有的节点。并且,由于表头节点是循环链表所固有的节点,因此,即使在表中没有数据元素的情况下,表中也至少有一个节点存在,从而使空表和非空表的运算统一。

真题精选

下列叙述中,正确的是(　　)。

A. 线性链表是线性表的链式存储结构
B. 栈与队列是非线性结构
C. 双向链表是非线性结构
D. 只有根节点的二叉树是线性结构

【答案】A

【解析】根据数据结构中各数据元素之间前后件关系的复杂程度,可将数据结构分为两大类型:线性结构与非线性结构。如果一个非空的数据结构满足下列两个条件:①有且只有一个根节点;②每个节点最多有一个前驱,也最多有一个后继。则称该数据结构为线性结构,也叫作线性表。若不满足上述条件,则称之为非线性结构。线性表、栈、队列和线性链表都是线性结构,而二叉树是非线性结构。

考点6　树和二叉树

1. 树的基本概念

树是一种简单的非线性结构,直观地来看,树是以分支关系定义的层次结构。树是由 $n(n \geq 0)$ 个节点构成的有限集合,$n=0$ 的树称为空树;当 $n \neq 0$ 时,树中的节点应该满足以下两个条件:

- 有且仅有一个没有前驱的节点称之为根;
- 其余节点分成 $m(m>0)$ 个互不相交的有限集合 $T_1, T_2, \cdots, T_m$,其中每一个集合又都是一棵树,称 $T_1, T_2, \cdots, T_m$ 为根节点的子树。

在树的结构中主要涉及下面几个概念。

- 每一个节点只有一个前件,称为父节点。没有前件的节点只有一个,称为树的根节点,简称树的根。
- 每一个节点可以有多个后件,称为该节点的子节点。没有后件的节点称为叶子节点。
- 一个节点所拥有的后继个数称为该节点的度。
- 所有节点最大的度称为树的度。
- 树的最大层次称为树的深度。

> **真考链接**
>
> 考核概率为100%,本节属于必考知识点,特别是关于二叉树的遍历。该知识点属于熟记和掌握性内容,考生要熟记二叉树的概念及其相关术语,掌握二叉树的性质以及二叉树的3种遍历方法。本知识点是数据结构的重要组成部分。

2. 二叉树及其基本性质

(1)二叉树的定义。

二叉树是一种非线性结构,是一个有限的节点集合,该集合或者为空,或者由一个根节点及其两棵互不相交的左、右二叉子树所组成。当集合为空时,称该二叉树为空二叉树。

二叉树具有以下特点:

- 二叉树可以为空,空的二叉树没有节点,非空二叉树有且只有一个根节点;
- 每一个节点最多有两棵子树,且分别称为该节点的左子树与右子树。

(2)满二叉树和完全二叉树。

满二叉树:除最后一层外,每一层上的所有节点都有两个子节点,即在满二叉树的第 k 层上有 2^{k-1} 个节点,且深度为 m 的满二叉树中有 2^m-1 个节点。

完全二叉树:除最后一层外,每一层上的节点数都达到最大值;在最后一层上只缺少右边的若干节点。

满二叉树与完全二叉树的关系:满二叉树一定是完全二叉树,但完全二叉树不一定是满二叉树。
(3)二叉树的主要性质。
- 一棵非空二叉树的第 k 层上最多有 2^{k-1} 个节点($k \geqslant 1$)。
- 深度为 m 的满二叉树中有 $2^m - 1$ 个节点。
- 对任何一棵二叉树,度为 0 的节点(即叶子节点)总是比度为 2 的节点多一个。
- 具有 n 个节点的完全二叉树的深度 k 为 $[\log_2 n] + 1$(此处 $[\ ]$ 表示向下取整)。

3. 二叉树的存储结构

在计算机中,二叉树通常采用链式存储结构。用于存储二叉树中各元素的存储节点由数据域和指针域组成。由于每一个元素可以有两个后件(即两个子节点),所以用于存储二叉树的存储节点的指针域有两个:一个指向该节点的左子节点的存储地址,称为左指针域;另一个指向该节点的右子节点的存储地址,称为右指针域。因此,二叉树的链式存储结构也称为二叉链表。

对于满二叉树与完全二叉树可以按层次进行顺序存储。

4. 二叉树的遍历

二叉树的遍历是指不重复地访问二叉树中的所有节点。二叉树的遍历主要是针对非空二叉树的,对于空二叉树,则结束遍历并返回。

二叉树的遍历有前序遍历、中序遍历和后序遍历。

(1)前序遍历(DLR)。

首先访问根节点,然后遍历左子树,最后遍历右子树。

(2)中序遍历(LDR)。

首先遍历左子树,然后访问根节点,最后遍历右子树。

(3)后序遍历(LRD)。

首先遍历左子树,然后遍历右子树,最后访问根节点。

> **小提示**
>
> 已知一棵二叉树的前序遍历序列和中序遍历序列,可以唯一地确定这棵二叉树。已知一棵二叉树的后序遍历序列和中序遍历序列,也可以唯一地确定这棵二叉树。已知一棵二叉树的前序遍历序列和后序遍历序列,不能唯一地确定这棵二叉树。

  真题精选

对图 1.3 所示二叉树进行后序遍历的结果为(　　)。

A. ABCDEF　　　　B. DBEAFC　　　　C. ABDECF　　　　D. DEBFCA

【答案】D

【解析】执行后序遍历,依次执行以下操作:
① 首先按照后序遍历的顺序遍历根节点的左子树;
② 然后按照后序遍历的顺序遍历根节点的右子树;
③ 最后访问根节点。

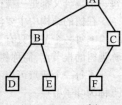

图 1.3　二叉树

考点 7　查找技术

1. 顺序查找

顺序查找一般是指在线性表中查找指定的元素。其基本思路:从表中的第一个元素开始,依次将线性表中的元素与被查找元素进行比较,直到两者相符,查到所要找的元素为止;否则,表中没有要找的元素,查找不成功。

在最好的情况下,第一个元素就是要查找的元素,则比较次数为 1 次。

在最坏的情况下,顺序查找需要比较 n 次。

在平均情况下,需要比较 $n/2$ 次。因此,查找算法的时间复杂度为 $O(n)$。

 真考链接

考核概率为 35%,该知识点属于理解性内容,考生要理解顺序查找与二分查找的概念以及一些查找的方法。

在下列两种情况下只能够采取顺序查找：
- 如果线性表中元素的排列是无序的，则无论是顺序存储结构还是链式存储结构，都只能采用顺序查找；
- 即便是有序线性表，若采用链式存储结构，则只能进行顺序查找。

2. 二分查找

使用二分查找的线性表必须满足两个条件：
- 顺序存储结构；
- 线性表是有序表。

所谓有序表，是指线性表中的元素按值非递减排列（即从小到大，但允许相邻元素值相等）。

对于长度为 n 的有序线性表，利用二分查找元素 x 的过程如下：
(1) 将 x 与线性表的中间项进行比较；
(2) 若中间项的值等于 x，则查找成功，结束查找；
(3) 若 x 小于中间项的值，则在线性表的前半部分以二分法继续查找；
(4) 若 x 大于中间项的值，则在线性表的后半部分以二分法继续查找。

这样反复进行查找，直到查找成功或子表长度为 0（说明线性表中没有这个元素）为止。

当有序线性表为顺序存储时采用二分查找的效率要比顺序查找高得多。对于长度为 n 的有序线性表，在最坏的情况下，二分查找只需要比较 $\log_2 n$ 次，而顺序查找需要比较 n 次。

真题精选

下列数据结构中，能用二分法进行查找的是（　　）。
A. 顺序存储的有序线性表　　　　　　B. 线性链表
C. 二叉链表　　　　　　　　　　　　D. 有序线性链表

【答案】A

【解析】二分查找只适用于顺序存储的有序表。所谓有序表，是指线性表中的元素按值非递减排列（即从小到大，但允许相邻元素值相等）。

考点 8　排序技术

1. 交换类排序法

交换类排序法是指借助数据元素的"交换"来进行排序的一种方法。这里介绍的冒泡排序法和快速排序法就属于交换类排序法。

(1) 冒泡排序法。

冒泡排序法的思想如下。

在线性表中依次查找相邻的数据元素，将表中最大的元素不断往后移动，反复操作直到消除所有逆序，此时，该表已经排序结束。

真考链接

考核概率为 25%，该知识点属于掌握性内容，考生要掌握各种排序方法的概念、基本思想及其复杂度。

冒泡排序法的基本过程如下。

①从表头开始往后查找线性表，在查找过程中逐次比较相邻两个元素的大小。若在相邻两个元素中，前面的元素大于后面的元素，则将它们交换。

②从后向前查找剩下的线性表（除去最后一个元素），同样，在查找过程中逐次比较相邻两个元素的大小。若在相邻两个元素中，后面的元素小于前面的元素，则将它们交换。

③对剩下的线性表重复上述过程，直到剩下的线性表变空为止，线性表排序完成。

假设线性表的长度为 n，则在最坏的情况下，冒泡排序需要经过 $n/2$ 遍的从前往后的扫描和 $n/2$ 遍的从后往前扫描，需要比较 $n(n-1)/2$ 次，其数量级为 n^2。

(2) 快速排序法。

快速排序法的基本思想如下：

在线性表中逐个选取元素，将线性表进行分割，直到所有元素全部选取完毕，此时线性表已经排序结束。

快速排序法的基本过程如下：

①从线性表中选取一个元素，设为 T，将线性表后面小于 T 的元素移到前面，而将大于 T 的元素移到后面，这样就将线性表分成了两部分（称为两个子表），T 就是处于分界线的位置，将线性表分成了前、后两个子表，且前面子表中的所有元素均不大于 T，而后面的子表中的所有元素均不小于 T，此过程称为线性表的分割；

②对分割后的子表再按上述原则进行反复分割,直到所有子表为空为止,则此时的线性表就变成有序表。

2. 插入类排序法

插入排序是指将无序序列中的各元素依次插入已经有序的线性表中。这里主要介绍简单插入排序法和希尔排序法。

(1) 简单插入排序法。

简单插入排序是把 n 个待排序的元素看成一个有序表和一个无序表,开始时,有序表只包含一个元素,而无序表包含 $n-1$ 个元素,每次取无序表中的第一个元素插入到有序表中的正确位置,使之成为增加一个元素的新的有序表。插入元素时,插入位置及其后的记录依次向后移动。最后有序表的长度为 n,而无序表为空,此时排序完成。

在简单插入排序中,每一次比较后最多移掉一个逆序,因此,该排序方法的效率与冒泡排序法相同。在最坏的情况下,简单插入排序需要 $n(n-1)/2$ 次比较。

(2) 希尔排序法。

希尔排序法的基本思路:将整个无序序列分割成若干个小的子序列并分别进行插入排序。

分割方法如下:

①将相隔某个增量 h 的元素构成一个子序列;

②在排序过程中,逐次减少这个增量,直到 h 减少到 1 时,进行一次插入排序,排序即可完成。

希尔排序的效率与所选取的增量序列有关。

3. 选择类排序法

选择排序的基本思想是通过每一趟从待排序序列中选出值最小的元素,按顺序放在已排好序的有序子表的后面,直到全部序列满足排序要求为止。下面就介绍选择类排序法中的简单选择排序法和堆排序法。

(1) 简单选择排序法。

简单选择排序的基本思想是:首先从所有 n 个待排序的数据元素中选择最小的元素,将该元素与第一个元素交换,再从剩下的 $n-1$ 个元素中选出最小的元素与第二个元素交换。重复这样的操作直到所有的元素有序为止。

简单选择排序在最坏的情况下需要比较 $n(n-1)/2$ 次。

(2) 堆排序法。

堆排序的方法如下:

①将一个无序序列建成堆;

②将堆顶元素与堆中最后一个元素交换。忽略已经交换到最后的那个元素,考虑前 $n-1$ 个元素构成的子序列,只有左、右子树是堆,可以将该子树调整为堆。这样重复去做第二步,直到剩下的子序列为空时止。

在最坏的情况下,堆排序需要比较的次数为 $n\log_2 n$。

 真题精选

对于长度为 n 的线性表,在最坏的情况下,下列各排序法所对应的比较次数中正确的是(　　)。

A. 冒泡排序为 $n/2$ 　　　　　　　　　　B. 冒泡排序为 n

C. 快速排序为 n 　　　　　　　　　　　D. 快速排序为 $n(n-1)/2$

【答案】D

【解析】假设线性表的长度为 n,则在最坏的情况下,冒泡排序需要经过 $n/2$ 遍的从前往后扫描和 $n/2$ 遍的从后往前扫描,需要比较次数为 $n(n-1)/2$。快速排序法在最坏的情况下,比较次数也是 $n(n-1)/2$。

常见问题

为什么只有二叉树的前序遍历和后序遍历不能唯一确定一棵二叉树?

在二叉树遍历的前序和后序中都可以确定根节点,但中序是由左至根及右的顺序,所以知道前序(或后序)和中序肯定能唯一确定二叉树;在前序和后序中只能确定根节点而对于左、右子树的节点元素没办法正确选取,所以很难确定一棵二叉树。由此可见,确定一棵二叉树的基础是必须得知道中序遍历。

1.2　程序设计基础

考点9　程序设计方法与风格

1. 程序设计方法

程序设计是指设计、编制、调试程序的方法和过程。

程序设计方法是研究问题求解如何进行系统构造的软件方法学。常用的程序设计方法有结构化程序设计方法、软件工程方法和面向对象方法。

2. 程序设计风格

程序设计风格是指编写程序时所表现出的特点、习惯和逻辑思路。良好的程序设计风格可以使程序结构清晰合理，程序代码便于维护，因此，程序设计风格深深地影响着软件的质量和维护。要形成良好的程序设计风格，主要应注意和考虑的因素有以下几点：

- 源程序文档化；
- 数据说明方法；
- 语句的结构；
- 输入和输出。

> **真考链接**
> 考核概率为10%，该知识点属于熟记性内容，考生要熟记程序设计的规范及相关概念。

真题精选

【例1】下列叙述中，不属于良好程序设计风格要求的是（　　）。
　　A. 程序的效率第一，清晰第二　　B. 程序的可读性好
　　C. 程序中要有必要的注释　　　　D. 输入数据前要有提示信息
【答案】A
【解析】著名的"清晰第一，效率第二"的论点已经成为主导的程序设计风格，所以选项A不属于良好程序设计风格要求，其余选项都是良好程序设计风格的要求。

【例2】下列选项中不符合良好程序设计风格的是（　　）。
　　A. 源程序要文档化　　　　　　　B. 数据说明的次序要规范化
　　C. 避免滥用goto语句　　　　　　D. 模块设计要保证高耦合、高内聚
【答案】D
【解析】良好的程序设计风格使程序结构清晰合理，使程序代码便于维护。主要应注意和考虑的因素有：①源程序要文档化；②数据说明的次序要规范化；③语句的结构应简单直接，不应该为提高效率而把语句复杂化，避免滥用goto语句；④模块设计要保证低耦合、高内聚。

考点10　结构化程序设计

1. 结构化程序设计的原则

结构化程序设计方法的主要原则可以概括为自顶向下、逐步求精、模块化及限制使用goto语句。

（1）自顶向下：程序设计时，应先考虑总体，后考虑细节；先考虑全局目标，后考虑具体问题。

（2）逐步求精：将复杂问题细化，细分为逐个小问题再依次求解。

（3）模块化：是把程序要解决的总目标分解为若干目标，再进一步分解为具体的小目标，把每个小目标称为一个模块。

（4）限制使用goto语句。

> **真考链接**
> 考核概率为45%，该知识点属于熟记性内容，考生要熟记结构化程序设计的4个原则以及结构化程序设计的3种基本结构。

2. 结构化程序设计的基本结构

结构化程序设计有 3 种基本结构，即顺序结构、选择结构和循环结构，其基本形式如图 1.4 所示。

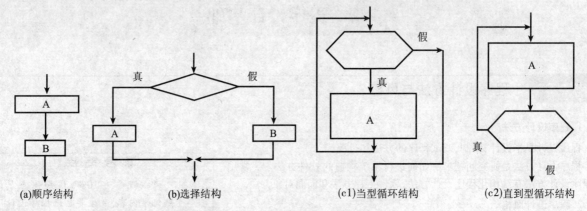

图 1.4　结构化程序设计的基本结构

3. 结构化程序设计的原则和方法的应用

结构化程序设计是一种面向过程的程序设计方法。在结构化程序设计的具体实施中，需要注意以下问题：

- 使用程序设计语言的顺序、选择、循环等有限的控制结构表示程序的控制逻辑；
- 选用的控制结构只准许有一个入口和一个出口；
- 程序语句组成容易识别的块，每块只有一个入口和一个出口；
- 复杂结构应该应用嵌套的基本控制结构进行组合嵌套来实现；
- 语言中所没有的控制结构，应该采用前后一致的方法来模拟；
- 严格控制 goto 语句的使用。

 真题精选

下列选项中不属于结构化程序设计方法的是(　　)。

A. 自顶向下　　　　　　B. 逐步求精　　　　　　C. 模块化　　　　　　D. 可复用

【答案】D

【解析】20 世纪 70 年代以来，提出了许多软件设计方法，主要包括：①逐步求精，对复杂的问题，应设计一些子目标作过渡，逐步细化。②自顶向下，程序设计时，应先考虑总体，后考虑细节；先考虑全局目标，后考虑局部目标。一开始不要过多追求细节，先从最上层总目标开始设计，逐步使问题具体化。③模块化，一个复杂问题，肯定是由若干相对简单的问题构成的。模块化是把程序要解决的总目标分解为分目标，再进一步分解为具体的小目标，把每个小目标称为一个模块。而可复用是面向对象程序设计的一个优点，不是结构化程序设计方法。

考点 11　面向对象的程序设计

1. 面向对象方法的本质

面向对象方法的本质就是主张从客观世界固有的事物出发来构造系统，提倡用人类在现实生活中常用的思维方法来认识、理解和描述客观事物，强调最终建立的系统能够映射问题域。

真考链接

考核概率为 65%，该知识点属于熟记性内容，考生要熟记对象、类、实例、消息、继承、多态性的概念。

2. 面向对象方法的优点

面向对象有以下优点：

- 与人类习惯的思维方法一致；
- 稳定性好；
- 可重用性好；
- 易于开发大型软件产品；
- 可维护性好。

3. 面向对象方法的基本概念

(1)对象。

对象是面向对象方法中最基本的概念。对象可以用来表示客观世界中任何实体,它既可以是具体的物理实体的抽象,也可以是人为概念,或者是任何有明确边界和意义的东西。

(2)类。

类是具有共同属性、共同方法的对象的集合,是关于对象的抽象描述,反映属于该对象类型的所有对象的性质。

(3)实例。

一个具体对象则是其对应类的一个实例。

(4)消息。

消息是一个实例与另一个实例之间传递的信息,它请求对象执行某一处理或回答某一要求的信息,它统一了数据流和控制流。

(5)继承。

继承是使用已有的类定义作为基础建立新类的定义方法。在面向对象方法中,类组成为具有层次结构的系统:一个类的上层可有父类,下层可有子类;一个类直接继承其父类的描述(数据和操作)或特性,子类自动地共享基类中定义的数据和方法。

(6)多态性。

对象根据所接收的信息而做出动作,同样的消息被不同的对象接收时可以有完全不同的行动,该现象称为多态性。

> **小提示**
>
> 当使用"对象"这个术语时,既可以指一个具体的对象,也可以泛指一般的对象。但是当使用"实例"这个术语时,则是指一个具体的对象。

真题精选

在面向对象方法中,实现信息隐蔽是依靠(   )。

A. 对象的继承　　　　B. 对象的多态　　　　C. 对象的封装　　　　D. 对象的分类

【答案】C

【解析】对象是由数据和操作组成的封装体,与客观实体有直接的对应关系。对象之间通过传递消息互相联系,以模拟现实世界中不同事物彼此之间的关系。面向对象方法的3个重要特性:封装性、继承性和多态性。

常见问题

对象是面向对象最基本的概念,请问对象有哪些特点?

标识唯一性,指对象是可区分的,并且由对象的内在本质来区分;分类性,指可以将具有共同属性和方法的对象抽象成类;多态性,指同一个操作可以是不同对象的行为;封装性,从外面不能直接使用对象的处理能力,也不能直接修改其内部状态,对象的内部状态只能由其自身改变;模块的独立性好。

1.3 软件工程基础

考点12　软件工程的基本概念

1. 软件定义与软件特点

(1)软件的定义。

软件(software)是与计算机系统的操作有关的计算机程序、规程、规则,以及可能有的文件、文档及数据。

计算机软件由两部分组成:一是计算机可执行的程序和数据;二是计算机不可执行的,与软件开发、运行、维护、使用等有关的文档。

> **真考链接**
>
> 考核概率为75%,该知识点属于熟记理解性内容,考生要熟记软件的定义、特点、软件工程的目标与原则、软件开发工具与软件开发环境,理解软件工程过程与软件生命周期。

(2)软件的特点。

软件主要包括以下几个特点：
- 软件是一种逻辑实体，具有抽象性；
- 软件的生产与硬件不同，它没有明显的制作过程；
- 软件在运行、使用期间，不存在磨损、老化问题；
- 软件的开发、运行对计算机系统具有依赖性，受计算机系统的限制，这导致了软件移植的问题；
- 软件复杂性高、成本昂贵；
- 软件开发涉及诸多的社会因素。

2. 软件危机与软件工程

(1)软件危机。

软件危机泛指在计算机软件的开发和维护中所遇到的一系列严重问题。具体地说，在软件开发和维护过程中，软件危机主要表现在以下几个方面：
- 软件需求的增长得不到满足；
- 软件的开发成本和进度无法控制；
- 软件质量难以保证；
- 软件不可维护或维护程度非常低；
- 软件的成本不断提高；
- 软件开发生产率的提高赶不上硬件的发展和应用需求的增长。

总之，可以将软件危机归结为成本、质量、生产率等问题。

(2)软件工程。

软件工程是应用于计算机软件的定义、开发和维护的一整套方法、工具、文档、实践标准和工序。

软件工程包括两方面内容：软件开发技术和软件工程管理。软件工程包括3个要素，即方法、工具和过程。软件工程的核心思想是把软件产品看做是一个工程产品来处理。

3. 软件工程过程与软件生命周期

(1)软件工程过程。

软件工程过程是把输入转化成为输出的一组彼此相关的资源和活动。

(2)软件生命周期。

通常，将软件产品从提出、实现、使用维护到停止使用的过程称为软件生命周期。

软件生命周期主要包括软件定义、软件开发及软件运行维护3个阶段。其中软件生命周期的主要活动阶段包括可行性研究与计划制订、需求分析、软件设计、软件实现、软件测试和运行维护。

4. 软件工程的目标与原则

(1)软件工程的目标。

软件工程需达到的目标：在给定成本、进度的前提下，开发出具有有效性、可靠性、可理解性、可维护性、可重用性、可适应性、可移植性、可追踪性和可互操作性且满足用户需求的产品。

(2)软件工程的原则。

为了实现上述的软件工程目标，在软件开发过程中，必须遵循软件工程的基本原则。这些原则适用于所有的软件项目，包括抽象、信息隐蔽、模块化、局部化、确定性、一致性、完备性和可验证性。

5. 软件开发工具与软件开发环境

软件开发工具与软件开发环境的使用，提高了软件的开发效率、维护效率和软件质量。

(1)软件开发工具。

软件开发工具的产生、发展和完善促进了软件的开发速度和质量的提高。软件开发工具从初期的单项工具逐步向集成工具发展。与此同时，软件开发的各种方法也必须得到相应的软件工具的支持，否则方法就很难有效地实施。

(2)软件开发环境。

软件开发环境是全面支持软件开发过程的软件工具集合。这些软件工具按照一定的方法或模式组合起来，支持软件生命周期的各个阶段和各项任务的完成。

计算机辅助软件工程(Computer Aided Software Engineering，CASE)是当前软件开发环境中富有特色的研究工作和发展方向。CASE 将各种软件工具、开发计算机和一个存放过程信息的中心数据库组合起来，形成软件工程环境。一个良好的软件工程环境将最大限度地降低软件开发的技术难度并使软件开发的质量得到保证。

真题精选

下列描述中,正确的是( )。
A. 程序就是软件
B. 软件开发不受计算机系统的限制
C. 软件既是逻辑实体,又是物理实体
D. 软件是程序、数据与相关文档的集合

【答案】D
【解析】计算机软件是计算机系统中与硬件相互依存的另一部分,包括程序、数据及相关文档的完整集合。软件具有以下特点:①软件是一种逻辑实体,而不是物理实体,具有抽象性;②软件的生产过程与硬件不同,没有明显的制作过程;③软件在运行、使用期间,不存在磨损、老化问题;④软件的开发、运行对计算机系统具有不同程度的依赖性,这导致软件移植的问题;⑤软件复杂性高,成本昂贵;⑥软件开发涉及诸多的社会因素。

考点13 结构化分析方法

1. 需求分析和需求分析方法

(1)需求分析。

软件需求是指用户对目标软件系统在功能、行为、性能、设计约束等方面的期望。

需求分析的任务是发现需求、求精、建模和定义需求的过程。需求分析将创建所需的数据模型、功能模型和控制模型。

需求分析阶段的工作,可以概括为4个方面:需求获取、需求分析、编写需求规格说明书、需求评审。

(2)需求分析方法。

常用的需求分析方法有结构化分析方法和面向对象分析方法。

> **真考链接**
> 考核概率为85%,该知识点属于熟记理解性内容,考生要熟记需求分析的定义及其工作、2种需求分析方法,理解结构化分析方法常用的工具。

2. 结构化分析方法

(1)结构化分析方法。

结构化分析方法是结构化程序设计理论在软件需求分析阶段的应用。

结构化分析方法的实质是着眼于数据流,自顶向下,逐层分解,建立系统的处理流程,以数据流图和数据字典为主要工具,建立系统的逻辑模型。

(2)结构化分析方法的常用工具。

常用工具包括数据流图、数据字典、判断树、判断表。下面主要介绍数据流图和数据字典。

数据流图(Data Flow Diagram,DFD)是描述数据处理的工具,是需求理解的逻辑模型的图形表示,它直接支持系统的功能建模。

数据流图从数据传递和加工的角度,来刻画数据流从输入到输出的移动变换过程,其主要图形元素及说明见表1.1。

表1.1 数据流图中主要图形元素及说明

图 形	说 明
○	加工(转换):输入数据经加工产生输出
→	数据流:沿箭头方向传送数据,一般在旁边标注数据流名
──	存储文件:表示处理过程中存放各种数据的文件
□	数据的源点/终点:表示系统和环境的接口,属系统之外的实体

数据字典(Data Dictionary,DD)是结构化分析方法的核心,是对所有与系统相关的数据元素的一个有组织的列表,以及明确的、严格的定义,使得用户和系统分析员对于输入、输出、存储成分和中间计算结果有共同的理解。通常数据字典包含的信息有名称、别名、何处使用/如何使用、内容描述、补充信息等。数据字典中有4种类型的条目:数据流、数据项、数据存储和数据加工。

> **小提示**
>
> 数据流图与程序流程图中用带箭头的线段表示的控制流有本质的不同,千万不要混淆。此外,数据存储和数据流都是数据,仅仅是所处的状态不同。数据存储是处于静止状态的数据,数据流是处于运动状态的数据。

3. 软件需求规格说明书

软件需求规格说明书是需求分析阶段的最后结果,是软件开发中的重要文档之一。

软件需求规格说明书的标准主要有正确性、无歧义性、完整性、可验证性、一致性、可理解性、可修改性和可追踪性。

考点14　结构化设计方法

1. 软件设计的基本概念及方法

(1)软件设计的基础。

软件设计是软件工程的重要阶段,是一个把软件需求转换为软件表示的过程。软件设计的基本目标是用比较抽象概括的方式确定目标系统如何完成预定的任务,即软件设计是确定系统的物理模型。

(2)软件设计的基本原理。

软件设计遵循软件工程的基本目标和原则,建立了适用于在软件设计中应该遵循的基本原理和与软件设计有关的概念。主要包括抽象、模块化、信息隐蔽及模块的独立性。下面主要介绍模块独立性的一些度量标准。

模块的独立程度是评价设计好坏的重要度量标准。衡量软件的模块独立性的定性度量标准是耦合性和内聚性。

耦合性是模块间互相连接的紧密程度的度量。内聚性是一个模块内部各个元素间彼此结合的紧密程度的度量。通常较优秀的软件设计,应尽量做到低耦合、高内聚。

(3)结构化设计方法。

结构化设计就是采用最佳可能方法,设计系统的各个组成部分及各成分之间的内部联系的技术。也就是说,结构化设计是这样一个过程,它决定用哪些方法把哪些部分联系起来,才能解决好某个有清楚定义的具体问题。

结构化设计方法的基本思想是将软件设计成由相对独立、单一功能的模块组成的结构。

> **真考链接**
>
> 考核概率为65%,该知识点属于熟记理解性内容,考生要熟记概要设计的基本任务、准则,理解软件设计的基本原理、面向数据流的设计方法、详细设计的工具。

> **小提示**
>
> 一般来说,要求模块之间的耦合程度尽可能低,即模块尽可能独立,且要求模块的内聚程度尽可能高。内聚性和耦合性是一个问题的两个方面,耦合程度低的模块,其内聚程度一定高。

2. 概要设计

(1)概要设计的任务。

- 设计软件系统结构。
- 数据结构及数据库设计。
- 编写概要设计文档。
- 概要设计文档评审。

(2)面向数据流的设计方法。

在需求分析设计阶段,产生了数据流图。面向数据流的设计方法定义了一些不同的映射方法,利用这些映射方法可以把数据流图变换成结构图表示的软件结构。数据流图从系统的输入数据流到系统的输出数据流的一连串连续加工形成了一条信息流。数据流图的信息流可分为两种类型:变换流和事务流。相应地,数据流图有两种典型的结构形式:变换型和事务型。

面向数据流的结构化设计过程:

- 确认数据流图的类型(是事务型还是变换型);
- 说明数据流的边界;

- 把数据流图映射为程序结构；
- 根据设计准则对产生的结构进行优化。

(3) 结构化设计的准则。

大量的实践表明,以下的设计准则可以借鉴为设计的指导和对软件结构图进行优化的条件:
- 提高模块独立性；
- 模块规模应该适中；
- 深度、宽度、扇入和扇出都应适当；
- 模块的作用域应该在控制域之内；
- 降低模块之间接口的复杂程度；
- 设计单入口、单出口的模块；
- 模块功能应该可以预测。

小提示

扇出过大意味着模块过分复杂,需要控制和协调过多的下级模块；扇出过小时可以把下级模块进一步分解成若干个子功能模块,或者合并到它的上级模块中去。扇入越大则共享该模块的上级模块数目越多,这是有好处的,但是,不能牺牲模块的独立性单纯追求高扇入。大量实践表明,设计得很好的软件结构通常顶层扇出比较高,中层扇出较少,底层模块有高扇入。

3. 详细设计

(1) 详细设计的任务。

详细设计的任务是为软件结构图中的每一个模块确定实现算法和局部数据结构,用某种选定的表达工具表示算法和数据结构的细节。

(2) 详细设计的工具。
- 图形工具:程序流程图、N-S、PAD 及 HIPO。
- 表格工具:判定表。
- 语言工具:PDL(伪码)。

真题精选

从工程管理角度,软件设计一般分为两步完成,它们是( )。

A. 概要设计与详细设计 B. 数据设计与接口设计
C. 软件结构设计与数据设计 D. 过程设计与数据设计

【答案】A

【解析】从工程管理角度看,软件设计分两步完成:概要设计与详细设计。概要设计将软件需求转化为软件体系结构、确定系统级接口、全局数据结构或数据库模式；详细设计确定每个模块的实现算法和局部数据结构,用适当方法表示算法和数据结构的细节。

考点15 软件测试

软件测试是保证软件质量的重要手段,其主要过程涵盖了整个软件生命周期的过程,包括需求定义阶段的需求测试、编码阶段的单元测试、集成测试以及其后的确认测试、系统测试,验证软件是否合格、能否交付用户使用等。

1. 软件测试的目的及准则

(1) 软件测试的目的。

软件测试是为了发现错误而执行程序的过程。

一个好的测试用例是指很可能找到迄今为止尚未发现的错误的用例；

一个成功的测试是指发现了至今尚未发现的错误的测试。

(2) 软件测试的准则。

鉴于软件测试的重要性,要做好软件测试,除了设计出有效的测试方案和好的测试用例,软件测试人员还需要充分理解和运用软件测试的一些基本准则:

真考链接

考核概率为75%,该知识点属于熟记理解性内容,考生要熟记软件测试的目的和准则,理解白盒测试与黑盒测试及其测试用例设计。

- 所有测试都应追溯到用户需求；
- 严格执行测试计划，排除测试的随意性；
- 充分注意测试中的群集现象；
- 程序员应避免检查自己的程序；
- 穷举测试不可能实施；
- 妥善保存测试计划、测试用例、出错统计和最终分析报告，为软件维护提供方便。

2. 软件测试技术和方法综述

软件测试的方法是多种多样的，对于软件测试技术和方法，可以从不同角度加以分类。

若从是否需要执行被测软件的角度，软件测试的方法可以分为静态测试和动态测试；若按照功能划分，软件测试的方法可以分为白盒测试和黑盒测试。

(1) 静态测试与动态测试。

静态测试不实际运行软件，主要通过人工进行分析，包括代码检查、静态结构分析、代码质量度量等。其中代码检查分为代码审查、代码走查、桌面检查、静态分析等具体形式。

动态测试是基于计算机的测试，是为了发现错误而执行程序的过程。设计高效、合理的测试用例是做好动态测试的关键。

测试用例就是为测试设计的数据，由测试输入数据和预期的输出结果两部分组成。测试用例的设计方法一般分为两类：白盒测试和黑盒测试。

(2) 白盒测试方法与测试用例设计。

白盒测试也称结构测试或逻辑驱动测试，它根据程序的内部逻辑来设计测试用例，检查程序中的逻辑通路是否都按预定的要求正确地工作。

白盒测试的主要方法有逻辑覆盖测试、基本路径测试等。

(3) 黑盒测试方法与测试用例设计。

黑盒测试也称为功能测试或数据驱动测试，它根据规格说明书的功能来设计测试用例，检查程序的功能是否符合规格说明书的要求。

黑盒测试的主要诊断方法有等价类划分法、边界值分析法、错误推测法、因果图法等，主要用于软件确认测试。

3. 软件测试的实施

软件测试的实施过程主要有4个步骤：单元测试、集成测试、确认测试（验收测试）和系统测试。

(1) 单元测试。

单元测试也称模块测试，模块是软件设计的最小单位，单元测试是对模块进行正确性的检验，以期尽早发现各模块内部可能存在的各种错误。

(2) 集成测试。

集成测试也称组装测试，它是对各模块按照设计要求组装成的程序进行测试，其主要目的是发现与接口有关的错误。

(3) 确认测试。

确认测试的任务是用户根据合同进行，确定系统功能和性能是否可接受。确认测试需要用户积极参与，或者以用户为主进行。

(4) 系统测试。

系统测试是将软件系统与硬件、外设或其他元素结合在一起，对整个软件系统进行测试。

系统测试的内容包括功能测试、操作测试、配置测试、性能测试、安全测试和外部接口测试等。

 真题精选

下列叙述中，正确的是(   )。

A. 软件测试应该由程序开发者来完成　　B. 程序经调试后一般不需要再测试

C. 软件维护只包括对程序代码的维护　　D. 以上3种说法都不对

【答案】D

【解析】程序调试的任务是诊断和改正程序中的错误。它与软件测试不同，软件测试是尽可能多地发现软件中的错误。先要发现软件的错误，然后借助于一定的调试工具去找出软件错误的具体位置。软件测试贯穿整个软件生命周期，调试主要在开发阶段。为了实现更好的测试效果，应该由独立的第三方来构造测试。软件的运行和维护是指将已交付的软件投入运行，并在运行使用中不断地维护，根据新提出的需求进行必要而且可能地扩充和删改。

第1章 公共基础知识

考点16　程序的调试

在对程序进行了成功的测试之后将进行程序的调试。程序调试的任务是诊断和改正程序中的错误。

本节主要讲解程序调试的概念及调试的方法。

真考链接

考核概率为30%,该知识点属于熟记性内容,考生要熟记程序调试的任务及调试方法。

1. 程序调试的基本概念

调试是成功测试之后的步骤,也就是说,调试是在测试发现错误之后排除错误的过程。软件测试贯穿整个软件生命期,而调试主要在开发阶段。

程序调试活动由两部分组成:

- 根据错误的迹象确定程序中错误的确切性质、原因和位置;
- 对程序进行修改,排除这个错误。

(1) 调试的基本步骤。

①错误定位;

②修改设计和代码,以排除错误;

③进行回归测试,防止引入新的错误。

(2) 调试的原则。

调试活动由对程序中错误的定性/定位和排错两部分组成,因此调试原则也从这两个方面考虑:

①确定错误的性质和位置的原则;

②修改错误的原则。

2. 程序调试方法

调试的关键在于推断程序内部的错误位置及原因。从是否跟踪和执行程序的角度,类似于软件测试,分为静态调试和动态调试。静态调试主要是指通过人的思维来分析源程序代码和排错,是主要的调试手段,而动态调试是辅助静态调试的。

主要的软件调试方法有强行排错法、回溯法和原因排除法。其中,强行排错法是传统的调试方法;回溯法适合于小规模程序的排错;原因排除法是通过演绎和归纳及二分法来实现的。

真题精选

软件调试的目的是(　　)。

A. 发现错误　　　　　B. 更正错误　　　　　C. 改善软件性能　　　　　D. 验证软件的正确性

【答案】B

【解析】软件调试的目的是诊断和更正程序中的错误,更正以后还需要进行测试。

常见问题

软件设计的重要性有哪些?

软件开发阶段(设计、编码、测试)占据软件项目开发总成本的绝大部分,是软件质量形成的关键环节;软件设计是开发阶段最重要的步骤,是将需求准确地转化为完整的软件产品或系统的唯一途径;软件设计作出的决策,最终影响软件实现的成败;软件设计是软件工程和软件维护的基础。

1.4　数据库设计基础

考点17　数据库系统的基本概念

1. 数据、数据库、数据库管理系统、数据库系统

(1) 数据。

数据(Data)是描述事物的符号记录。

(2)数据库。

数据库(DataBase,DB)是指长期存储在计算机内的、有组织的、可共享的数据集合。

(3)数据库管理系统。

数据库管理系统(DataBase Management System,DBMS)是数据库的机构,它是一个系统软件,负责数据库中的数据的组织、操纵、维护、控制、保护和数据服务等。

数据库管理系统的主要类型有4种:文件管理系统、层次数据库系统、网状数据库系统和关系数据库系统,其中关系数据库系统的应用最广泛。

(4)数据库系统。

数据库系统(DataBase System,DBS)是指引进数据库技术后的整个计算机系统,能实现有组织地、动态地存储大量相关数据,提供数据处理和信息资源共享的便利手段。

> **真考链接**
>
> 考核概率为90%,该知识点属于熟记理解性内容,考生要熟记数据、数据库的概念,数据库管理系统的6个功能,数据库技术发展经历的3个阶段,数据库系统的4个基本特点,特别是数据独立性,数据库系统的3级模式及2级映射,理解数据库、数据库系统、数据库管理系统之间的关系。

> **小提示**
>
> 在数据库系统、数据库管理系统和数据库三者之间,数据库管理系统是数据库系统的组成部分,数据库又是数据库管理系统的管理对象,因此可以说数据库系统包括数据库管理系统,数据库管理系统又包括数据库。

2. 数据库系统的发展

数据管理发展至今已经经历了3个阶段:人工管理阶段、文件系统阶段和数据库系统阶段。

一般认为,未来的数据库系统应支持数据管理、对象管理和知识管理,应该具有面向对象的基本特征。在关于数据库的诸多新技术中,有3种是比较重要的,它们是面向对象数据库系统、知识库系统、关系数据库系统的扩充。

(1)面向对象数据库系统。

用面向对象方法构筑面向对象数据库模型,使模型具有比关系数据库系统更为通用的能力。

(2)知识库系统。

用人工智能中的方法,特别是用逻辑知识表示方法构筑数据模型,使模型具有特别通用的能力。

(3)关系数据库系统的扩充。

利用关系数据库作进一步扩展,使其在模型的表达能力与功能上有进一步的加强,如与网络技术相结合的Web数据库、数据仓库及嵌入式数据库等。

3. 数据库系统的基本特点

数据库系统具有以下特点:数据的集成性、数据的高共享性与低冗余性、数据独立性、数据统一管理与控制。

4. 数据库系统的内部结构体系

数据模式是数据库系统中数据结构的一种表示形式,具有不同的层次与结构方式。

数据库系统在其内部具有3级模式及2级映射,3级模式分别是概念模式、内模式与外模式;2级映射是外模式/概念模式的映射和概念模式/内模式的映射。3级模式与2级映射构成了数据库系统内部的抽象结构体系。

模式的3个级别层次反映了模式的3个不同环境及其不同要求,其中内模式处于最底层,它反映了数据在计算机物理结构中的实际存储形式;概念模式位于中层,它反映了设计者的数据全局逻辑要求;而外模式位于最外层,它反映了用户对数据的要求。

> **小提示**
>
> 一个数据库只有一个概念模式和一个内模式,有多个外模式。

真题精选

【例1】下列叙述中,正确的是( )。
　A. 数据库系统是一个独立的系统,不需要操作系统的支持
　B. 数据库技术的根本目标是要解决数据的共享问题
　C. 数据库管理系统就是数据库系统

D. 以上3种说法都不对

【答案】B

【解析】数据库系统由数据库(数据)、数据库管理系统(软件)、计算机硬件、操作系统及数据库管理员组成。作为处理数据的系统,数据库技术的主要目的就是解决数据的共享问题。

【例2】在数据库系统中,用户所见的数据模式为( )。

A. 概念模式 B. 外模式 C. 内模式 D. 物理模式

【答案】B

【解析】概念模式是数据库系统中对全局数据逻辑结构的描述,是全体用户(应用)公共数据视图,它主要描述数据的记录类型及数据间关系,还包括数据间的语义关系等。数据库系统的3级模式结构由外模式、概念模式、内模式组成。外模式也叫作用户级数据库,是用户所看到和理解的数据库,是从概念模式导出的子模式,用户可以通过子模式描述语言来描述用户级数据库的记录,还可以利用数据语言对这些记录进行操作。内模式(或存储模式、物理模式)是指数据在数据库系统内的存储介质上的表示,是对数据的物理结构和存取方式的描述。

考点18 数据模型

1. 数据模型的基本概念

数据是现实世界符号的抽象,而数据模型是数据特征的抽象。数据模型从抽象层次上描述了系统的静态特征、动态行为和约束条件,为数据库系统的信息表示与操作提供一个抽象的框架。数据模型所描述的内容有3个部分,它们是数据结构、数据操作及数据约束。

数据模型按不同的应用层次分为3种类型,它们是概念数据模型、逻辑数据模型和物理数据模型。

目前,逻辑数据模型也有很多种,较为成熟并先后被人们大量使用过的有E-R模型、层次模型、网状模型、关系模型、面向对象模型等。

> **真考链接**
> 考核概率为90%,该知识点属于熟记性内容,考生要熟记数据模型的概念、数据模型的三要素及类型、层次模型,还要熟记E-R模型的基本概念、联系的类型,理解E-R模型3个概念之间的连接关系、E-R图,以及关系模型中常用的术语及完整性约束。

2. E-R模型

E-R模型(实体-联系模型)将现实世界的要求转化成实体、联系、属性等几个基本概念,以及它们之间的两种基本连接关系,并且可以用E-R图非常直观地表示出来。

E-R图提供了表示实体、属性和联系的方法。

- 实体:客观存在并且可以相互区别的事物,用矩形表示,矩形框内写明实体名。
- 属性:描述实体的特性,用椭圆形表示,并用无向边将其与相应的实体连接起来。
- 联系:实体之间的对应关系,它反映现实世界事物之间的相互联系,用菱形表示,菱形框内写明联系名。

在现实世界中,实体之间的联系可分为3种类型:"一对一"的联系(简记为1:1)、"一对多"的联系(简记为1:n)、"多对多"的联系(简记为$M:N$或$m:n$)。

3. 层次模型

层次模型是用树形结构表示实体及其之间联系的模型。在层次模型中,节点是实体,树枝是联系,从上到下是一对多的关系。

层次模型的基本结构是树形结构,自顶向下,层次分明。其缺点是:受文件系统影响大,模型受限制多,物理成分复杂,操作与使用均不理想,且不适用于表示非层次性的联系。

4. 网状模型

网状模型是用网状结构表示实体及其之间联系的模型。可以说,网状模型是层次模型的扩展,可以表示多个从属关系的层次结构,并呈现一种交叉关系。

网状模型是以记录型为节点的网络,它反映现实世界中较为复杂的事物间的联系。

网状模型结构如图1.5所示。

5. 关系模型

(1)关系的数据结构。

关系模型采用二维表来表示,简称表。二维表由表框架及表的元组组成。表框架由n个命名的属性组成,n称为属性元素。每个属性都有一个取值范围,称为值域。表框架对应了关系的模式,即类型的概念。在表框架中按行可以存放数据,每行数据称为元组。

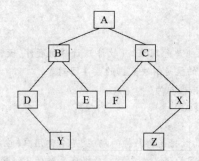

图1.5 网状模型结构示意图

在二维表中唯一能标识元组的最小属性集称为该表的键(或码)。二维表中可能有若干个键,它们称为该表的候选键(或候选码)。从二维表的候选键中选取一个作为用户使用的键称为主键(或主码)。如表A中的某属性集是某表B的键,则称该属性集为A的外键(或外码)。

关系是由若干个不同的元组所组成的,因此关系可视为元组的集合。

(2) 关系的操纵。

关系模型的数据操纵即是建立在关系上的数据操纵,一般有数据查询、增加、删除及修改4种操作。

(3) 关系中的数据约束。

关系模型允许定义3类数据约束,它们是实体完整性约束、参照完整性约束和用户定义的完整性约束,其中前2种完整性约束由关系数据库系统自动支持。对于用户定义的完整性约束,则由关系数据库系统提供完整性约束语言,用户利用该语言写出约束条件,运行时由系统自动检查。

 真题精选

【例1】下列说法中,正确的是( )。
　　A. 为了建立一个关系,首先要构造数据的逻辑关系
　　B. 表示关系的二维表中各元组的每个分量还可以分成若干个数据项
　　C. 一个关系的属性名称为关系模式
　　D. 一个关系可以包含多个二维表

【答案】A

【解析】元组已经是数据的最小单位,不可再分;关系的框架称为关系模式;关系框架与关系元组一起构成了关系,即一个关系对应一张二维表。选项A中,在建立关系前,需要先构造数据的逻辑关系是正确的。

【例2】用树形结构表示实体之间联系的模型是( )。
　　A. 关系模型　　　　　　　　　　B. 网状模型
　　C. 层次模型　　　　　　　　　　D. 以上3个都是

【答案】C

【解析】数据模型是指反映实体及其实体间联系的数据组织的结构和形式,有关系模型、网状模型和层次模型等。其中层次模型实际上是以记录型为节点构成的树,它把客观问题抽象为一个严格的、自上而下的层次关系,所以,它的基本结构是树形结构。

考点19　关系代数

1. 传统的集合运算

(1) 关系并运算。

若关系R和关系S具有相同的结构,则关系R和关系S的并运算记为$R \cup S$,表示由属于R的元组或属于S的元组组成。

(2) 关系交运算。

若关系R和关系S具有相同的结构,则关系R和关系S的交运算记为$R \cap S$,表示由既属于R的元组又属于S的元组组成。

(3) 关系差运算。

若关系R和关系S具有相同的结构,则关系R和关系S的差运算记为$R - S$,表示由属于R的元组且不属于S的元组组成。

真考链接

考核概率为90%,该知识点属于掌握性内容,需要考生掌握投影、选择、笛卡儿积运算以及并、交、差等一些基本运算,这些都是考试内容。

(4)广义笛卡儿积。

分别为 n 元和 m 元的两个关系 R 和 S 的广义笛卡儿积 $R\times S$ 是一个 $(n\times m)$ 元组的集合。其中的两个运算对象 R 和 S 的关系可以是同类型也可以是不同类型。

2. 专门的关系运算

专门的关系运算有选择、投影、连接等。

(1)选择。

从关系中找出满足给定条件元组的操作称为选择。选择的条件以逻辑表达式给出,使得逻辑表达式为真的元组将被选取。选择又称为限制。它是在关系 R 中选择满足给定选择条件 F 的诸元组,记作:

$$\sigma_F(R) = \{t | t\in R \wedge F(t) = '真'\}$$

其中选择条件 F 是一个逻辑表达式,取逻辑值"真"或"假"。

(2)投影。

从关系模式中指定若干个属性列组成新的关系称为投影。

关系 R 上的投影是从关系 R 中选择出若干属性列组成新的关系,记作:

$$\pi_A(R) = \{t[A] | t\in R\}$$

其中 A 为 R 中的属性列。

(3)连接。

连接也称为 θ 连接,它是从两个关系的笛卡儿积中选取满足条件的元组,记作:

$$R\underset{A\theta B}{\bowtie} S = \{t_r t_s | t_r\in R \wedge t_s\in S \wedge t_r[A]\theta t_s[B]\}$$

其中,A 和 B 分别为关系 R 和 S 上度数相等且可比的属性组;θ 是比较运算符。

连接运算是从广义笛卡儿积 $R\times S$ 中选取关系 R 在 A 属性组上的值与关系 S 在 B 属性组上的值满足关系 θ 的元组。

连接运算中有两种最为重要且常用的连接:一种是等值连接;另一种是自然连接。

θ 为"="的连接运算称为等值连接,是从关系 R 与关系 S 的广义笛卡儿积中选取 A、B 属性值相等的元组,则等值连接为

$$R\underset{A=B}{\bowtie} S = \{t_r t_s | t_r\in R \wedge t_s\in S \wedge t_r[A] = t_s[B]\}$$

自然连接(Natural join)是一种特殊的等值连接,它要求两个关系中进行比较的分量必须是相同的属性组,并且在结果中去掉重复的属性列,则自然连接可记作:

$$R\bowtie S = \{t_r t_s | t_r\in R \wedge t_s\in S \wedge t_r[B] = t_s[B]\}$$

 真题精选

【例1】设有以下3个关系表,如表1.2~表1.4所示。

表1.2 关系表1

R		
A	B	C
1	1	2
2	2	3

表1.3 关系表2

S		
A	B	C
3	1	3

表1.4 关系表3

T		
A	B	C
1	1	2
2	2	3
3	3	3

下列操作中正确的是( )。

A. $T = R\cap S$ B. $T = R\cup S$ C. $T = R\times S$ D. $T = R/S$

【答案】C

【解析】集合的并、交、差、广义笛卡儿积:设有两个关系为 R 和 S,它们具有相同的结构,R 和 S 的并由属于 R 和 S,或者同时属于 R 和 S 的所有元组组成,记作 $R\cup S$;R 和 S 的交由既属于 R 又属于 S 的所有元组组成,记作 $R\cap S$;R 和 S 的差由属于 R 但不属于 S 的所有元组组成,记作 $R-S$;元组的前 n 个分量是 R 的一个元组,后 m 个分量是 S 的一个元组,若 R 有 K_1 个元组,S 有 K_2 个元组,则 $R\times S$ 有 $K_1\times K_2$ 个元组,记为 $R\times S$。从表1.4中可见,关系 T 是关系 R 和关系 S 的简单扩充,而扩充的符号为"×",故答案为 $T = R\times S$。

【例2】在下列关系运算中,不改变关系表中的属性个数但能减少元组个数的是( )。

A. 并 B. 交 C. 投影 D. 笛卡儿积

【答案】B

【解析】关系的基本运算有两类:传统的集合运算(并、交、差)和专门的关系运算(选择、投影、连接)。集合的并、交、差:

设有两个关系为 R 和 S，它们具有相同的结构，R 和 S 的并由属于 R 或 S，或同时属于 R 和 S 的所有元组组成，记作 R∪S；R 和 S 的交由既属于 R 又属于 S 的所有元组组成，记作 R∩S；R 和 S 的差由属于 R 但不属于 S 的所有元组组成，记作 R－S。因此，在关系运算中，不改变关系表中的属性个数但能减少元组（关系）个数的只能是集合的交。

考点 20　数据库设计与管理

数据库设计是数据库应用的核心。

1. 数据库设计概述

数据库设计的基本任务是根据用户对象的信息需求、处理需求和数据库的支持环境设计出数据模型。

数据库设计的基本思想是过程迭代和逐步求精。数据库设计的根本目标是要解决数据共享问题。

在数据库设计中有两种方法：
- 面向数据的方法，是以信息需求为主，兼顾处理需求；
- 面向过程的方法，是以处理需求为主，兼顾信息需求。

其中，面向数据的方法是主流的设计方法。

目前数据库设计一般采用生命周期法，即将整个数据库应用系统的开发分解成目标独立的若干阶段。它们是需求分析阶段、概念设计阶段、逻辑设计阶段、物理设计阶段、编码阶段、测试阶段、运行阶段和进一步修改阶段。

> **真考链接**
>
> 考核概率为 55%，该知识点属于熟记理解性内容，主要是一些基本概念和一些方法步骤，考生要熟记数据库设计的方法和步骤、数据库管理的 6 个方面内容以及理解概念设计及逻辑设计。

2. 数据库设计的需求分析

需求收集和分析是数据库设计的第一阶段，这一阶段收集到的基础数据和绘制的一组数据流图是下一步设计概念结构的基础。需求分析的主要工作有绘制数据流图、数据分析、功能分析，确定功能处理模块和数据之间的关系。

需求分析和表达经常采用的方法有结构化分析方法和面向对象方法。结构化分析方法用自顶向下、逐层分解的方式分析系统。数据流图表达了数据和处理过程的关系，数据字典对系统中数据的详尽描述，是各类数据属性的清单。

数据字典是各类数据描述的集合，它通常包括 5 个部分，即数据项，是数据的最小单位；数据结构，是若干数据项有意义的集合；数据流，可以是数据项，也可以是数据结构，表示某一处理过程的输入和输出；数据存储，处理过程中存取的数据，常常是手工凭证、手工文档或计算机文件；处理过程。

数据字典是在需求分析阶段建立的，在数据库设计过程中不断修改、充实、完善的。

3. 数据库的概念设计

（1）数据库概念设计。

数据库概念设计的目的是分析数据间内在的语义关联，在此基础上建立一个数据的抽象模型。

数据库概念设计的方法主要有两种：集中式模式设计法和视图集成设计法。

（2）数据库概念设计的过程。

使用 E-R 模型与视图集成法进行设计时，需要按以下步骤进行：

①选择局部应用；

②视图设计；

③视图集成。

4. 数据库的逻辑设计

（1）从 E-R 图向关系模式转换。

从 E-R 图到关系模式的转换是比较直接的，实体与联系都可以表示成关系，在 E-R 图中属性也可转换成关系的属性。实体集也可转换成关系，见表 1.5。

表 1.5　　　　　　　　　　　在 E-R 模型与关系间的比较

E-R 模型	关系	E-R 模型	关系
属性	属性	实体集	关系
实体	元组	联系	关系

如联系类型为 1:1，则每个实体的码均是该关系的候选码。

如联系类型为 1:N，则关系的码为 N 端实体的码。

如联系类型为 M:N，则关系的码为诸实体的组合，具有相同码的关系模式可合并。

(2)逻辑模式规范化。

在关系数据库设计中存在的问题有数据冗余、插入异常、删除异常和更新异常。

数据库规范化的目的在于消除数据冗余和插入/删除/更新异常。规范化理论有4种范式,从第一范式到第四范式的规范化程度逐渐升高。

(3)关系视图设计。

关系视图是在关系模式的基础上所设计的直接面向操作用户的视图,它可以根据用户需求随时创建。

5. 数据库的物理设计

(1)数据库物理设计的概念。

数据库在物理设备上的存储结构与存取方法称为数据库的物理结构,它依赖于给定的计算机系统。为一个给定的逻辑模式选取一个最适合应用要求的物理结构的过程,就是数据库的物理设计。

(2)数据库物理设计的主要目标。

数据库物理设计的主要目标是对数据库内部物理结构作调整并选择合理的存取路径,以提高数据库访问速度及有效利用存储空间。

6. 数据库管理

数据库是一种共享资源,它需要维护与管理,这种工作称为数据库管理,而实施此项管理的人称为数据库管理员(DBA)。

数据库管理包括数据库的建立、数据库的调整、数据库的重组、数据库安全性与完整性控制、数据库故障恢复和数据库监控。

真题精选

在E-R图中,用来表示实体之间联系的图形是( )。

A. 矩形　　　　　　　　B. 椭圆形　　　　　　　　C. 菱形　　　　　　　　D. 平行四边形

【答案】C

【解析】E-R图中规定:用矩形表示实体,椭圆形表示实体属性,菱形表示实体关系。

常见问题

联系有哪3种类型?它们的区别是什么?

一对一:A中的每一个实体只与B中的一个实体相联系,反之亦然,则称一对一联系;一对多:A中的每一个实体,在B中都有多个实体与之对应,B中的每一个实体,在A中只有一个实体与之相对应,则称一对多联系;多对多:A中的每一个实体,在B中都有多个实体与之对应,反之亦然,则称多对多联系。

1.5 综合自测

选择题

1. 对图1.6中的二叉树进行中序遍历的结果是( )。

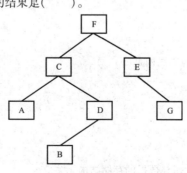

图1.6　二叉树

     A. ACBDFEG   B. ACBDFGE
     C. ABDCGEF   D. FCADBEG
2. 按照"后进先出"原则组织数据的数据结构是(   )。
     A. 队列   B. 栈
     C. 双向链表   D. 二叉树
3. 下列叙述中,正确的是(   )。
     A. 一个逻辑数据结构只能有一种存储结构
     B. 数据的逻辑结构属于线性结构,存储结构属于非线性结构
     C. 一个逻辑数据结构可以有多种存储结构,且各种存储结构不影响数据处理的效率
     D. 一个逻辑数据结构可以有多种存储结构,且各种存储结构影响数据处理的效率
4. 下面选项中,不属于面向对象程序设计特征的是(   )。
     A. 继承性   B. 多态性
     C. 类比性   D. 封装性
5. 下列叙述中,正确的是(   )。
     A. 软件交付使用后还需要进行维护
     B. 软件一旦交付使用就不需要再进行维护
     C. 软件交付使用后其生命周期就结束
     D. 软件维护是指修复程序中被破坏的指令
6. 下列描述中,正确的是(   )。
     A. 软件工程只是解决软件项目的管理问题
     B. 软件工程主要解决软件产品的生产率问题
     C. 软件工程的主要思想是强调在软件开发过程中需要应用工程化原则
     D. 软件工程只是解决软件开发中的技术问题
7. 在软件设计中,不属于过程设计工具的是(   )。
     A. PDL(过程设计语言)   B. PAD 图
     C. N-S 图   D. DFD 图
8. 数据库设计的 4 个阶段是需求分析、概念设计、逻辑设计和(   )。
     A. 编码设计   B. 测试阶段
     C. 运行阶段   D. 物理设计
9. 数据库技术的根本目标是要解决数据的(   )。
     A. 存储问题   B. 共享问题
     C. 安全问题   D. 保护问题
10. 数据库独立性是数据库技术的重要特点之一。所谓数据独立性是指(   )。
     A. 数据与程序独立存放
     B. 不同的数据被存放在不同的文件中
     C. 不同的数据只能被对应的应用程序所使用
     D. 以上 3 种说法都不对
11. 下列关于栈的叙述,正确的是(   )。
     A. 栈是非线性结构
     B. 栈是一种树状结构
     C. 栈具有"先进先出"的特征
     D. 栈具有"后进先出"的特征
12. 结构化程序设计所规定的 3 种基本控制结构是(   )。
     A. 输入、处理、输出
     B. 树形、网形、环形
     C. 顺序、选择、循环
     D. 主程序、子程序、函数
13. 下列叙述中,正确的是(   )。
     A. 算法的效率只与问题的规模有关,而与数据的存储结构无关
     B. 算法的时间复杂度是指执行算法所需要的计算工作量

C. 数据的逻辑结构与存储结构是一一对应的
D. 算法的时间复杂度与空间复杂度一定相关

14. 在结构化程序设计中,模块划分的原则是( )。
   A. 各模块应包括尽量多的功能
   B. 各模块的规模尽量大
   C. 各模块之间的联系应尽量紧密
   D. 模块内具有高内聚度、模块间具有低耦合度

15. 某二叉树中有 n 个度为 2 的节点,则该二叉树中的叶子节点数为( )。
   A. $n+1$ B. $n-1$
   C. $2n$ D. $n/2$

第2章

C语言概述

选择题分析明细表

考　点	考核概率	难易程度
C语言概述	40%	★★★
C程序的构成	60%	★★★
标识符	40%	★★★★
常量	100%	★★★
变量	100%	★★★★★

操作题分析明细表

考　点	考核概率	难易程度
C程序的构成	10%	★★
常量	10%	★★★
变量	30%	★★★★★

2.1 语言基础知识

考点1　C语言概述

C语言是一种结构紧凑、使用方便、程序执行效率高的编程语言,它有9种控制语句、32个关键字(见表2.1)和34种运算符。C语言的数据结构也非常丰富,它的多种数据类型可以实现如链表、树、栈等复杂的运算,并且用结构化控制语句(if...else,for语句等)来实现函数的模块化。C语言的语法不太严格,程序设计自由度大,用C语言编写的程序可以直接访问物理地址,还可以直接对硬件进行操作。C语言是一种移植性比较好的语言。

真考链接

此考点属于简单识记内容,在选择题中的考核概率为40%。

表2.1　　　　　　　　　　　　　　C语言关键字

auto	break	case	char	const	continue	default
double	else	enum	extern	float	for	goto
int	long	register	return	short	signed	sizeof
do	if	static	struct	switch	typedef	union
unsigned	void	volatile	while			

小提示

C语言的语法要求不太严格,程序设计自由度大。

真题精选

【例1】下列叙述中,正确的是(　　)。
　　A. C程序中的注释只能出现在程序的开始位置和语句的后面
　　B. C程序书写格式严谨,要求一行内只能写一个语句
　　C. C程序的书写格式自由,一个语句可以写在多行上
　　D. 用C语言编写的程序只能放在一个程序文件中
【答案】C
【解析】C程序中注释可以放在任意位置;C语言的语法限制不严格,所以可以将多条语句放在同一行上;C程序可以放在多个程序文件中,并使用include语句进行文件包含。故本题答案为C。
【例2】下列选项中,由C语言提供的合法关键字是(　　)。
　　A. swicth　　　　　B. cher　　　　　C. default　　　　　D. Case
【答案】C
【解析】选项A和选项B为拼写错误,选项D中出现了大写字母。

考点2　C语言的构成

(1)C语言的源程序是由函数构成的,每一个函数完成相对独立的功能,其中,每个源程序中必须有且只能有一个主函数(main()函数)。
(2)C程序总是从main()函数开始执行。

(3)在函数后面用一对大括号({})括起来的部分称为函数体。

(4)C语言规定每个语句以分号(;)结束,分号是语句组成中不可缺少的部分,它在每条语句的最后出现。

(5)程序的注释部分应放在"/*"与"*/"之间,"/"和"*"之间不能有空格,注释部分允许出现在程序的任何位置。

(6)程序中以"#"开头的语句称为预处理命令。函数头之后不能加分号。

> **真考链接**
> 考点2属于简单识记内容,多以选择题形式出现。在选择题中的考核概率为60%。在操作题中的考核概率为10%

下面是一个简单的C程序例子:

```
#include <stdio.h>       /*预处理命令。调用输入/输出函数时,应包含头文件stdio.h*/
main()                   /*主函数*/
{   int a, b, c;         /*定义变量a、b、c*/
    a = 2; b = 3;        /*给变量赋值*/
    c = a + b;           /*将a与b的和赋给变量c*/
    printf("a = %d,b = %d,c = %d", a, b, c);   /*输出变量a、b、c的值*/
}
```

> **小提示**
> 程序中可以把main()函数放在任何位置,但程序是从main()函数开始执行的。

真题精选

【例1】 下列叙述中,正确的是( )。
- A. C程序的基本组成是语句
- B. C程序中的每一行只能写一条语句
- C. 简单C语句必须以分号结束
- D. C语句必须在一行内写完

【答案】C

【解析】函数是C程序的基本组成单位;C语言规定一条语句可以写在多行;C语言允许多条语句写在同一行。故本题答案为C。

【例2】 C语言规定,在一个源程序中,main()函数的位置( )。
- A. 必须在最开始
- B. 必须在系统调用的库函数的后面
- C. 可以任意
- D. 必须在最后

【答案】C

【解析】程序中可以把main()函数放在任何位置,但程序是从main()函数开始执行的。

【例3】 以下说法正确的是( )。
- A. C程序是从第一个定义的函数开始执行的
- B. 在C程序中,要调用的函数必须在main()函数中定义
- C. C程序是从main()函数开始执行
- D. C程序中的main()函数必须放在程序的开始部分

【答案】C

【解析】C语言程序总是从程序的main()函数开始执行。main()函数可以放在C程序的任何位置,包括最前面和最后面。C程序中的函数可以任意地相互调用,它们之间的关系是平等的。

【例4】 下列给定程序中函数fun()的功能:求出以下数列的前n项之和,和值通过函数值返回。

1,2,3,4,5,6,…

例如,若n=5,则应输出15。

请改正程序中的错误,使其得出正确的结果。

注意:不得增行或删行,也不得更改程序的结构!

试题程序

```
#include <stdlib.h>              /****found****/
#include <stdio.h>               int fun (int n);
```

```
{   /****found****/              {   /****found****/
    int i                            sum = sum + i;
    /****found****/              }
    sum = 0;                     return sum;
    for(i = 1; i <= n; i++)   }
```

【答案】错误1:函数头之后不能加分号;错误2:int语句末尾没加";";错误3:变量sum未定义。
【解析】本题考查C语言的构成,注意程序中的语法错误。

2.2 常量、变量和数据类型

考点3 标识符

在C语言中,变量名、函数名、数组名等按照一定规则命名的符号称为标识符。

1. 标识符的命名规则

C语言中,标识符的命名规则如下:
(1)合法的标识符只能由字母、数字或下划线组成;
(2)标识符的第一个字符必须是字母或下划线,不能是数字;
(3)要区分字母的大小写,如q和Q被认为是两个不同的字符;
(4)标准C中没有限制标识符的长度,但有些C编译系统规定标识符只有前8位有效,如IBMPC的MSC。

下面的标识符是非法的:
　　1m,str+1,i-1,a.a
下面的标识符是合法的:
　　1m6,zhym_data,Data,_int

> **真考链接**
> 在试题中以选择题出现,要求判断哪些是合法的标识符,在选择题中的考核概率为40%。在操作题中常以填空题的形式出现,属重点识记知识点。

2. 标识符的分类

C语言的标识符可以分为3类。
(1)关键字:C语言规定了一些专用的标识符,它们有着固定的含义,不能更改(见表2.1)。例如,int就是表达变量类型的标识符,它不能再用作变量名和函数名了。
(2)预定义标识符:这类标识符在C语言中和"关键字"一样也有特定的含义,这些类别有:库函数的名字,如printf;预编译处理命令,如define。
它和关键字最大的区别在于,C语言语法允许用户更改预定义标识符的作用,但这将使这些标识符失去系统规定的原来意思。建议用户不要随便更改这类标识符。
(3)用户标识符:由用户根据需要定义的标识符就是用户标识符。一般是给变量、函数、数组或文件等命名。选择变量名和其他标识符时,应注意做到"见名知义",这样对提高程序可读性和可维护性是很重要的。

> **小提示**
> 标识符的命名要区分字母的大小写,用户标识符不能与关键字相同。

真题精选

【例1】下面4个选项中,均是不合法的用户标识符的选项是(　　)。
　　A. P_0　do　　　　B. float la0　_A　　　　C. b-a　goto　int　　　　D. _123　temp　int
【答案】C

【解析】合法的标识符只能由字母、数字或下划线组成。C选项中b-a出现非法字符"-";goto和int均为关键字。故本题答案为C。

【例2】以下选项中不合法的标识符是( )。

  A. print   B. FOR   C. &a   D. _00

【答案】C

【解析】合法的标识符只能由字母、数字或下划线组成。C选项中&a出现非法字符"&"。故本题答案为C。

【例3】下列选项中,可作为合法标识符的是( )。

  A. 1m   B. Data   C. str+1   D. i-1

【答案】B

【解析】在编写程序时,标识符的作用是为函数、变量等命名。标识符的命名规则如下:

  (1)合法的标识符只能由字母、数字或下划线组成;

  (2)标识符的第一个字符必须是字母或下划线,不能是数字;

  (3)要区分字母的大小写,如q和Q是两个不同的变量。

【例4】在C语言中,可以作为用户标识符的是( )。

  A. void define WORD   B. as_b3 _224 Else

  C. Switch -wer case   D. 4b DO SIG

【答案】B

【解析】选项A中的void是C语言的关键字。选项C中的-wer前边有一个字符是减号,而case是关键字。选项D中的4b是以数字开头。

考点4 常 量

在程序运行中,其值不能被改变的量称为常量。常量有5种类型:整型常量、实型常量、字符常量、字符串常量和符号常量。

真考链接:很少出现单独的题目针对考点4进行考查,一般都是在考查别的知识点的题目中涉及本考点知识。在选择题中的考核概率为100%。

1. 整型常量

整型常量有3种形式:十进制整型常量、八进制整型常量和十六进制整型常量。

下面举例说明几种常量的书写方式。

十进制整型常量:564,0,-23,85L等,基本数字范围为0~9。

八进制整型常量:061,037L,-026,0773等,基本数字范围为0~7。

十六进制整型常量:0x66,0x1101,0x,0x5AC0,-0xFF,基本数字范围为0~9,从10~15写为A~F或a~f。

其中L代表长整型。

2. 实型常量

实型常量有两种表示形式:小数形式和指数形式。

十进制小数形式:45.3   0.000744   -623.0

指数形式:445.3e0   4.53e-3   -4.53e2

    4.53e1   0.453e-2   -453e0

    453.0e-1   453e-5   -0.453e3

3. 字符常量

一个字符常量代表ASCII码字符集里的一个字符,在程序中用单引号括起来,以便区分,如'a'、'p'、'$'。

注意:"a"和"A"是两个不同的字符常量。

除了形式上的字符常量外,C语言还有特殊的字符常量,如转义字符常量'\n'。其中"\"是转义的意思,后面跟不同的字符表示不同的意思,具体请参阅表2.2。

第2章 C语言概述

表2.2　　　　　　　　　　　　　　C语言的转义字符及其含义

字符形式	含　义
\n	换行
\t	横向跳格(代表"Tab"键)
\v	竖向跳格
\b	退格符(代表"Backspace"键)
\r	回车符
\f	走纸换页符
\\	反斜杠字符"\"
\'	单引号(撇号)字符
\ddd	1~3位八进制数所代表的一个ASCII字符
\xhh	1~2位十六进制数所代表的一个ASCII字符
\0	空字符
\"	双引号(撇号)字符

4. 字符串常量

字符串常量是用双引号括起来的一个或一串字符。书写形式如"china""How are you""@shou""342mono"。注意它与字符常量的区别。

5. 符号常量

符号常量是由预处理命令"#define"定义的常量,在C程序中可用标识符代表一个常量。其一般定义格式为:#define 标识符 常量。

小提示

一个字符如'a',如果以字符形式输出,则在屏幕上输出'a';如果以整型数据输出,则在屏幕上输出相应的ASCII码。

(1)小数部分为0的实型常量,可以写为453.0或依照人们日常习惯写为453。
(2)用小数表示时,小数点的两边必须有数,不能写成".453"和"453.",而应该写成"0.453"和"453.0"。
(3)用指数表示时,e前必须有数字,e后面的指数必须为整数。

真题精选

【例1】 以下选项中不属于字符常量的是(　　)。
A. 'C'　　　　　　B. "C"　　　　　　C. '\xCC'　　　　　　D. '\072'

【答案】 B

【解析】 在C语言程序中,用单引号把一个字符或反斜杠后跟一个特定的字符括起来表示一个字符常量。选项A、C、D为正确的字符常量。而选项B是用双引号括起来的字符,表示一个字符串常量。所以正确答案为B。

【例2】 以下选项中不能作为C语言合法常量的是(　　)。
A. 'cd'　　　　　　B. 0.1e+6　　　　　　C. "\a"　　　　　　D. '\011'

【答案】 A

【解析】 在C语言程序中,用单引号把一个字符或反斜杠后跟一个特定的字符括起来表示一个字符常量。A选项中单引号里面有2个字符,所以A选项错误。

【例3】 下列选项中,正确的整型常量是(　　)。
A. 34.1　　　　　　B. -80　　　　　　C. 2,000　　　　　　D. 1 2 3

【答案】 B

【解析】 本题是考查C语言的十进制整型常量。选项A后边有小数点,所以不对。选项C和选项D在数字间有逗号和空格,也显然不对。

【例4】下列给定程序中函数fun()的功能:输入一圆,其直径为n,求出周长。

请改正程序中的错误,使其得出正确的结果。

注意:不得增行或删行,也不得更改程序的结构。

试 题 程 序

```
#include <stdio.h>
/ * * * * * found * * * * * /
#define PI 3.14159;
/ * * * * * found * * * * * /
int fun (int n);
{ / * * * * * found * * * * * /
  PI = 3.14159;
  return PI * n;
}
```

【答案】错误1:define语句末尾不能加分号;错误2:函数头之后不能加分号;错误3:常量不能被赋值。
【解析】本题考查常量的定义。

考点5　变　量

变量就是值可以改变的量。变量要有变量名,在内存中占据一定的存储单元,存储单元里存放的是该变量的值。不同类型的变量,其存储单元的大小不同,变量在使用前必须定义。

> **真考链接**
> 考点5在选择题属于必考内容。难度适中,要重点理解并掌握。在选择题中的考核概率为100%。

1.整型变量

整型变量分为4种:基本型(int)、短整型(short int 或 short)、长整型(long int 或 long)和无符号型(unsigned int ,unsigned short,unsigned long)。

标准C没有具体规定各类数据所占内存的字节数,如基本型变量(int)在IBM PC上占16位,在IBM 370机上占32位,而在Honeywell机上则占36位。

现以IBM PC为例,说明各类整型变量所占的位数及可表示的数值范围,如表2.3所示。

表2.3　　　　　　　　　各类整型变量所表示的数的范围

类　型	所占位数	取值范围	说　明
[signed]int	16	-32768 ~ 32767	整型
[signed]short[int]	16	-32768 ~ 32767	短整型
[signed]long int	32	-2147483648 ~ 2147483647	长整型
unsigned[int]	16	0 ~ 65535	无符号整型
unsigned short[int]	16	0 ~ 65535	无符号短整型
unsigned long[int]	32	0 ~ 4294967295	无符号长整型

2.实型变量

实型变量分为单精度类型(float)和双精度类型(double)两种。实型常量的定义:

　　float a,b;
　　double m;

在一般的系统中,float型数据在内存中占4个字节(32位),double型数据占8个字节(64位)。单精度实数提供7位有效数字,双精度实数提供15~16位有效数字。实型常量不分float型和double型,一个实型常量可以赋给一个float型或double型变量,但变量根据其类型截取实型常量中相应的有效数字。

3.字符变量

字符变量用来存放字符常量,字符变量用关键字char定义,每个字符变量中只能存放一个字符。

字符变量的定义形式:
　　char cr1,cr2;
赋值形式:
　　cr1 = 'm', cr2 = 'n';

将一个字符赋给一个字符变量时,并不是将该字符本身存储到内存中,而是将该字符对应的 ASCII 码存储到内存单元中。例如,字符 'A' 的 ASCII 码为 65,在内存中的存放形式如下:

01000001

由于在内存中字符以 ASCII 码存放,它的存储形式和整数的存储形式类似,所以 C 语言中字符型数据与整型数据之间可以通用。一个字符能用字符的形式输出,也能用整数的形式输出,字符数据也能进行算术运算,此时相当于对它们的 ASCII 码进行运算。

小提示

不同精度类型的数据在内存中占的位数不同。如果要输出真实的值,需要采用相应的格式输出。

常见问题

常量和变量有什么区别?

在程序运行中,其值不能被改变的量称为常量。而变量是有变量名,其值可以改变的量,在内存中占据一定的存储单元,里面存放的是该变量的值。不同类型的变量,其存储单元的大小不同,变量在使用前必须定义。

真题精选

【例1】若函数中有定义语句:int k;则( )。

A. 系统将自动给 k 赋初值 0　　　　　　B. 这时 k 中的值无意义

C. 系统将自动给 k 赋值 -1　　　　　　D. 这时 k 中无任何值

【答案】B

【解析】用 int 方法定义变量时,编译器仅为变量开辟存储单元,并没有在存储单元中存放任何值,此时变量中的值是不确定的,称变量值"无意义"。因此,本题正确答案为 B。

【例2】下列选项中,正确的定义语句是( )。

A. double a;b;　　B. double a = b = 7;　　C. double a = 7,b = 7;　　D. double,a,b;

【答案】C

【解析】定义变量 a 和变量 b 为 double 类型,并对其赋初值。变量之间应该以","分隔,定义关键字与变量名之间应以空格分隔,语句应以";"结尾。

【例3】C 语言中,int 类型变量所占字节数是( )。

A. 1　　　　　　B. 2　　　　　　C. 3　　　　　　D. 4

【答案】B

【解析】C 语言中 int 类型变量占 2 个字节,数值范围是 -32768 ~ +32767。

【例4】在 C 语言中定义了一个变量,该变量代表内存中的一个( )。

A. 区域　　　　　　B. 单元　　　　　　C. 地址　　　　　　D. 容量

【答案】C

【解析】C 语言中定义的一个变量代表内存中的一个地址,也就是在内存中分配给这个变量一个单元,用来存放变量的值,这个内存单元的大小根据变量的类型不同而不同。

【例5】下列给定程序中函数 fun( ) 的功能:求出以下分数序列的前 n 项之和,和值通过函数值返回。

21,32,53,85,138,2113,…

例如,若 n = 5,则应输出 8.391667。

请改正程序中的错误,使其得出正确的结果。

注意:不得增行或删行,也不得更改程序的结构。

试题程序

```
#include <stdlib.h>
#include <conio.h>
#include <stdio.h>
double fun (int n)
{   int a = 2,b = 1,c, k;
    /ｱ*****found*****/
    int s = 0.0;
    for(k = 1;k < = n;k ++)
```

```
{   /*****found*****/              }
    s = s + (Double)a/b;            return(s);
    c = a; a = a + b; b = c;      }
```

【答案】错误1:s 应为 double 类型;错误2:double 首字母应小写。
【解析】注意数据类型 double 的书写格式。

2.3 综合自测

一、选择题

1. 构成 C 语言程序的基本单位是( )。
   A. 函数　　　　　　　B. 变量　　　　　　　C. 子程序　　　　　　D. 语句
2. 以下( )是不正确的转义字符。
   A. '\\'　　　　　　　B. '\"'　　　　　　　C. '020'　　　　　　　D. '\0'
3. C 语言规定:在一个源程序中,main( )函数的位置( )。
   A. 必须在最开始　　　　　　　　　　　　B. 必须在系统调用的库函数后面
   C. 可以任意　　　　　　　　　　　　　　D. 必须在最后
4. 为求出 return 语句返回计算 100! 的结果,此函数的类型说明应为( )。
   A. int　　　　　　　B. long　　　　　　　C. unsigned long　　　D. 选项 A、B、C 都不对
5. C 语言中的标识符只能由字母、数字和下划线 3 种字符组成,且第一个字符( )。
   A. 必须为字母　　　　　　　　　　　　　B. 必须为下划线
   C. 必须为字母或下划线　　　　　　　　　D. 可以是字母、数字和下划线中的任意一种
6. 以下选项中合法的用户标识符是( )。
   A. int　　　　　　　B. a#　　　　　　　　C. 5mem　　　　　　　D. _243
7. C 语言中的简单数据类型有( )。
   A. 整型、实型、逻辑型　　　　　　　　　B. 整型、字符型、逻辑型
   C. 整型、实型、字符型　　　　　　　　　D. 整型、实型、字符型、逻辑型
8. 以下选项中,不正确的整型常量是( )。
   A. -37　　　　　　　B. 32,758　　　　　　C. 326　　　　　　　　D. 6
9. 以下选项中,合法的 C 语言字符常量是( )。
   A. '\t'　　　　　　　B. "A"　　　　　　　　C. 67　　　　　　　　D. A
10. 以下选项中,不正确的实型常量是( )。
    A. 123　　　　　　　B. 1e4　　　　　　　　C. 3.640E-1　　　　　D. 0.35
11. 以下选项中,合法的 C 语言赋值语句是( )。
    A. a = b = 34　　　　B. a = 34, b = 34　　　C. --i;　　　　　　　D. m = (int)(x + y);
12. 设 int 类型的数据长度为两个字节,则 unsigned int 类型数据的取值范围是( )。
    A. 0 ~ 255　　　　　B. 0 ~ 65535　　　　　C. -32768 ~ 32767　　D. -256 ~ 255

二、操作题

下列给定程序中函数 fun( )的功能:求两个非零正整数的最大公约数,并作为函数值返回。

例如,若 a 和 b 分别为 49 和 21,则输出的最大公约数为 7;若 a 和 b 分别为 27 和 81,则输出的最大公约数为 27。

请改正程序中的错误,使它能得出正确结果。

注意:不得增行或删行,也不得更改程序的结构。

试 题 程 序

```
#include <stdio.h>
   int fun (int a, int b)
   { /*****found*****/
     int r; t;
     if(a < b)
     { /*****found*****/
        t = a; a = b; b = t
     }
     r = a % b;
     /*****found*****/
     while(r ! = 0);
     { a = b; b = r; r = a % b;
     }
     return b;
   }
main()
{
   int a,b
   printf("请输入两个非0正整数:\n");
   scanf("% d% d",&a,&b)
   printf("% d和% d的最大公约数为:% d\n",a,b,fun(a,b));
}
```

第3章

运算符与表达式

选择题分析明细表

考　点	考核概率	难易程度
C语言运算符简介	30%	★
运算符的结合性和优先级	40%	★★★★
逗号运算符和逗号表达式	60%	★★
基本的算术运算符	90%	★★★★★
算术表达式和运算符的优先级与结合性	30%	★★★★
自加、自减运算符	100%	★★★
赋值运算符和赋值表达式	40%	★★★★★
复合的赋值运算符	80%	★★★
强制类型转换运算符与赋值运算中的类型转换	20%	★★★
位运算符和位运算	90%	★★

操作题分析明细表

考　点	考核概率	难易程度
运算符的结合性和优先级	20%	★★
基本的算术运算符	20%	★★
算术表达式和运算符的优先级与结合性	20%	★★
自加、自减运算符	25%	★
赋值运算符和赋值表达式	90%	★★★★★
复合的赋值运算符	30%	★★★
强制类型转换运算符与赋值运算中的类型转换	10%	★

3.1 C语言运算符

考点1　C语言运算符简介

C语言的运算符范围很宽,几乎把所有的基本操作都作为运算符处理,具体运算符见表3.1。

表3.1　　　　　　　　　C语言运算符

名　　称	运算符
算术运算符	+、-、*、/、%
关系运算符	>、>=、==、!=、<、<=
位运算符	>>、<<、~、&、|、^
逻辑运算符	!、||、&&
条件运算符	?:
指针运算符	&、*
赋值运算符	=
逗号运算符	,
求字节数运算符	sizeof
强制类型转换运算符	(类型名)

真考链接

考点1涉及的内容是C语言的基本元素,考试中不会以单独考题的形式考查,而是要求填写程序中的缺省块,通过这些运算符来实现程序的特定功能。此知识点属于简单识记类型,在选择题中的考核概率为30%。

另外,按参与运算的对象个数,C语言运算符可分为单目运算符(如!)、双目运算符(如+、-)和三目运算符(如?:)。本章只对其中的几种运算符进行讲解,关系运算符和逻辑运算符将在后面的章节中讲解。

真题精选

【例1】设变量已正确定义并赋值,以下合法的C语言赋值语句是(　　)。
　　A. x = y == 5　　　　B. x = n%2.5　　　　C. x + n = i　　　　D. x = 5 = 4 + 1
【答案】A
【解析】赋值运算符左侧的操作数必须是一个变量,而不能是表达式或者常量,选项C和D错误。"%"运算符两侧都应当是整型数据,选项B错误。

【例2】在 x 值处于 -2~2、4~8 时值为"真",否则为"假"的表达式是(　　)。
　　A. (2>x>-2)||(4>x>8)
　　B. !(((x<-2)||(x>2))&&((x<=4)||(x>8)))
　　C. (x<2)&&(x>=-2)&&(x>4)&&(x<8)
　　D. (x>-2)&&(x>4)||(x<8)&&(x<2)
【答案】B
【解析】本题是考查关系运算和逻辑运算的混合运算。要给出此题的正确答案,首先需要了解数学上的区间在C语言中的表示方法,如 x 在 [a,b] 区间,其含义是 x 既大于等于 a 又小于等于 b,相应的C语言表达式是 x>=a&&x<=b。本例中给出了两个区间,一个数只要属于其中一个区间即可,这是"逻辑或"的关系。在选项A中,区间的描述不正确。选项B把"!"去掉,剩下的表达式描述的是原题中给定的两个区间之外的部分,加上"!"否定正好是题中的两个区间部分,是正确的。选项C是恒假的,因为它的含义是 x 同时处于两个不同的区间内。选项D所表达的也不是题中的区间。

【例3】sizeof(double)是(　　)。
　　A. 一种函数调用　　B. 一个整型表达式　　C. 一个双精度表达式　　D. 一个不合法的表达式

【答案】B

【解析】sizeof是一个C语言关键字,有着特定的功能。在C语言中,一个函数的调用格式是:函数名(参数列表)。虽然"sizeof(double)"与函数调用有着相同的格式,但sizeof是一个C语言关键字,因此,它不是一个函数调用。sizeof在C语言中是表示求一个变量或数据类型所占用的内存字节数的运算符,所以"sizeof(double)"表示求双精度浮点型数据占用内存的字节数。显然,该表达式返回的是一个整数,而不是一个双精度数。

【例4】对于条件表达式(M)?(a++):(a--),其中的表达式M等价于( )。

A. M==0   B. M==1   C. M!=0   D. M!=1

【答案】C

【解析】因为条件表达式 $e_1?e_2:e_3$ 的含义是 e_1 为真时,其值等于表达式 e_2 的值,否则为表达式 e_3 的值。"为真"就是"不等于假",因此 M 等价于 M!=0。

考点2 运算符的结合性和优先级

(1)在C语言的运算符中,所有的单目运算符、条件运算符、赋值运算符及其扩展运算符,结合方向都是从右向左,其余运算符的结合方向是从左向右。

(2)各类运算符优先级的比较。

初等运算符 > 单目运算符 > 算术运算符(先乘除后加减) > 关系运算符 > 逻辑运算符(不包括"!") > 条件运算符 > 赋值运算符 > 逗号运算符。

说明:以上优先级别由左到右递减,初等运算符优先级最高,逗号运算符优先级最低。其中,初等运算符包括圆括号运算符()、下标运算符[ ]、结构体成员运算符->。

真考链接

考点2常常在选择题的读程序中出现。同样的运算符采用不同的组合方式,会得到不同的结果。注意识记本知识点。此知识点属于简单识记类型,其在选择题中的考核概率为40%。

真题精选

【例1】设变量已正确定义并赋值,以下正确的表达式是( )。

A. x = y*5 = x + z   B. int(15.8%5)

C. x = y + z + 5, ++y   D. x = 25 % 5.0

【答案】C

【解析】求余运算符"%"两边的运算对象必须是整型数据,而选项B和D中"%"两边的运算对象有浮点整型数据,所以选项B和D是错误的表达式。在选项A中赋值表达式两边出现相同的变量x,也是错误的。选项C是一个逗号表达式,所以正确的答案为C。

【例2】编写函数fun(),其功能:根据以下公式求π的值(要求精度为0.0005,即某项小于0.0005时停止迭代)。

$$\frac{\pi}{2}=1+\frac{1}{3}+\frac{1\times 2}{3\times 5}+\frac{1\times 2\times 3}{3\times 5\times 7}+\frac{1\times 2\times 3\times 4}{3\times 5\times 7\times 9}+\cdots+\frac{1\times 2\times \cdots \times n}{3\times 5\times \cdots \times (2n+1)}$$

程序运行后,若输入精度为0.0005,则程序应输出为3.14…。

注意:部分源程序给出如下。请勿改动主函数main()和其他函数中的任何内容,仅在函数fun()的大括号中填入你编写的若干语句。

试题程序

```
#include <stdio.h>
#include <conio.h>
#include <math.h>
double fun(double eps)
{

}
void main()
{   double x;
    printf("Input eps:");
    scanf("%lf",&x);
    printf("\neps = %lf,PI = %lf\n",x,fun(x));
}
```

【答案】double fun(double eps)
{   double s=1.0,s1=1.0;
    int n=1;
    while(s1>=eps)/*当某项大于精度要求时,继续求下一项*/

```
        {
            s1 = s1 * n/(2 * n + 1);  /*求多项式的每一项*/
            s = s + s1;               /*求和*/
            n++;
        }
        return 2 * s;
}
```

【解析】本题考查:用迭代法求给定多项式的值,迭代算法是让计算机对一组指令(或一定步骤)重复执行,在每次执行这组指令(或这些步骤)时,都从变量的原值推出它的一个新值。需要注意变量的数据类型及赋初值操作。首先应该定义double类型变量,并且赋初值,用来存放多项式的某一项和最后的总和。从第二项开始,以后的每一项都是其前面一项乘以n/(2*n+1),程序中用s1来表示每一项,s表示求和后的结果。要注意s1和s的初值都为1.0,因为循环从第二项开始累加。

考点3　　逗号运算符和逗号表达式

用逗号运算符将几个表达式连接起来,如"a=b+c,b=a*a,c=a+b",称为逗号表达式。

逗号表达式的一般形式:

表达式1,表达式2,表达式3,…,表达式n

逗号表达式的求解过程是:先求解表达式1,然后依次求解表达式2,直到得出表达式n的值。整个逗号表达式的值就是表达式n的值。需要注意的是,逗号运算符的优先级是所有运算符中级别最低的。

真考链接

考点3属于重点识记知识点,在选择题中的考核概率为60%。

　常见问题

C语言运算符的结合原则是什么?

在C语言的运算符中,所有的单目运算符、条件运算符、赋值运算符及其扩展运算符,结合方向都是从右向左,其余运算符的结合方向是从左向右。

　真题精选

【例1】设变量已正确定义为整型,则表达式"n=i=2,i=n+1,i+n"的值为(　　)。

　　A.2　　　　　　　B.3　　　　　　　C.4　　　　　　　D.5

【答案】D

【解析】本题考查的是C语言逗号表达式的相关知识。程序在计算逗号表达式时,从左到右计算由逗号分隔的各表达式的值,整个逗号表达式的值等于其中的最后一个表达式的值。本题中,首先i和n被赋值为2,i再被赋值为n加1的值,即为3,最后i+n=3+2=5。本题答案为D。

【例2】若已定义x和y为double类型,则表达式"x=1,y=x+3/2"的值是(　　)。

　　A.1　　　　　　　B.2　　　　　　　C.2.0　　　　　　D.2.5

【答案】C

【解析】本题中的表达式为逗号表达式,此表达式的结果为y=x+3/2的值。y=x+3/2的运算次序为:先进行3/2运算,两个运算数均为整型量,结果也为整型量,等于1,此结果将与double类型数进行相加,要转换为1.00…00。最后将x的值1转换成double型,与1.00…00相加。

3.2 算术运算符和算术表达式

考点4　基本的算术运算符

C语言的基本算术运算符有+(加法运算符或正值运算符)、-(减法运算符或负值运算符)、*(乘)、/(除)和%(求余)。其中作为正值运算符和负值运算符的"+"和"-"是单目运算符。算术运算符除了"%"以外,运算对象都可以是整型或者实型。"%"运算符的两端必须都是整型,运算结果是两个整数相除后的余数,如"5%3"这个表达式的值就是2。

注意:(1)当运算对象是负数时,不同计算机的运算结果也可能是不同的,在TurBo C中,规定符号与被除数相同;

(2)双目运算符两边的数值类型必须一致才能进行运算,所得结果也是相同类型的数值;

(3)双目运算符两边的数值类型如果不一致,必须由系统先进行一致性转换。例如,一边是整数,另一边是实数,C语言系统将首先把整数类型转换成实数类型,再进行运算,结果也是实数类型;

(4)C语言规定,所有实数的运算都是以双精度方式进行的,若是单精度数值,则需要在尾数后面补0,转换为双精度数值才能进行运算。

> **真考链接**
>
> 考点4是构成算法的基本元素,该知识点在选择题中为常考点。在选择题中将以判断表达式是否正确的形式考查。在操作题中就涉及应用这些基本的运算符去实现程序的特定算法和功能。

真题精选

【例1】设变量已正确定义并赋值,以下正确的表达式是(　　)。

A. x = y * 5 = x + z　　B. int(15.8%5)　　C. x = y + z + 5, ++y　　D. x = 25%5.0

【答案】C

【解析】求余运算符"%"两边的运算对象必须是整型,而选项B、D中"%"两边的运算对象有浮点整型数据,所以选项B、D是错误的表达式。在选项A中赋值表达式的两边出现相同的变量"x",也是错误的。选项C是一个逗号表达式,所以正确的答案为C。

【例2】下列给定程序中函数fun()的功能:求两个非零正整数的最大公约数,并作为函数值返回。

例如,若num1和num2分别为49和21,则输出的最大公约数为7;若num1和num2分别为27和81,则输出的最大公约数为27。请改正程序中的错误,使它能得出正确结果。

注意:不要改动main()函数,不得增行或删行,也不得更改程序的结构。

试题程序

```
#include <stdio.h>
int fun (int a, int b)
{  int r,t;
   if(a<b)
/*****found*****/
   {t=a;b=a;a=t;}
   r=a%b;
   while(r!=0)
   {a=b;b=r;r=a%b;}
/*****found*****/
   return(a);
}
void main()
{  int num1,num2,a;
   printf("Input num1 num2:");
   scanf("%d%d",&num1,&num2);
   printf("num1=%d num2=%d\n\n",num1,num2);
   a=fun(num1,num2);
   printf("The maximun common divisor is %d\n\n",a);
}
```

【答案】(1){t=a;a=b;b=t;}

(2)return(b);或return b;

【解析】本题考查:return语句,功能是计算表达式的值,并将其返回给主调函数。

求最大公约数算法一般采用辗转相除法。辗转相除法的算法:首先将m除以n(m>n)得余数r,再用余数r去除原来的除数,得到新的余数,重复此过程直到余数为0时停止,此时的除数就是m和n的最大公约数。

程序首先判断参数a和b的大小,如果a<b,则进行交换。这里是一个数学逻辑错误,应先将a的值赋给中间变量t,再将b的值赋给a,最后将t的值赋给b。当余数r为0时,除数b即为所求的最大公约数,所以函数应返回b。

考点5 算术表达式和运算符的优先级与结合性

算术表达式是用算术运算符和括号将运算量(也称操作数)连接起来的、符合C语言语法规则的表达式。运算对象包括函数、常量和变量等。

在计算机语言中,算术表达式的求值规律与数学中四则运算的规律类似,其运算规则和要求如下。

(1)在算术表达式中,可使用多层圆括号,但括号必须配对。运算时从内层圆括号开始,由内向外依次计算各表达式的值。

真考链接

考点5难度适中,属于需要重点掌握的知识点。由于优先级的不同,在结合多个运算符的表达式时要尤其注意。此知识点在选择题和操作题中均为常考考点。

(2)在算术表达式中,对于不同优先级的运算符,可按运算符的优先级由高到低进行运算,若表达式中运算符的优先级相同,则按运算符的结合方向进行运算。

(3)如果一个运算符两侧的操作数类型不同,则先利用自动转换或强制类型转换,使两者具有相同数据类型,然后再进行运算。

真题精选

【例1】现有定义 int a;double b;float c;char k;,则表达式 a/b + c - k 的值的类型为( )。
  A. int   B. double   C. float   D. char
【答案】B
【解析】双目运算中两边运算量类型转换规则。

运算数1	运算数2	转换结果类型
短整型	长整型	短整型→长整型
整型	长整型	整型→长整型
字符型	整型	字符型→整型
有符号整型	无符号整型	有符号整型→无符号整型
整型	浮点型	整型→浮点型

在a/b的时候,a、b的类型不一致,根据类型转换规则,要把整型转换成double类型,之后的加、减类似。转换规则为 char,short→int→unsigned→long→double→float。

【例2】下列给定的程序中,函数fun()的功能:计算并输出k以内最大的10个能被13或17整除的自然数之和。k的值由主函数传入,若k的值为500,则函数的值为4622。

请改正程序中的错误,使它能得出正确的结果。

注意:不要改动main()函数,不得增行或删行,也不得更改程序的结构。

试题程序

```
#include <stdio.h>
#include <conio.h>
#include <stdlib.h>
int fun(int k)
{  int m=0,mc=0, j;
   while((k>=2)&&(mc<10))
   { /*****found*****/
     if((k%13 =0)||(k%17 =0))
       {m=m+k;mc++;}
     k--;
   }
   /*****found*****/
   return m;
}
void main()
{  printf("%d\n",fun(500));
}
```

【答案】(1)if((k%13 ==0)||(k%17 ==0))
   (2)程序最后加大括号"}"

【解析】本题考查:if语句条件表达式,区分逻辑表达式和算术表达式;同时注意C语言书写程序应遵守的规则。

(1)C语言中"="是赋值运算符,"=="才表示等于,x能被y整除的表示方法是x%y==0,而并非像题目中所表示的x%y=0。所以,if((k%13=0)||(k%17=0))修改后的结果应该是答案所示信息。

(2)程序中缺少"{"大括号,程序不完整。此类信息在做题时一定要注意,可以在做题前先运行一下程序,这样明显的错误一般都会有错误信息显示出来,比如丢失"{"的错误信息是"Compound statement missing } in function fun"。

考点6　自加、自减运算符

(1)自加运算符"++"和自减运算符"--"的作用是使运算变量的值加1或减1。

(2)自加、自减运算符是单目运算符。其运算对象可以是整型或实型变量,但不能是常量和表达式,因为不能给常量或者表达式赋值。

(3)自加、自减运算符可以作为前缀运算符,也可以作为后缀运算符,如++i、--i、i++、i--等都是合法的表达式。

无论是前缀还是后缀运算符,一定会有i的值加1或者减1。

前缀和后缀运算符,作为表达式来说有不同的作用。

++i,--i:在使用i之前,先使i的值加1或者减1,再使用此时的表达式的值参加运算。

i++,i--:在使用i之后,使i的值加1或者减1,再使用此时的表达式的值参加运算。

> **真考链接**
>
> 考点6难度适中,属于重点掌握、重点理解的知识点。由于其在运算符表达式中的使用便利,经常会使用到自加、自减运算符。尤其是在for语句中。此知识点在选择题中为必考点。在操作题中,此知识点的考核概率为25%。

(4)自加、自减运算符的结合方向是"自右向左"。

针对"-i++"进行分析,i的左边是负值运算符,右边是自加运算符,负值运算和自加运算的优先级是相同的,而且都是"自右向左"结合的,所以此表达式相当于 -(i++)。

例如,当i的初值为2时,求"-i++"这个表达式和i的值分别是多少。

根据分析可以知道,此时相当于"-(i++)",即先使用i的原值参与负值运算,得到整个表达式的值为-2,然后对i的值进行加1,得到i的值为3。

(5)不要在一个表达式中对同一变量进行多次自加或者自减运算。这种表达式不仅可读性很差,而且不同的编译系统对它的运算结果也不同,很容易出现错误。

> **小提示**
>
> "++、--"与i的相对位置不同其运行结果也不同。i在后面,则i应先进行自加或自减运算,否则先不进行自加或自减运算。

真题精选

【例1】设有定义:int k=0;,以下选项的4个表达式中与其他3个表达式的值不相同的是(　　)。

　　A. k++　　　　　　B. k+=1　　　　　　C. ++k　　　　　　D. k+1

【答案】D

【解析】选项A、B、C都使k的值增加1,D选项不改变k的值。本题答案为D。

【例2】以下关于单目运算符++、--的叙述中正确的是(　　)。

　　A. 它们的运算对象可以是任何变量和常量

　　B. 它们的运算对象可以是char型变量和int型变量,但不能是float型变量

　　C. 它们的运算对象可以是int型变量,但不能是double型变量和float型变量

　　D. 它们的运算对象可以是char型变量、int型变量和float型变量

【答案】D

【解析】"++"和"--"运算符都是单目运算符,其运算对象可以是整型变量,也可以是实型变量,但不能是常量或表达式。当运算对象是字符型变量时,系统自动将其转换成该字符所对应的ASCII码值。

【例3】以下选项中,与k=n++完全等价的表达式是(　　)。

　　A. k=n,n=n+1　　B. n=n+1,k=n　　C. k=++n　　D. k+=n+1

【答案】A

【解析】题中的表达式是先让n参与赋值运算,然后再对本身进行自加,所以选A。

【例4】以下非法的赋值语句是(　　)。
　　A. n = (i = 2, ++i);　　B. j++;　　C. ++(i+1);　　D. x = j>0;
【答案】C
【解析】自加或自减运算的操作数不能是表达式。

【例5】以下程序的输出结果为(　　)。
```c
#include <stdio.h>
main()
{   int i = 4,a;
    a = i++;
    printf("a = %d,i = %d",a,i);
}
```
　　A. a = 4,i = 4　　B. a = 5,i = 4　　C. a = 4,i = 5　　D. a = 5,i = 5
【答案】C
【解析】本题考查的是自加运算符及赋值运算符的综合使用问题。自加运算符是一元运算符,其优先级比赋值运算符高,要先计算。把表达式 i++ 的值赋予 a, 由于 i++ 的结果为当前 i 的值(当前 i 的值为4),所以 i++ 的值为4,得到 a 的值为4。同时,计算了 i++ 后,i 由4变为5。

【例6】下列给定程序中函数 fun( ) 的功能:将 p 所指字符串中的所有字符复制到 b 中,要求每复制3个字符之后插入一个空格。
　　例如,若给 a 输入字符串:ABCDEFGHIJK,调用函数后,字符数组 b 中的内容:ABC DEF GIII JK。请改正程序中的错误,使它能得出正确结果。
　　注意:不要改动 main( ) 函数,不得增行或删行,也不得更改程序的结构。

试题程序

```c
#include <stdio.h>
void fun(char *p, char *b)
{   int i, k = 0;   while(*p)
    {   i = 1;
        while(i <= 3 && *p) {
            /*****found*****/
            b[k] = p;
            k++; p++; i++;
        }
        if(*p)
        {   /*****found*****/
            b[k++] = " ";
        }
    }
    b[k] = '\0';
}
main()
{   char a[80],b[80];
    printf("Enter a string:");
    gets(a);
    printf("The original string: "); puts(a);
    fun(a,b);
    printf("\nThe string after insert space: ");
    puts(b); printf("\n\n");
}
```

【答案】(1) b[k] = *p;
　　　(2) b[k++] = ' ';

【解析】本题考查:指针类型变量作为函数的参数,函数的参数不仅可以是整型、实型、字符型等数据,还可以是指针类型。它的作用是将一个变量的地址传送到另一个函数中。
(1)题目中 p 是指针型变量作函数参数,因此给 b[k] 赋值时出现错误。
(2)题目要求每复制3个字符后加1个空格,所以应该是先给 b[k] 赋值空格,然后变量 k 再加1。

? 常见问题

++i 和 i++ 在运算中有何区别?
　　++i 在程序运行过程中,i 的值先自行加1;而 i++ 在程序运行过程中,第一次使用 i 的初值,后面用到 i 时再根据需要进行自加运算。

3.3 赋值运算符和赋值表达式

考点7　赋值运算符和赋值表达式

在 C 语言中，"="称作赋值运算符，作用是将一个数值赋给一个变量或将一个变量的值赋给另一个变量，由赋值运算符组成的表达式称为赋值表达式。

赋值表达式的一般形式：

变量名 = 表达式

在程序中可以多次给一个变量赋值，每赋一次值，与该变量相应的存储单元中的数据就被更新一次，内存中当前的数据就是最后一次所赋值的那个数据。

注意：

(1) 赋值运算符的优先级别高于逗号运算符；

(2) 赋值运算符" = "和关系运算符" == "的差别；

(3) 赋值运算符的左侧只能是变量，而不能是常量或者表达式。右侧可以是表达式。包括赋值表达式。请注意"a = b = 1 + 1"与"a = 1 + 1 = b"的差别，前者是正确的，可以根据结合方向得到结果，而后者是错误的，因为从右开始结合起的第一个赋值表达式的左侧是常数，所以是错误的；

(4) C 语言规定最左边变量所得到的新值就是整个赋值表达式的值。

> **真考链接**
>
> 考点7属于重点掌握、重点理解的知识点。在选择题中的考核概率为40%。在操作题中，也是经常被考查，考核概率为90%。需要注意的是将赋值运算符" = "与关系运算符" == "区分开。

真题精选

【例1】若变量已正确定义并赋值，以下符合 C 语言语法的表达式是（　　）。

A. a : = b + 1　　　B. a = b = c + 2　　　C. int18.5%3　　　D. a = a + 7 = c + b

【答案】B

【解析】选项 A 中包含一个不合法的运算符": ="，选项 C 应改为(int)18.5%3；选项 D 可理解为两个表达式：a + 7 = c + b 和 a = a + 7，其中第一个是错误的，因为 C 语言规定赋值号的左边只能是单个变量，不能是表达式或常量等。因此，正确答案是选项 B，它实际上相当于 a = (b = c + 2)，进而可分解为两个表达式：b = c + 2 和 a = b。

【例2】若下列变量都已正确定义并赋值，则符合 C 语言语法的表达式是（　　）。

A. a = a + 7;　　　B. a = 7 + b + c, a + +　　　C. int(12.3/4)　　　D. a = a + 7 = c + b

【答案】B

【解析】选项 A 中"a = a + 7;"赋值表达式的最后有一个分号";"，C 语言规定，语句用分号结束，所以"a = a + 7;"是一条赋值语句，而不是表达式。

【例3】下列给定程序中函数 fun( ) 的功能：计算并输出 high 以内最大的 10 个素数的和。high 的值由主函数传给 fun( ) 函数。

例如，若 high 的值为 100，则函数的值为 732。

请改正程序中的错误，使它能得出正确的结果。

注意：不要改动 main( ) 函数，不得增行或删行，也不得更改程序的结构。

试题程序

```
#include <conio.h>
#include <stdio.h>
#include <math.h>
int fun (int high)
{   int sum =0, n =0, j, yes;
    /*****found*****/
```

```
    while ((high > =2) && (n <10)
    {  yes =1;
       for (j =2;j < =high/2;j ++)
       if (high% j ==0)
       {  /*****found*****/
          yes =0;break
```

```
        }
    if (yes)
    {   sum +.= high;
        n ++;
    }
    high --;
```

```
        }
        return sum;
    }
    main ()
    {   printf("% d\n",fun(100));
    }
```

【答案】(1)while((high > =2) && (n <10))
　　　　(2)yes =0; break;

【解析】本题考查:C语言程序的语法格式。

一处是 while 循环条件丢掉一个括号;另一处是很简单的程序语法错误,没有加分号。

考点8　复合的赋值运算符

在赋值运算符之前加上其他运算符可以构成复合赋值运算符。其中与算术运算有关的复合运算符有 + =、 - =、 * =、√/ =和% =等。

两个符号之间不可以有空格,复合赋值运算符的优先级与赋值运算符的相同。表达式 n + =1 等价于 n = n + 1,作用是取变量 n 中的值加 1 再赋给变量 n,其他复合的赋值运算符的运算规则依此类推。

例如,求表达 a + =a - =a * a 的值,其中a 的初值为 12 。

具体计算步骤如下:

(1)先进行"a - =a * a"运算,相当于 a = a - a * a = 12 - 144 = -132;

(2)再进行"a + = -132"运算,相当于 a = a + (-132) = -132 -132 = -264。

> **真考链接**
>
> 考点8 讲解的是构成算法的基本元素。虽然不会以单独的考题来进行考查,但无论是在选择题还是在操作题中,都会在题目中穿插这些知识点。选择题中对此知识点的考核概率为80%。

小提示

复合赋值运算 a + =b 的运算规则为 a = a + b。

真题精选

【例1】设有定义:int x = 2;,以下表达式中,值不为6的是(　　)。

　　A. x * =x +1　　B. x ++,2 * x　　C. x * =(1 +x)　　D. 2 * x,x + =2

【答案】D

【解析】本题考查逗号运算符的运算方式,逗号运算符的作用是将若干表达式连接起来,它的优先级别在所有运算符中是最低的,结合方向为"自左向右"。A项和C项的结果是一样的,A项可展开:x = x * (x +1) =2 * 3 =6;B项中先执行 x ++,因为 ++ 运算符有自加功能,逗号之前执行后 x 的值为3,逗号后的值就是整个表达式的值,即6;D项逗号之前并未给 x 赋值,所以表达式的值就是 x + =2 的值,即4。因此,本题答案为D。

【例2】下列给定程序中函数 fun( )的功能:将长整型数中各位上为奇数的数依次取出,构成一个新数放在 t 中。高位仍在高位,低位仍在低位。

例如,当 s 中的数为 87653142 时,t 中的数为 7531。

请在标号处填入正确的内容,使程序得出正确的结果。

注意:不要改动 main( )函数,不得增行或删行,也不得更改程序的结构。

试题程序

```
#include <stdlib.h>
#include <stdio.h>
#include <conio.h>
void fun(long s,long *t)
```

```
{   int d;
    long s1 =1;
    *t =0;
    while(s >0)
```

```
    {  d = s% 10;                              void main()
       if(d% 2!=0)                             {  long s,t;
       {  *t = d*s1 + *t;                         printf("\nPlease enter s:");
          s1【1】10;                              scanf ("% ld",&s);
       }                                          fun(s,&t);
       s/ =10;                                    printf("The result is:% ld\n",t);
    }                                          }
}
```

【答案】【1】 * =
【解析】本题考查：复合的赋值运算符"* ="的使用。

考点9　强制类型转换运算符与赋值运算中的类型转换

1.强制类型转换运算符

可以利用强制类型转换运算符将一个表达式转换成所需类型,其一般形式为：
(类型名)(表达式)
例如:(char)(x + y);,将(x + y)的值强制转换为字符型。
(double)(m * n);,将(m * n)的值强制转换为double类型。

2.赋值运算中的类型转换

如果赋值运算符两侧的类型不一致,在赋值前系统将自动先把右侧表达式求得的数值按赋值号左边变量的类型进行转换(也可以用强制类型转换的方式),但这种转换仅限于某些数据之间,通常称为"赋值兼容"。对于另一些数据,如后面将要讨论的地址值,就不能赋给一般的变量,称为"赋值不兼容"。常用的转换规则如下：

真考链接

考点9在选择题中的考核概率为20%。

(1)当实型数据赋值给整型变量时,将实型数据的小数部分截断。
如 int x;,执行"x = 5. 21;"后,x 的值为 5。
(2)当整型数据赋值给实型变量时,数值不变,但以浮点数形式存储到实型变量中。
例如:float x = 45;
输出 x 的结果为 45. 00000。
(3)当 double 类型数据赋值给 float 型变量时,取其前面7位有效数字,存放到 float 型变量的存储单元中,这时数值可能溢出。
(4)当字符型数据赋值给整型变量时,由于整型变量占两个字节,而字符只占一个字节,需将字符数据(8位)放到整型变量低 8 位中,对该整型变量最高位进行符号扩展,其他位补零。
(5)当整型、短整型、长整型数据赋值给一个 char 类型变量时,将其低8位原封不动地送到 char 类型变量中(即截断)。

 常见问题

在程序中定义 y 为整型变量,但是给其赋值为 6.33,则 y 的值是什么？
如果赋值运算符两侧的类型不一致,在赋值前系统将自动把右侧的值或通过表达式求得的数值按赋值号左边变量的类型进行转换,所以 y 在程序中的值为 6。

 真题精选

【例1】执行以下程序后的输出结果是(　　)。
```
main()
{  int a = 65;
   printf("% c", (char)a);
}
```

  A. A   B. B   C. C   D. D

【答案】A

【解析】A 的 ASCII 码为 65,int 类型强制转换为 char 类型后输出 A。

【例2】以下程序的运行结果是( )。

```
main()
{ char ch = 'A';
  int num1 = ch;
  float num2 = num1;
  printf("% f", num2);
}
```

  A. A   B. 65   C. 65.00000   D. a

【答案】C

【解析】A 的 ASCII 码为 65,赋值语句 num1 = ch 把 char 类型的变量转换成 int 类型的变量 num1;赋值语句 num2 = num1 把类型为 int 的变量转换为类型为 float 的变量 num2,最后 printf 输出 num2 的值为 65.00000。

【例3】若 a 为整型变量,则执行以下语句后的( )。

```
a = -2L;
printf("% d\n",a);
```

  A. 赋值不合法   B. 输出值为 -2   C. 输出为不确定值   D. 输出值为 2

【答案】B

【解析】本题的关键是要弄清楚 C 语言中常量的表示方法和有关的赋值规则。在一个整型常量后面加一个字母 l 或 L,则认为是 long int 型常量。一个整型常量,如果其值在 -32768 ~ +32767 范围内,可以赋给一个 int 型或 long int 型变量;但如果整型常量的值超出了上述范围,而在 -2147483648 ~ 2147483647 范围内,则应将其值赋给一个 long int 型变量。本例中 -2L 虽然为 long int 型变量,但是其值为 -2,因此可以通过类型转换把长整型转换为短整型,然后赋给 int 型变量 a,并按照%d 格式输出该值。

【例4】已知字符 A 的 ASCII 码值是 65,执行以下程序后的( )。

```
#include <stdio.h>
main()
{ char a ='A';
  int b =20;
  printf("% d,% o", (a = a +1,a +b,b),a +'a'-'A',b);
}
```

  A. 表达式非法,输出零或不确定值   B. 因输出项过多,无输出或输出不确定值

  C. 输出结果为 20,141   D. 输出结果为 20,1541,20

【答案】C

【解析】首先应该注意到 printf( ) 函数有 3 个实参数:(a = a +1,a + b,b), a + 'a' - 'A' 和 b,并没有问题,可见选项 A 错误。由于格式控制字符串"%d,%o"中有两个描述符,而后面又有表达式,因此,必定会产生输出,选项 B 也是错误的。既然控制字符串只有两个格式描述符,输出必然只有两个数据,故选项 D 错误。

【例5】下列给定程序的功能:计算并输出下列级数的前 n 项之和 S_n,直到 S_n 大于 q 为止,q 的值通过形参传入。

$$S_n = \frac{2}{1} + \frac{3}{2} + \frac{4}{3} + \cdots + \frac{n+1}{n}$$

例如,若 q 的值为 50.0,则函数值为 50.416687。

注意:部分源程序给出如下。

请勿改动主函数 main( ) 和其他函数中的任何内容,仅在函数 fun( ) 的标号处填入你编写的若干表达式或语句。

试 题 程 序

```
#include <stdio.h>
double fun(double q)
{ int n;
  double s;
  n =2;
```

```
  s =2.0;
  while (s【1】q) {
      s = s +【2】(n +1)/n;
      【3】;
  }
```

```
        printf("n = % d\n",n);                        main()
        return s;                                  {  printf("% f\n",fun(50));
}                                                  }
```

【答案】【1】<=　【2】(double)　【3】n++或n+=1或n=n+1

【解析】本题考查:关系运算符;强制类型转换运算符;自加、自减运算符。

　　填空【1】:根据题意,相加直到S_n大于q为止,因此为<=。

　　填空【2】:强制转换成浮点型。

　　填空【3】:变量n为增量,每循环一次,增加n的值。

3.4 位 运 算

在计算机中,数据都是以二进制数形式存放的,位运算就是指对存储单元中二进制位的运算。

考点10　位运算符和位运算

C语言提供6种位运算符,如表3.2所示。

表3.2　　　　　　　　　　位运算符

运算符	含 义	规　　则
&	按位与	若两个相应的二进制位都为1,则该位的结果为1,否则为0
|	按位或	两个相应的二进制位中只要有一个为1,则该位的结果为1,否则为0
∧	按位异或	若两个二进制位相同,则结果为0,不同则为1
~	按位求反	按位取反,即0变1,1变0
<<	左移	将一个数的二进制位全部左移若干位
>>	右移	将一个数的二进制位全部右移若干位

真考链接

考点10属重点识记知识点,在选择题中的考核概率为90%。

说明:

(1)位运算符中除"~"以外,均为双目运算符,即要求两侧各有一个运算量;

(2)运算量只能是整型或字符型数据,不能为实型数据。

真题精选

【例1】变量a中的数据用二进制表示的形式是01011101,变量b中的数据用二进制表示的形式是11110000。若要求将a的高4位取反,低4位不变,所要执行的运算是(　　)。

　　A.a∧b　　　　　　B.a|b　　　　　　C.a&b　　　　　　D.a<<4

【答案】A

【解析】本题考查的是位运算的知识,对于任何二进制数,和1进行异或运算会让其取反,而和0进行异或运算不会发生任何变化,故本题答案选A。

【例2】设有定义 char a,b;,若想通过a&b运算保留a的第3位和第6位的值,则b的二进制形式应是(　　)。

　　A.00100100　　　B.11011011　　　C.00010010　　　D.01110010

【答案】A

【解析】由"按位与"运算的功能可知:两个对应的二进制数只要有一个为0,"按位与"的结果就为0,只有它们均为1时结果才为1。因此,若想保留a位上的数,就用1去"按位与",其他位用0屏蔽掉。

3.5 综合自测

一、选择题

1. 以下叙述中,不正确的是( )。
   A. 在 C 程序中,% 是只能用于整数运算的运算符
   B. 在 C 程序中,无论是整数还是实数,都能准确无误地表示
   C. 若 a 是实型变量,C 程序中 a = 20 是正确的,因此实型变量允许被整型数赋值
   D. 前缀和后缀运算符,作为表达式来说有不同的作用

2. 若变量 x、y、z 均为 double 类型且已正确赋值,不能正确表示 x/y×z 的 C 语言表达式是( )。
   A. x/y*z   B. x*(1/(y*z))   C. x/y*1/z   D. x/y/z

3. 设 a、b、c、d、m、n 均为 int 型变量,且 a = 5,b = 6,c = 7,d = 8,m = 2,n = 2,则逻辑表达式(m = a>b)&&(n = c>d) 运算后,n 的值为( )。
   A. 0   B. 1   C. 2   D. 3

4. 设 w、x、y、z、m 均为 int 型变量,有以下程序段:
   w = 1; x = 2; y = 3; z = 4;
   m = (w<x)? w:x;   m = (m<y)? m:y;   m = (m<z)? m:z;
   则该程序运行后,m 的值是( )。
   A. 4   B. 3   C. 2   D. 1

5. 以下程序的输出结果是( )。
   ```
   #include <stdio.h>
   main()
   { int a = 5,b = 4,c = 6,d;
     printf("%d\n",d = a>b? (a>c? a:c):(b));
   }
   ```
   A. 5   B. 4   C. 6   D. 不确定

6. 在 C 语言中,如果下面的变量都是 int 类型,则输出的结果是( )。
   sum = pad = 5; pad = sum ++ ,pad ++ , ++pad;
   printf("%d\n",pad);
   A. 7   B. 6   C. 5   D. 4

7. 以下程序的输出结果是( )。
   ```
   #include <stdio.h>
   main()
   { int i = 010 , j = 10;
     printf("%d,%d\n", ++i , j--);
   }
   ```
   A. 11,10   B. 9,10   C. 010,9   D. 10,9

8. 已知 int i;float f;,以下选项中正确的语句是( )。
   A. (int f)%i;   B. int(f)%i;   C. int(f%i);   D. (int)f%i;

9. 若有定义:int x = 3 ,y = 2; float a = 2.5 ,b = 3.5; 则下面表达式的值为( )。
   (x+y)%2 +(int)a./(int)b
   A. 1.0   B. 1   C. 2.0   D. 2

10. 假设所有变量均为整型,则表达式 (a = 2,b = 5,a ++ ,b ++ ,a + b) 的值为( )。
    A. 7   B. 8   C. 9   D. 10

11. 若有定义"int x = 1, y = 1;",表达式(!x||y--)的值是( )。
    A. 0   B. 1   C. 2   D. -1

12. 有以下程序:

```
main()
{ unsigned char a,b,c;
  a = 0x3;
  b = a | 0x8;
  c = b < <1;
  printf("% d % d\n",b,c);
}
```
程序运行后的输出结果是(   )。
A. -11 12   B. -6 -13   C. 12 24   D. 11 22

13. 若已定义 x 和 y 为 double 类型,则表达式 x = 1, y = x + 3/2 的值是(   )。
A. 1   B. 2   C. 2.0   D. 2.5

14. 执行以下程序段后, c3 的值为(   )。
```
int c1 = 1, c2 = 2, c3;
c3 = 1.0/c2 * c1;
```
A. 0   B. 0.5   C. 1   D. 2

15. 以下程序的输出结果是(   )。
```
#include <stdio.h>
main()
{ int y = 3, x = 3, z = 1;
  printf("% d % d\n",(++x, y ++),z + 2);
}
```
A. 3 4   B. 4 2   C. 4 3   D. 3 3

二、操作题

下列给定程序中,函数 fun() 的功能:将形参 n 中各位上为偶数的数取出,并按原来从高位到低位相反的顺序组成一个新数,作为函数值返回。

例如,输入一个整数 27638496,函数返回值为 64862。

请在标号处填入正确的内容,使程序得出正确的结果。

注意:部分源程序给出如下。不得增行或删行,也不得更改程序的结构。

试 题 程 序

```
#include <stdio.h>
unsigned long fun(unsigned long n)
{ unsigned long x = 0; int t;
  while( n ){
    t = n% 10;
    /* * * * * * found * * * * */
    if(t% 2 ==【1】)
    /* * * * * * found * * * * */
      x =【2】+ t;
    /* * * * * * found * * * * */
    n =【3】;
  }
  return x;
}
main()
{ unsigned long n = -1;
  while(n > 99999999 || n < 0) {
    printf(" Please input (0 < n < 100000000): ");
    scanf("% ld",&n);
  }
  printf("\nThe result is: % ld\n", fun(n));
}
```

第4章

基本语句

选择题分析明细表

考 点	考核概率	难易程度
C 语句分类	10%	★★★
字符输出函数 putchar( )	20%	★★
字符输入函数 getchar( )	60%	★★
格式输出函数 printf( )	90%	★★★★★
格式输入函数 scanf( )	100%	★★★★★

操作题分析明细表

考 点	考核概率	难易程度
字符输出函数 putchar( )	5%	★
字符输入函数 getchar( )	10%	★
格式输出函数 printf( )	100%	★★★★★
格式输入函数 scanf( )	100%	★★★★★

4.1 C语句概述

C语言的语句用来向计算机系统发出指令。一个实际的源程序通常包含若干条语句,用来完成一定的操作任务。

考点1　C语句分类

1. 控制语句

控制语句完成一定的控制功能。C语言共有8种控制语句,如表4.1所示。

表4.1　　　　　　　　　　控制语句

语　句	名　称
if( )... else ...	条件语句
switch... case ...	多分支选择语句
for( )...	循环语句
while( )...	循环语句
do...while( )	循环语句
continue	结束本次循环语句
break	终止执行switch语句或循环语句
return	返回语句

> **真考链接**
> 针对考点1的考查主要从表达式语句、空语句,数据的输入与输出、输入与输出函数的调用,复合语句3个方面进行考查。该考点在选择题中的考核概率为10%,属于简单识记内容。

说明:以上语句中"( )"表示一个条件,"..."表示内嵌语句。

2. 空语句

C语言中所有语句都必须由一个分号(;)结束,如果只有一个分号,如main( ){;},这个分号也是一条语句,称为空语句。它在程序执行时不产生任何动作,但表示存在着一条语句。

3. 复合语句

在C语言中大括号({ })不仅可以用作函数体的开始和结束标识,同时也常用作复合语句的开始和结束标识。复合语句也可称为"语句体"。

4. 其他类型语句

函数调用语句:由一项函数调用加一个分号构成一条语句,如 scanf("%d",&a);。表达式语句:由一个表达式加一个分号构成一条语句,如 a=b;。

> **小提示**
> 在C语言中,任何表达式都可以加上分号构成语句,如"i++;",但是不能随意加分号";",这可能会导致很多逻辑上的错误,因此要慎用分号。复合语句里最后一个语句末尾的分号不能省略。

> **常见问题**
> while和do...while都是实现循环的语句,它们的区别是什么?
> while语句在执行过程中,首先根据条件语句判断是否开始执行和是否继续执行循环体。而do...while语句在执行过程中首先无条件执行循环一次,然后根据条件语句来判断是否继续执行循环体。

第4章 基本语句

真题精选

若变量已正确定义,有以下程序段:
int a =3, b =5, c = 7;
if(a > b) a = b; c = a;
if(c ! = a) c = b;
printf("% d,% d,% d\n", a, b, c);
其输出结果是( )。
A.程序段有语法错误　　　　　B.3,5,3　　　　　C.3,5,5　　　　　D.3,5,7
【答案】B
【解析】此题是 if 语句的例子。两个 if 语句的判断条件都不满足,程序只能执行 c = a 这条语句,所以变量 c 的值等于 3,变量 b 的值没有变化。程序输出的结果为 3,5,3,所以正确答案为 B。

4.2 赋值语句与输入/输出

1.赋值语句

前面已经介绍了赋值语句是由赋值表达式和末尾的分号(;)构成的。这里要提醒读者注意:" = "与" == "是两个不同的运算符,前者才是赋值运算符,而后者是关系运算符,用来进行条件判断,不能把两者混为一谈。例如,"i = 2;"的功能是把数值 2 放到变量 i 中,而"i == 2;"是判断变量 i 的值是否为 2。又如,"j = j + 1;",在程序执行时,首先取出 j 中的值,执行加数值 1 的操作后再把新值放回到 j 中。

2.输入与输出概念及其实现

(1)数据从计算机内部向外部输出设备(如显示器、打印机等)输送的操作称为"输出",数据从计算机外部向输入设备(如键盘、鼠标、扫描仪等)送入的操作称为"输入"。
(2)C 语言本身不提供输入/输出语句,但可以通过函数来实现输入和输出的操作。
(3)在使用 C 语言库函数时,首先要用预编译命令"#include"将有关的"头文件"包含到用户源文件中。这里需要用到编译预处理命令,在后面的章节中还会详细讲到。

3.单个字符的输入/输出

这里介绍 C 标准 I/O 函数库中最简单的对单个字符进行输入/输出的函数 putchar( )和 getchar( )。

考点2　字符输出函数 putchar( )

调用 putchar( )和 getchar( )函数时,必须在程序的开头包含头文件"stdio.h",如#include < stdio. h >或#include" stdio. h"。
putchar( )函数的作用是向终端输出一个字符,如 putchar(ch);。
它输出字符变量 ch 的值,ch 既可以是字符型变量,也可以是整型变量。若 ch 是整型变量,则输出的是 ASCII 码值对应的字符。

真题精选

下列给定程序的功能:调用函数 fun( )将指定源文件中的内容输出到屏幕。主函数中源文件名放在变量 sfname 中,目标文件名放在变量 tfname 中。
请在标号处填入正确的内容,使程序得出正确的结果。
注意:部分源程序给出如下。不得增行或删行,也不得更改程序的结构。

> **真考链接**
>
> 考点2考查的是字符型输出函数。这个考点有可能会在选择题中的读程序题出现。题目给出一个程序段,然后要求判断或写出(在填空题中)输出结果。此知识点在选择题中的考核概率是 20%。

试题程序

```
int fun(char *source, char *target)          { putchar(【1】);
{ FILE *fs;char ch;                             ch = fgetc(fs);
  if((fs = fopen(source,"r")) == NULL)       }
     return 0;                                 fclose(fs);
  printf("\nThe data in file :\n");            printf("\n\n");
  ch = fgetc(fs);                              return 1;
  while(!feof(fs))                           }
```

【答案】【1】ch

【解析】本题考查 putchar()函数的使用。putchar()函数的作用是向终端输出一个字符。例如,putchar(ch);,它输出字符变量 ch 的值,ch 既可以是字符型变量,也可以是整型变量。若 ch 是整型变量,则输出的是 ASCII 码值对应的字符。

考点3 字符输入函数 getchar()

getchar()函数的作用是从终端输入一个字符,getchar()函数没有参数,函数值就是从输入设备得到的字符。

getchar()函数只能接收一个字符,得到的字符既可以赋给一个字符变量或整型变量,也可以不赋给任何变量,作为表达式的一部分。如果在一个函数中(今为 main()函数)要调用 getchar()和 putchar()函数,在该主函数之前的包含命令"#include <stdio.h>"是必不可少的。

> **真考链接**
>
> 考点3考查的是字符型输入函数。这个考点考查方式和考点2相似,都是以读程序题的形式出现,一般要求写出字符输入格式。
>
> 此知识点在选择题中的考核概率是60%。

> **小提示**
>
> getchar()和 putchar()都是针对一个字符输入/输出的函数。如果涉及多个字符,则要使用数组或字符串,后面还会详细讲解到。

> **常见问题**
>
> 程序使用 getchar()函数输入字符,如果在键盘输入 abc,则程序得到的字符是什么?
> getchar()只能接收一个字符,getchar()函数得到的字符赋给一个字符变量或整型变量,所以赋给变量的只是字符'a'。

真题精选

【例1】若变量已正确定义,以下不能统计出一行中输入字符的个数(不包含回车符)的程序段是(　　)。

A. n = 0; while((ch = getchar()) ! = '\n') n ++;

B. n = 0; while(getchar() ! = '\n') n ++;

C. for(n = 0;getchar() ! = '\n'; n ++);

D. n = 0; for(ch = getchar(); ch! = '\n'; n ++);

【答案】D

【解析】A 项每进行一次循环判断一个字符是否为回车,如果不是就进行下一次判断,因此可以统计出输入字符的个数。B 项与 A 项的判断相似,仅为是否将读入的数据赋值给一个变量,因此并不影响判断结果。C 项用 for 循环来判断,与 B 的判断完全相同,可以统计出输入字符的个数。D 项中 ch = getchar()是给变量 ch 赋初值,如果输入回车,则程序只循环一次;如果输入一个非回车的字符,则程序进入死循环。因此,本题正确答案为 D。

【例2】以下程序的功能:通过函数 func()输入字符并统计输入字符的个数。输入时用字符@作为输入的结束标识。请将有标号的地方填上正确语句。

试题程序

```
#include <stdio.h>
long【1】;
main()
{  long n;
   n = func(); printf("n = % ld\n", n);
}

long func()
{  long m;
   for(m = 0; getchar()! = '@';【2】)
   return m;
}
```

【答案】【1】func( ) 【2】m ++;

【解析】标号【1】为函数说明语句,其格式:函数标志符#函数名。标号【2】的 m 作为计数器,每读一个字符时加1。

【例3】下列给定程序的功能:判断字符 ch 是否与串 str 中的某个字符相同,若相同什么也不做,若不同则插在串的最后。

注意:部分源程序给出如下。请勿改动函数 main( )和其他函数中的任何内容,仅在标号处填入所编写的若干表达式或语句。

试题程序

```
#include <stdio.h>
#include <string.h>
void fun(char * str, char ch)
{  while (* str && * str! = ch)
      str ++;
   if (* str ! = ch) {
      str[0] = ch;
      str[1] = 0;
   }
}

main ()
{  char s[81], c;
   printf("\nPlease enter a string:\n");
   gets(s);
   printf("\n Please enter the character to search:");
   c =【1】;
   fun(s, c);
   printf("\nThe result is % s\n", s);
}
```

【答案】【1】getchar( )

【解析】本题考查 getchar( )函数的使用。getchar( )函数的作用是从终端输入一个字符,getchar( )函数没有参数,函数值就是从输入设备得到的字符。

考点4　格式输出函数 printf( )

printf( )函数是 C 语言提供的标准输出函数,它的作用是向终端(或系统隐含指定的输出设备)按指定格式输出若干个数据。

1. printf( )函数的一般形式

printf(格式控制,输出列表);

例如:

printf("% f,% d", x, y);

printf 是函数名,括号内由以下两部分组成。

(1)"格式控制":用双引号括起来的字符串是"格式控制"字符串,它包括两种信息。

①格式转换说明,由"%"和格式字符组成,如 % d、% s 等。上例中,当输出项为 int 型时,系统规定用 d 作为格式描述字符,因此,有"% d"。当输出项为 float 或 double 类型时,用 f 或 e 作为格式描述字符。格式描述字符要与输出项一一对应且类型匹配。

②需要原样输出的字符(通常指除了格式说明与一些转义字符外的那部分)也写在"格式控制"内。

(2)"输出列表":需要输出的一些数据,可以是常量、变量或表达式。例如:

printf("x = % d y = % d", x, y);

其中,"x = % d y = % d"是格式说明;x, y 是 输出列表。输出列表中的各输出项要用逗号隔开。若 x, y 的值为7, 8,以上两条语句的输出结果:

真考链接

不论是在选择题还是在操作题,针对考点4的考查永远都会有,其中选择题的考核概率为90%。只要出现程序,基本都有输出结果,而 printf( )函数可以根据要求输出各种形式。但是对其输出格式的定义是一个难点。

x = 7　y = 8

2. 格式字符

可以根据需要在"%"与格式字符之间插入"宽度说明"、左对齐符号"-"、前导零符号"0"等。

(1)d格式符,用来对十进制数进行输入/输出,其中"%d"是按整型数据的实际长度输出,"%md"指定 m 为输出字段所占的宽度。

(2)o格式符,以八进制数形式输出整数,同样可以通过如"%8o"的格式指定输出时所占的宽度。

(3)x格式符,以十六进制数形式输出整数,同样可以通过如"%12x"的格式指定输出时所占的宽度。

(4)u格式符,用来输出 unsigned 型数据,即输出无符号的十进制数。

(5)c格式符,用来输出一个字符。

(6)s格式符,用来输出一个字符串。

(7)f格式符,用来输出实数(包括单精度、双精度),以小数形式输出,使整数部分全部输出。

(8)e格式符,以指数形式输出实数。

(9)g格式符,用来输出实数。

对于 f、e、g 格式符可以用"整型数1.整型数2"的形式,在指定宽度的同时来指定小数位的位数,其中,"整型数1"用来指定输出数据所占的总宽度,"整型数2"用来确定精度。精度对于不同的格式符有着不同的含义。当输出数据的小数位多于"整型数2"指定的宽度时,截去右边多余的小数,并对截去的第一位小数做四舍五入处理。当输出数据的小数位数少于"整型数2"指定的宽度时,在小数的最右边添0。当输出的数据所占的宽度大于"整型数1"指定的宽度时,小数位仍按上述规则处理,整数部分并不丢失。也可以用".整型数2"的形式来指定小数位数,这时输出的数据所占宽度由系统决定。通常,系统对 float 类型提供 7 位有效位数,对于 double 类型提供 15 位有效位数。

3. 使用 printf( ) 函数时的注意事项

(1)在格式控制串中,格式说明与输出项从左到右在类型上必须一一对应匹配,如不匹配将导致数据输出出现错误,如在输出 long 型数据时,一定要用"%ld"格式控制,而不能用"%d"格式控制。

(2)在格式控制串中,格式说明与输出项的个数也要相等,如格式说明的个数多于输出项的个数,则对于多余的格式将输出不定值(或 0 值)。

(3)在格式控制串中,除了合法的格式说明外,还可以包含任意的合法字符(包括转义字符),这些字符在输出时将被"原样输出"。

(4)如果要输出"%",则应该在格式控制串中用两个连续的百分号"%%"来表示。

> **小提示**
>
> 输出数据的精度并不取决于格式控制中的域宽和小数的位宽,而是取决于数据在计算机内的存放精度。

真题精选

【例1】程序段:int x = 12;double y = 3.141593;printf("%d%8.6f",x,y);的输出结果是(　　)。

　　A. 123.141593　　　　　　　　　　B. □□□□□123.141593

　　C. 12,3.141593　　　　　　　　　　D. 123.1415930

【答案】A

【解析】本题考查 printf( ) 函数的输出格式控制符,%m.nf 表示指定输出的实型数据的宽度为 m(包含小数点),并保留 n 位小数。当输出数据的小数位大于 n 时,截去右边多余的小数,并对截去部分的第一位小数做四舍五入处理;当输出数据的小数位小于 n 时,在小数位的最右边补0,使输出数据部分宽度为 n。若给出的总宽度 m 小于 n 加上整数位数和小数点,则自动突破 m 的限制;反之,数字右对齐,左边补空格。本题中 3.141593 数值长度为 8,小数位数为 6,因此左端没有空格,故正确答案为 A。

【例2】下列给定程序中函数 fun( ) 的功能:将字符串中的字符逆序输出,但不改变字符串中的内容。

　　例如,若字符串为 abcd,则应输出:dcba。

　　请改正程序中的错误,使它能得出正确的结果。

　　注意:不要改动 main( ) 函数,不得增行或删行,也不得更改程序的结构。

试题程序

```
#include <stdio.h>
void fun(char * a)
{   if(* a)
    {  fun(a+1);
       /* * * * * found * * * * */
       printf("% c"*a);
    }
}

main ()
{  char s[10] = "abcd";
   printf("处理前字符串=% s\n,处理后字符串 = ",s);
   fun(s);
   printf("\n");
}
```

【答案】printf("% c", * a);

【解析】本题考查:函数定义,本题为有参函数定义。printf()函数的一般形式为"printf("格式控制字符串",输出列表);"。

"% d"表示按十进制整型输出。

"% ld"表示按十进制长整型输出。

"% c"表示按字符型输出。

非格式字符串在输出时原样输出,起提示作用。

根据 printf()函数格式,很容易找到错误之处。

考点5 格式输入函数 scanf()

1. scanf()函数的一般形式

scanf(格式控制,地址列表);

其中,scanf 是函数名,"格式控制"的含义同 printf()函数;"地址列表"由若干个变量地址组成,既可以是变量的地址,也可以是字符串的首地址(参见"字符数组"一节)。

例如:
scanf("% d",&a);
printf("% d",a);

运行时输入123,按回车键后则会在屏幕上输出整型变量 a 的值123。其中"% d"是格式控制字符串,&a 是输入项。其中的"&"是"取地址运算符",&a 指 a 在内存中的地址,如需要有多个输入项时,输入项之间要用逗号隔开。在实际输入时,若一次向计算机输入多个数据,则每两个数据间要以一个或多个空格隔开,也可以用回车键或跳格键(Tab)隔开。

真考链接

考点5 在选择题中的考核概率为100%。根据输入的格式判断输出的内容或者根据输出的内容书写正确的输入格式控制。

考点5 在操作题部分的考查很好应付。考生应尽量采用无格式输入,这样可以尽可能避免错误。

2. 格式说明

scanf()函数中的格式说明也是以%开始,以一个格式字符结束,中间可以加入附加的字符。

说明:

(1)对 unsigned 型变量的数据,可以用 % d、% o、% x 格式输入。

(2)在 scanf()函数中格式字符前可以用一个整数指定输入数据所占宽度,但对于输入实型数则不能指定其小数位的宽度。

(3)在格式控制串中,格式说明的个数应该与输入项的个数相等,且要类型匹配,如不匹配,系统也不会给出出错信息,但有可能使程序的输出结果不正确。若格式说明的个数少于输入项的个数,scanf()函数结束输入,多余的项继续从终端接收新的数据;若格式说明的个数多于输入项个数,scanf()函数同样也结束输入。

3. 使用 scanf()函数时的注意事项

(1)scanf()函数中的输入项只能是地址表达式,而不能是变量名或其他内容,也就是说输入项必须是某个存储单元的地址,这一点一定要掌握。

例如:
int m,n;
scanf("% d,% d",m,n);

是不对的,应将其中的"m,n"改为"&m,&n"。

(2)如果在"格式控制"字符串中除了格式说明以外还有其他字符,则在输入数据时应输入与这些字符相同的字符。

(3)在用"%c"格式输入字符时,空格字符和转义字符都可作为有效字符输入。

(4)在输入数据时,若实际输入数据少于输入项个数,scanf()函数会等待输入,直到满足条件或遇到非法字符才结束;若实际输入数据多于输入项个数,多余的数据将留在缓冲区备用,作为下一次输入操作的数据。

在输入数据时,遇到以下情况时认为输入结束:

遇空格、"回车"或"跳格"(Tab)键,上述字符统一可称为"间隔符"。

scanf()函数中的格式控制串是为输入数据用的,其间的字符不能实现原样输出。若想在输入时出现提示性语言,则需要另外使用 printf 语句。

> **小提示**
>
> 1.在编写程序时,考生应尽量少用带格式的输入语句,而要尽量多用带格式的输出语句。
>
> 2.在程序运行到要求实际输入时,按指定的宽度结束,如格式控制字符为"%3d"时,则间隔符数目不限,只取输入的前3列。

> **常见问题**
>
> 在程序中定义了一个 float 型的变量 x=1.2,使用 printf("%10.7f",x)输出,显示在屏幕上的结果是1.20000000,x 的类型变化了吗?
>
> 只要在程序中定义了 x 为 float 型变量,那么其在内存中的存储形式固定不变,即使采用%10.7 的格式输出,x 也还是 float 型的变量。

真题精选

【例1】若有定义语句:double x, y, * px, * py;。执行了 px = &x;py = &y;之后,正确的输入语句是(　　)。
 A. scanf("%f%f", x, y);　　　　　　　　B. scanf("%f%f"&x, &y);
 C. scanf("%lf%lf", px, py);　　　　　　D. scanf("%lf%lf", x, y);

【答案】C

【解析】本题考查 scanf()函数,其格式:scanf(格式控制,地址列表);,其中地址列表中应为要赋值变量的地址。本题要为变量 x 和 y 赋值,并定义了两个指针分别指向 x 和 y,因此取得变量 x 和 y 的地址的方法有两种。一种是使用取地址符号"&",即 &x 和 &y;另一种是使用指针变量,即 px 和 py。选项 A 和 D 中地址列表错误;选项 B 中格式控制与地址列表之间应用逗号分开。因此,本题正确答案为 C。

【例2】若变量已正确定义为 int 型,要通过语句 scanf("%d,%d,%d",&a, &b, &c);给 a 赋值1、给 b 赋值2、给 c 赋值3,以下输入形式中错误的是(□表示一个空格符)(　　)。
 A.□□□1,2,3<回车>　　　　　　　　B.1□2□3<回车>
 C.1,□□2,□□□<回车>　　　　　　　D.1,2,3<回车>

【答案】B

【解析】由于 scanf 格式输入语句中,使用逗号作为输入时的间隔,所以在输入时需要使用逗号隔开。只有选项 B 中没有使用逗号,故本题选 B。

【例3】下列给定程序中函数 fun()的功能是将长整型数中各位上为奇数的数依次取出,构成一个新数放在 t 中。高位仍在高位,低位仍在低位。

例如,当 s 中的数为87653142 时,t 中的数为7531。

请在标号处填入正确的内容,使它能得出正确的结果。

注意:不要改动 main()函数,不得增行或删行,也不得更改程序的结构。

试题程序

```
#include <stdlib.h>                        {  int d;
#include <stdio.h>                            long s1 =1;
#include <conio.h>                            * t =0;
void fun(long s,long * t)                     while(s >0)
```

```
    { d = s% 10;                              void main()
      if(d% 2!=0)//或者 if(d% 2 ==1)          {  long s, t;
      { *t = d * s1 + *t;                        printf("\nPlease enter s:");
         s1 * =10;                               /*****found*****/
      }                                          【1】
      s/ =10;                                    fun(s,&t);
    }                                            printf("The result is:% ld\n",t);
}                                             }
```

【答案】【1】scanf("% ld",&s);
【解析】本题考查 scanf( )函数的使用。scanf( )函数的一般形式:scanf(格式控制,地址列表);。

4.3 综合自测

一、选择题

1. 以下选项中不是 C 语句的是(   )。
   A. {int i;i ++;printf("% d\n",i);}   B. ;
   C. a = 5,c = 10   D. { ; }

2. 执行以下程序时输入1234567,程序的运行结果为(   )。
   ```
   #include <stdio.h>
   main()
   { int x,y;
     scanf("% 2d% 2ld",&x,&y);
     printf("% d\n",x+y);
   }
   ```
   A. 17   B. 46   C. 15   D. 9

3. 若有定义 char a;int b;float c;double d;,则表达式 a * b + c - d 的结果为(   )型。
   A. double   B. int   C. float   D. char

4. 若有定义 int a,b;,则用语句 scanf("% d% d",&a,&b);输入 a,b 的值时,不能作为输入数据分隔符的是(   )。
   A. ,   B. 空格   C. 回车   D. Tab 键

5. 运行下面的程序,如果从键盘上输入:
   ab<回车>
   c<回车>
   def<回车>
   则输出结果为(   )。
   ```
   #define N  6
   #include <stdio.h>
   main()
   { char c[N];
     int  i =0;
     for( ;i<N;c[i] = getchar(),i ++);
     for( i =0;i <N;i ++) putchar(c[i]); printf("\n");
   }
   ```

A. a	B. a	C. ab	D. abcdef
b	b	c	
c	c	d	
d	d		
e			
f			

6. 以下程序的输出结果是（　　）。
```
#include <stdio.h>
main()
{ printf("%f",2.5+1*7%2/4);
}
```
A. 2.500000　　　　B. 2.750000　　　　C. 3.375000　　　　D. 3.000000

7. 根据定义和数据的输入方式，输入语句的正确形式是（　　）。
已有定义：float f1,f2;
数据的输入方式：4.52
3.5
A. scanf("%f,%f",&f1,&f2);　　　　　　　　B. scanf("%f%f",&f1,&f2);
C. scanf("%3.2f%2.1f",&f1,&f2);　　　　　D. scanf("%3.2f,%2.1f",&f1,&f2);

8. 以下程序不用第3个变量，实现将两个数进行对调的操作，请在下划线处填入正确的内容。
```
#include <stdio.h>
main()
{ int a,b;
  scanf("%d%d",&a,&b);
  printf("a=%d b=%d",a,b);
  a=a+b;b=a-b;a=_____;
  printf("a=%d b=%d\n",a,b);
}
```
A. a+b　　　　B. a-b　　　　C. b*a　　　　D. a/b

二、操作题

下列给定程序中，函数fun()的功能是进行数字字符转换。若形参ch中是数字字符0~9，则将0转换成9,1转换成8,2转换成7,…,9转换成0;若是其他字符，则保持不变，并将转换后的结果作为函数值返回。

请在标号处填入正确的内容，使程序得出正确的结果。

注意：部分源程序给出如下。不得增行或删行，也不得更改程序的结构。

试题程序

```
#include <stdio.h>
【1】fun(char ch)
{ if (ch>='0'&&【2】)
    return '9'-(ch-【3】);
  return ch;
}
main()
{ char c1,c2;
  printf("\nThe result :\n");
  c1='2'; c2 = fun(c1);
  printf("c1=%c c2=%c\n", c1, c2);
  c1='8'; c2 = fun(c1);
  printf("c1=%c c2=%c\n", c1, c2);
  c1='a';c2 = fun(c1);
  printf("c1=%c c2=%c\n", c1, c2);
}
```

第5章

选择结构

选择题分析明细表

考　点	考核概率	难易程度
关系运算符和关系表达式	70%	★★★★
逻辑运算符和逻辑表达式	100%	★★★★
if 语句的几种形式	80%	★★★★★
if 语句的嵌套	40%	★★★★
由条件运算符构成的选择结构	70%	★★★
switch 语句	80%	★★★★

操作题分析明细表

考　点	考核概率	难易程度
关系运算符和关系表达式	30%	★★★
逻辑运算符和逻辑表达式	30%	★★★
if 语句的几种形式	80%	★★★★★
if 语句的嵌套	30%	★★★
由条件运算符构成的选择结构	10%	★
switch 语句	20%	★★

5.1 关系运算符和关系表达式

考点1 关系运算符和关系表达式

C语言提供了6种关系运算符,如表5.1所示。

表5.1　　　　　　　　　关系运算符

关系运算符	名　称
<	小于
<=	小于或等于
>=	大于或等于
>	大于
==	等于
!=	不等于

真考链接

考点1构成算法的基本元素,主要用于条件判断语句。在选择题中的考核概率为70%,在操作题中的考核概率为30%。该知识点比较简单,但需要重点识记。

(1)结合性:自左向右。
(2)优先级:前4种关系运算符(<,<=,>=,>)的优先级别相同,后两种关系运算符(==,!=)的优先级别相同,且前4种优先级高于后两种。关系运算符的优先级低于算术运算符,高于赋值运算符。

由关系运算符连成的表达式,称为关系表达式。关系运算符的两边可以是C语言中任意合法的表达式。

关系运算符的结果是一个整数值——"0或者1",正如前面所说,在C语言中,用非零值来表示"真",用零值来表示"假"。因此,对于任意一个表达式,如果值为零时就代表一个假值;只要值是非零,无论是正数还是负数,都代表一个真值。

当关系运算符两边值的类型不一致时,如一边是整型,另一边是实型,系统将自动把整型数转化为实型数,然后再进行比较。

小提示

关系运算符中,由两个字符组成的运算符之间不可以加空格,而且关系运算符都是双目运算符,具有自左向右的结合性。

常见问题

复合语句中有关系表达式和算术表达式,如何判断其结果?

因为算术运算符的优先级高于关系运算符,所以应该先算出算术表达式的值再去判断关系表达式的值。按照运算符的优先级依次运算,再复杂的复合语句也可以很好地理解。

真题精选

【例1】已知字母A的ASCII码为65,若变量kk为char型,以下不能正确判断出kk中的值为大写字母的表达式是(　　)。
A. kk >= 'A' && kk <= 'Z'
B. !(kk >= 'A' || kk <= 'Z')
C. (kk + 32) >= 'a' && (kk + 32) <= 'z'
D. isalpha(kk) && (kk<91)

【答案】B

【解析】C语言的字符以其ASCII码的形式存在,所以要确定某个字符是大写字母,只要确定它的ASCII码在A和Z之间就可以了,选项A和C符合要求。函数isalpha()用来确定一个字符是否为字母,大写字母的ASCII码值的范围为

65~90,所以如果确定一个字母的ASCII码小于91,那么就能确定它是大写字母。本题答案选B。

【例2】有以下程序:
```
main()
{ int a=5,b=4,c=3,d=2;
  if(a>b>c)
  printf("% d\n",d);
  else if((c-1>=d)==1)
  printf("% d\n",d+1);
  else
  printf("% d\n",d+2);
}
```
执行后输出结果是(   )。
A. 2   B. 3
C. 4   D. 编译时有错,无结果

【答案】B

【解析】第二个if语句中的表达式"c-1>=d"的值为逻辑值1,所以该条件成立。

【例3】当整型变量c的值不为2、4、6时,值也为"真"的表达式是(   )。
A. (c==2)||(c==4)||(c==6)   B. (c>=2 && c<=6)||(c!=3)||(c!=5)
C. (c>=2 && c<=6) && !(c%2)   D. (c>=2 && c<=6) && (c%2!=1)

【答案】B

【解析】满足表达式(c>=2 && c<=6)的整型变量c的值是2、3、4、5、6。当变量c的值不为2、4、6时,其值只能为3或5,所以表达式c!=5中至少有一个为真,即不论c为何值,表达式B都为真。正确答案为B。

【例4】为表示关系:x≥y≥z,正确的C语言表达式是(   )。
A. (x>=y)&&(y>=z)   B. (x>=y)AND(y>=z)
C. (x>=y>=z)   D. (x>=y)&(y>=z)

【答案】A

【解析】选项D中,表达式(x>=y)&(y>=z)中的运算符"&"是一个位运算符,不是逻辑运算符,因此不可能构成一个逻辑表达式。选项B中,表达式(x>=y)AND(y>=z)中的运算符"AND"不是C语言中的运算符,因此这不是一个合法的C语言表达式。选项C中,(x>=y>=z)虽然在C语言中是合法的表达式,但在逻辑上,它不能代表x≥y≥z的关系。

【例5】以下程序段中与语句"k=a>b?(b>c?1:0):0;"功能等价的是(   )。
A. if((a>b)&&(b>c))k=1; else k=0;   B. if((a>b)||(b>c))k=1; else k=0;
C. if(a<=b)k=0; else if(b<=c)k=1;   D. if(a>b)k=1; else if(b>c)k=1; else k=0;

【答案】A

【解析】本题考查了条件运算和运算优先级的综合知识。需要注意,在C语言中,条件运算优先于赋值运算,但低于逻辑运算、关系运算和算术运算,再根据条件运算的运行机理,就可以得到,只有选项A与题中语句的功能是等价的(先算括号内的条件运算,然后再使表达式的值参与外部的条件运算)。

【例6】给定程序中,函数fun()的功能:统计形参s所指的字符串中数字字符出现的次数,并存放在形参t所指的变量中,最后在主函数中输出。例如,若形参s所指的字符串为"abcdef35adgh3kjsdf7",则输出结果为4。

请在标号处填入正确内容,使程序得出正确的结果。

注意:部分源程序给出如下。不得增行或删行,也不得更改程序的结构。

试题程序

```
#include <stdio.h>
void fun(char *s, int *t)
{ int i, n;
  n=0;
  for(i=0; s[i]【1】0; i++)
    if(s[i]【2】'0'&&s[i]【3】'9') n++;
  *t=n;
}
main()
{ char s[80]="abcdef35adgh3kjsdf7";
  int t;
  printf("\nThe original string is : % s\n",s);
  fun(s,&t);
```

```
        printf("\nThe result is : % d\n",t);
}
```
【答案】【1】! =   【2】> =   【3】< =

【解析】本题考查关系运算符和关系表达式。

　　标号【1】:遇到字符串结束则退出循环。

　　标号【2】:数字是大于或等于字符0的ASCII码。

　　标号【3】:数字是小于或等于字符9的ASCII码。

5.2　逻辑运算符和逻辑表达式

考点2　逻辑运算符和逻辑表达式

C语言提供了3种逻辑运算符。

(1)&&:逻辑与。

(2)||:逻辑或。

(3)!:逻辑非。

其中"&&"和"||"是双目运算符,要有两个操作数,而"!"是单目运算符,要求必须出现在运算对象的左边。

◆ 结合性:自左至右。

◆ 优先级:"!"级别最高,然后是"&&","||"级别最低。

◆ 综合一下:"!">算术运算符>关系运算符>"&&">"||">赋值运算符。

> **真考链接**
>
> 考点2比较简单,属于识记内容,主要用于条件判断句中。考试中对此知识点的考查主要以选择题的形式出现,考核概率为100%。

逻辑表达式由逻辑运算符和运算对象组成,其中,参与逻辑运算的对象可以是一个具体的值,还可以是C语言中任意合法的表达式,逻辑表达式的运算结果为1(真)或者为0(假)。若a=5,则!a的值为0,因为a的值为5(是非0值),被认作"真",对它进行"非"运算后,结果为"假",即结果为0。当A和B的值结合方式不同时,各种逻辑运算所得到的结果是不同的,如表5.2所示。

表5.2　　　　　　　　　　　　　　　　逻辑运算表

A	B	!A	!B	A&&B	A||B
1	1	0	0	1	1
1	0	0	1	0	1
0	1	1	0	0	1
0	0	1	1	0	0

值得注意的是:在数学中,关系式0<x<10是可以使用的,表示x的值应在大于0且小于10的范围内,但在C语言中却不能用0<x<10这样一个关系表达式来表示上述的逻辑关系,即关系运算符不能连用,但可以借助逻辑运算符来辅助表示,正确的表示方法是0<x && x<10。在C语言中,由 && 或||组成的逻辑表达式,在某些特定情况下会产生"短路"现象,举例如下。

(1)x && y && z,只有当x为真(非0)时,才需要判别y的值;只有x和y都为真时,才需要去判别z的值;只要x为假就不必判别y和z的值,整个表达式的值为0。

(2)x||y||z,只要x的值为真(非0),就不必判别y和z的值,整个表达式的值为1;只有x的值为假,才需要判别y的值;只有x和y的值同时为假才需要判别z的值。因此,如有以下逻辑表达式(m=x>y)&&(n=c>d),其中x=1,y=2,c=3,d=4,若m和n原值为1,由于"x>y"的值为0,因此m=0,而不执行"n=c>d",所以n的值不是0而是原值1。

> **小提示**
>
> A&&B 运算中,只有A、B同为真时才为真,A||B运算中,只有A、B同为假时才为假。

常见问题

在求解逻辑表达式值的过程中应注意什么问题?

同样的逻辑运算符放在一起采用不同的顺序能得到不同的结果,但只要按照逻辑运算符的优先级,则万变不离其宗。

真题精选

【例1】 以下选项中,当 x 为大于 1 的奇数时,值为 0 的表达式是(   )。

A. x%2==1   B. x/2   C. x%2!=0   D. x%2==0

【答案】D

【解析】因为 x 的值为大于 1 的奇数,所以 x 除以 2 的余数等于 1。因此,选项 A、C 中表达式的结果为真,不为 0;对于选项 B,x 除以 2 的商不会等于 0;选项 D 中的表达式结果为假,即等于 0。

【例2】 执行以下程序段后,w 的值为(   )。

```
int w = 'A', x = 14, y = 15;
w = ((x || y) && (w < 'a'));
```

A. -1   B. NULL   C. 1   D. 0

【答案】C

【解析】根据题目所给条件可知,x||y 为 1,w<'a' 为 1,1&&1 结果为 1。因此正确答案为 C。

【例3】 有以下程序:

```
main()
{ int i = 1, j = 1, k = 2;
  if((j ++ || k ++) && i ++)
  printf("% d,% d,% d\n",i,j,k);
}
```

执行后输出的结果是(   )。

A. 1,1,2   B. 2,2,1   C. 2,2,2   D. 2,2,3

【答案】C

【解析】在 C 语言中,执行"||"运算的两个操作数,若有一个值为 1,则整个表达式的值都为 1。若该运算符左边操作数的值为 1,则不需要继续执行其右边的操作数。

【例4】 下列给定程序中,函数 fun() 的功能:将 tt 所指字符串中的小写字母全部改为对应的大写字母,其他字符不变。

例如,若输入"Ab,cD",则输出"AB,CD"。

请在标号处填入正确的内容,使程序得出正确的结果。

注意:不要改动 main() 函数,不得增行或删行,也不得更改程序的结构。

试题程序

```
#include <conio.h>
#include <stdio.h>
#include <string.h>
char * fun(char tt[])
{ int i;
  for (i=0;tt[i];i ++)
    if ((tt[i]【1】'a')【2】(tt[i]【3】'z'))
      tt[i] -= 32;
  return (tt);
}
main()
{ char tt[81];
  printf("\nPlease enter a string:");
  gets(tt);
  printf("\nThe result string is:\n% s",fun(tt));
}
```

【答案】【1】 >=   【2】 &&   【3】 <=

【解析】本题考查:关系运算符、逻辑运算符。

标号【1】:小写字母大于或等于字符"a"的 ASCII 码。

标号【2】:分析本题可知,要判断字符是否为小写字母,就需要判断其是否在 a~z 之间,所以这里需要进行连续的比较,用 &&。

标号【3】:小写字母小于或等于字符"z"的 ASCII 码。

5.3 if 语句和用 if 语句构成的选择结构

if 语句用来对所给定的条件进行判定,判断其表达式的值是否满足某种条件,并根据判定的结果(真或假)决定执行给出的两种操作中的哪一种。

考点 3 if 语句的形式

(1)if(表达式)语句。例如:

if(a>b) printf("The answer is right!\n");

其中,if 是 C 语言的关键字,a>b 是条件判断表达式。表达式两侧的括号不可少,并且只能是圆括号,不能用其他括号替代。紧跟着的是一条输出语句,称为 if 子句,如果在 if 子句中需要多个语句,则应该使用大括号({})把一组语句括起来构成复合语句,这样在语法上满足"一条语句"的要求。

(2)if(表达式)语句 1。
　　else　语句 2

例如:

if(a>b)printf("The answer is right.\n");
else printf("The answer is wrong.\n");

(3)if(表达式 1)语句 1。
　　else if(表达式 2)语句 2
　　else if(表达式 3)语句 3
　　…
　　else if(表达式 m)语句 m
　　else 语句 n

"语句 1"是 if 子句,"语句 2…语句 m"是 else if 子句。这些子句在语法上要求是一条语句,当需要执行多条语句时,应该使用大括号({})把这些语句括起来组成复合语句。

> **真考链接**
> 考点 3 无论是在选择题还是在操作题中,都是重中之重。在选择题中的考核概率为 80%。

> **小提示**
> else 不能独立成为一条语句,它只是 if 语句的一部分,不允许单独出现在程序中,else 必须与 if 配对,共同组成 if…else 语句。

真题精选

【例1】若变量已正确定义,有以下程序段:

```
int a = 3, b = 5, c = 7;
if(a > b) a = b; c = a;
if(c ! = a)c = b;
printf("% d, % d, % d\n",a,b,c);
```

则程序输出结果为(　　)。
　A. 程序段的语法错误　　　　B.3,5,3　　　　C.3,5,5　　　　D.3,5,7

【答案】B

【解析】两个 if 语句的判断条件都不满足,程序只执行了 c=a 这条语句,所以变量 c 的值等于 3,变量 b 的值没变化,程序输出的结果为 3,5,3。所以正确的答案为 B。

【例2】下列给定程序中,函数 fun() 的功能:如果参数是大写字母则转换为对应的小写字母,如果是小写字母则转换为对应的大写字母,其他字符则返回字符#。请在标号处填入正确的内容,使程序得出正确的结果。

第5章 选择结构

试题程序

```
char fun(char c)
{   if【1】
        c = c - 32;
    else if【2】
        c = c + 32;
    【3】
        c = '#';
    return c;
}
```

【答案】【1】(c >= 'a' && c <= 'z')
　　　　【2】(c >= 'A' && c <= 'Z')
　　　　【3】else

【解析】本题考查if语句的使用。标号【1】判断是否为小写字母,标号【2】判断是否为大写字母,标号【3】表示除了大写字母和小写字母之外的其他字符,所以填入else。

【例3】以下程序的输出结果是(　　)。

试题程序

```
#include <stdio.h>
main()
{   int a,b,c;
    a=10; b=50; c=30;
    if(a>b)
        a = b, b = c;
    c = a;
    printf("a=%d,b=%d,c=%d",a,b,c);
}
```

A. a=10,b=50,c=10　　　　　　　　　B. a=10,b=30,c=10
C. a=50,b=30,c=10　　　　　　　　　D. a=50,b=30,c=50

【答案】A

【解析】本题考查了if语句的执行流程。

【例4】编写函数fun(),其功能:求出1~1000能被7或11整除,但不能同时被7和11整除的所有整数,并将其放在a所指的数组中,通过n返回这些数的个数。

注意:部分源程序给出如下。

请勿改动主函数main()和其他函数中的任何内容,仅在函数fun()的大括号中填入你编写的若干语句。

试题程序

```
#include <stdlib.h>
#include <conio.h>
#include <stdio.h>
void fun(int *a,int *n)
{

}
void main()
{   int aa[1000], n, k;
    fun(aa,&n);
    for(k=0;k<n;k++)
        if((k+1)%10==0)
        {   printf("%5d",aa[k]);
            printf("\n");
        } /*一行写9个数*/
        else
            printf("%5d ",aa[k]);
}
```

【答案】void fun(int *a,int *n)
　　　　{   int i,j=0;
　　　　　　for(i=1;i<=1000;i++) /*求1~1000能被7或11整除,但不能同时被7和11整除的所有整数,并放入数组a中*/
　　　　　　　　if((i%7==0||i%11==0)&&i%77!=0)
　　　　　　　　　　a[j++]=i;
　　　　　　*n=j; /*传回满足条件的这些数的个数*/
　　　　}

【解析】本题考查if语句,用来判断能被7整除或者能被11整除,但是又不能同时被7和11整除的数,在这里充分理解"逻辑与"和"逻辑或"的区别;for循环语句的循环变量用来控制取值范围。

该题需要运用循环判断结构来实现,其中循环语句比较容易编写,只要确定循环变量的范围即可。下面就来看判断语句,题目要求找出能被7或11整除,但不能同时被7或11整除的所有整数。能同时被7和11整除的整数一定能被77整除,且不能被77整除的数不一定就是能被7或11整除的数,所以可得出程序中的if语句。注意:(i%7==0||i%11==0)两边必须要有圆括号。

考点4　if 语句的嵌套

在if语句中又包含一个或多个if语句结构,称为if语句的嵌套,一般有以下两种形式。

(1)在if子句中嵌套含有else子句的if语句。
一般形式:
if( )
　if( )语句1
　else 语句2
else
　if( )语句3
　else 语句4

(2)在else子句中嵌套if语句。
一般形式:
if(表达式1)语句1
else if(表达式2)语句2
else if(表达式3)语句3
…
else if(表达式m)语句m
else 语句n

注意:else 总是与它上面的最近的if配对。

真考链接

考点4是选择题中必考的知识点。往往出现在选择题的读程序题中,考核概率为40%。

真题精选

【例1】有以下程序:
```
#include <stdio.h>
main()
{ int x = 1, y = 2, z = 3;
  if(x > y)
  if(y < z) printf("% d", ++z);
  else printf("% d", ++y);
  printf("% d\n", x ++);
}
```
程序的运行结果是(　　)。
A. 331　　　　　　B. 41　　　　　　C. 2　　　　　　D. 1

【答案】D

【解析】该题目考查if条件语句,else语句和最近的一个if语句配对。由于x>y为假,所以直接执行最后一行代码。

【例2】下列给定的程序中,fun( )函数的功能是将p所指的字符串中每个单词的最后一个字母改成大写(这里的"单词"是指有空格隔开的字符串)。

　　例如,若输入:I am a student to take the examination
　　则应输出:I aM A studenT tO takE thE examinatioN
请改正程序中的错误,使它能得出正确的结果。
注意:不要改动 main( )函数,不得增行或删行,也不得更改程序的结构。

试题程序

```
#include <stdlib.h>                    §   #include <string.h>
```

```
#include <conio.h>
#include <ctype.h>
#include <stdio.h>
void fun(char *p)
{  int k=0;
   for (;*p;p++)
      if (k)
      {  /*****found*****/
         if (p=='')
         {  k=0;
            /*****found*****/
            *p=toupper(*(p-1));
         }
      }
      else  k=1;
   *p=toupper(*p);
}

void main()
{  char chrstr[64];
   int d;
   printf("\nPlease enter an English sentence within 63 letters:");
   gets(chrstr);
   d=strlen(chrstr);
   chrstr[d]='';
   chrstr[d+1]=0;
   printf("\nBefore changing:\n%s",chrstr);
   fun(chrstr);
   printf("\nAfter changing:\n%s",chrstr);
}
```

【答案】(1)if(*p=='')
       (2)*(p-1)=toupper(*(p-1));
【解析】本题考查：嵌套的if语句,toupper()函数的用法,该函数功能是将小写字母转换为大写字母；指针型变量。
       (1)这里重点考查考生对指针的理解,当引用指针指向的元素时,应使用指针运算符*号。
       (2)当p指向空格时,将前面的字符转换为大写,因此此处为*(p-1)而不是*p。

考点5　由条件运算符构成的选择结构

有以下语句:
```
if(x<y)
   min=x;    /*求两数中较小的一个*/
else min=y;
```
可以用min=x<y? x:y来替换,其中x<y? x:y是一个条件表达式,"?" ":"就是条件运算符。该表达式是这样执行的:如果x<y条件成立,则整个条件表达式取值x,否则取值y。
优先级:条件运算符高于赋值运算符,但低于逻辑运算符、关系运算符和算术运算符。

真考链接

考点5是必考内容,属于应重点掌握的知识点,通过条件运算符实现程序的选择结构。
在选择题中,此知识点的考核概率为70%。在操作题中,此知识点的考核概率为10%。

  常见问题

if语句是如何实现程序的选择结构的？如果if的条件表达式为空语句,则程序运行流程如何？
if语句根据是否满足表达式的要求来选择程序执行的流程。如果if的条件表达式为空,就表示任何条件都满足,直接执行后面的语句。

  真题精选

【例1】有以下程序:
```
#include <stdio.h>
main()
{  int x=1, y=2, z=3;
   if(x>y)
      printf("%d", y<x? 1:2);
```

```
        else
            printf("% d", z<x? 2:3);
}
```
程序的运行结果是(   )。
　　A.1　　　　　　　　B.2　　　　　　　　C.3　　　　　　　　D.4

【答案】C

【解析】该题目考查if构成的选择结构和(x<y)? x:y形式的条件运算。因为x<y,所以if(x > y)不满足而进入else分支。因为z<x为假,所以输出冒号后面的数值3。

【例2】下列说法正确的是(   )。
　　A.条件运算符是单目运算符
　　B.条件运算符是双目运算符,因为它有2个运算符号
　　C.条件运算符是三目运算符,因为它有3个运算对象
　　D.条件运算符的优先级高于赋值运算符和逻辑运算符

【答案】C

【解析】本题比较全面地考查了条件运算符的基本知识点,选项C的说法是正确的。

5.4　switch 语句

考点6　switch 语句

switch语句是C语言提供的多分支选择语句,用来实现多分支选择结构。它的一般形式如下:

```
switch(表达式)
{
    case 常量表达式1 :语句1
    case 常量表达式2 :语句2
    ...
    case 常量表达式n :语句n
    default :语句n+1
}
```

真考链接

考点6中的switch语句是在选择题和操作题中经常被考核的知识点,switch方法在程序中实现选择结构有其独特的优点,而且容易阅读。

该知识点在选择题中的考核概率为80%。需要重点记忆和理解。

说明:

(1)switch是关键字,switch后面用大括号括起来的部分是switch语句体。

(2)switch后面括号内的"表达式",是整型或字符型表达式。

(3)case也是关键字,与其后面的常量表达式合称case语句标号,常量表达式的类型必须与switch后面的表达式的类型相匹配,且各case语句标号的值各不相同,不能重复。

(4)default也是关键字,起标号的作用,代表除了以上所有case标号之外的那些标号,default标号可以出现在语句体中任何标号位置上。当然,也可以没有。

(5)case语句标号后的语句1、语句2等,可以是一条语句,也可以是若干条语句。

真题精选

【例1】以下程序的运行结果是(   )。
```
#include <stdio.h>
main()
{   int num = 4;
    switch(num)
```

```
        { case 0: printf("0"); break;
          case 1: printf("1"); break;
          case 2: printf("2"); break;
          default: printf("-1"); break;
        }
    }
```
A. -1　　　　　　B. 0　　　　　　C. 1　　　　　　D. 2

【答案】A

【解析】该题目考查 switch 语句。因为 num 不满足前 3 个 case,所以进入 default 分支,输出 -1。

【例2】有以下程序:
```
#include <stdio.h>
main()
{ int x = 1, y = 0, a = 0, b = 0;
  switch(y)
  { case 1:
       switch(y)
       {
         case 0: a++; break;
         case 1: b++; break;
       }
    case 2: a++; b++; break;
    case 3: a++; b++;
  }
  printf("%d,%d", a, b);
}
```
程序的运行结果是(　　)。
A. 1,0　　　　　　B. 2,2　　　　　　C. 1,1　　　　　　D. 2,1

【答案】D

【解析】本题考查 switch 结构的内容。C 语言中,程序执行完一个 case 标号的内容后,如果没有 break 语句,控制结构会转移到下一个 case 继续执行,因为 case 常量表达式只是起语句标号的作用,并不是在该处进行条件判断。本题程序在执行完内部 switch 结构后,继续执行外部的 switch 结构的 case 2 分支。最后 a 和 b 的值分别为 2 和 1。故本题答案为 D。

【例3】函数 fun() 的功能:统计长整数 n 的各位上出现数字 1、2、3 的次数,并用外部(全局)变量 c1、c2、c3 返回主函数。

例如,当 n = 123114350 时,结果应该为 c1 = 3, c2 = 1, c3 = 2。

注意:部分源程序给出如下。请勿改动 main() 函数和其他函数中的任何内容,仅在函数 fun() 的标号处填入所编写的若干表达式或语句。

试 题 程 序

```
#include <stdio.h>                          n /= 10;
int c1, c2, c3;                            }
void fun(long n)                         }
{ c1 = c2 = c3 = 0;                      main()
  while (n)                              { long n = 123114350L;
  { switch(【1】)                            fun(n);
    { case 1: c1++; 【2】;                   printf("\nThe result:\n");
      case 2: c2++; 【3】;                   printf("n = %ld c1 = %d c2 = %d c3 = %d
      case 3: c3++;                      \n", n, c1, c2, c3);
    }                                    }
```

【答案】(1) n%10　　(2) break　　(3) break

【解析】本题考查 switch 语句,注意该语句的一般形式;如何提取数值 n 某一位上的数;break 语句的使用。

标号【1】:要统计长整数 n 的各位上出现数字 1、2、3 的次数,就需要判断各位上的数是多少。通过 n 除以 10 求余,可得到个位上的数,所以填入 n%10。

标号【2】和标号【3】:switch 语句是多分支选择语句,在每个分支中要加入 break,不然会依次执行后面的分支。continue 语句的作用是结束当前分支的运行,而 break 语句的作用是结束整个 switch 结构的运行。

5.5 综合自测

一、选择题

1. 以下选项中,能正确表示 $a \geq 10$ 或 $a \leq 0$ 的关系表达式是(　　)。
   A. a > =10 or a < =0　　　　　　　　B. a > =10|a < =0
   C. a > =10&&a < =0　　　　　　　　D. a > =10 ||a < =0

2. 假定所有变量均已正确定义,下列程序段运行后 x 的值是(　　)。
   ```
   a=b=c=0;x=35;
   if(!a) x--;
   else if(b);
   if(c) x=3;
   else x=4;
   ```
   A. 34　　　　　B. 4　　　　　C. 35　　　　　D. 3

3. 以下程序的输出结果为(　　)。
   ```
   #include <stdio.h>
   main()
   {  int a,b,c=246;
      a=c/100%9;
      b=(-1)&&(-1);
      printf("%d,%d\n",a,b);
   }
   ```
   A. 2,1　　　　　B. 3,2　　　　　C. 4,3　　　　　D. 2,-1

4. 已知 a=1,b=3,c=5,d=5,下列程序段运行后,x 的值是(　　)。
   ```
   if(a<b)
       if(c<d)x=1;
       else
           if(a<c)
               if(b<d)x=2;
               else x=3;
           else  x=6;
   else x=7;
   ```
   A. 1　　　　　B. 2　　　　　C. 3　　　　　D. 6

5. 能正确表示 a 和 b 同时为正或同时为负的表达式是(　　)。
   A. (a > =0||b > =0)&&(a<0||b<0)　　B. (a > =0&&b > =0)&&(a<0&&b<0)
   C. (a+b>0)&&(a+b< =0)　　　　　　D. a*b>0

6. 以下程序的输出结果是(　　)。
   ```
   #include <stdio.h>
   main()
   {  int  a=-1,b=1;
      if((++a<0)&&!(b-- <=0))
         printf("%d %d\n",a,b);
      else
   ```

```
        printf("%d%d\n",b,a);
}
```
   A. -11   B. 01   C. 10   D. 00

7. 下列关于 switch 语句和 break 语句的结论中,正确的是( )。
  A. break 语句是 switch 语句中的一部分
  B. 在 switch 语句中可以根据需要使用或不使用 break 语句
  C. 在 switch 语句中必须使用 break 语句
  D. break 语句只能用于 switch 语句中

8. 若有定义 int a=1,b=0,则执行以下语句后,输出为( )。
```
switch(a)
{ case 1:
    switch(b)
    { case 0: printf("**0**"); break;
      case 1: printf("**1**"); break;
    }
  case 2: printf("**2**"); break;
}
```
  A. **0**   B. **0****2**
  C. **0****1****2**   D. 有语法错误

9. 以下程序的输出结果是( )。
```
#include <stdio.h>
main()
{ int x=1,a=0,b=0;
  switch(x)
  { case 0: b++;
    case 1: a++;
    case 2: a++;b++;
  }
  printf("a=%d,b=%d\n",a,b);
}
```
  A. a=2,b=1   B. a=1,b=1   C. a=1,b=0   D. a=2,b=2

10. 以下程序的输出结果是( )。
```
#include <stdio.h>
main()
{ int a=12,b=5,c=-3;
  if(a>b)
  if(b<0) c=0;
  else c++;
  printf("%d\n",c);
}
```
  A. 0   B. 1   C. -2   D. -3

11. 运行以下程序,如果从键盘输入 5,则输出结果是( )。
```
#include <stdio.h>
main()
{ int x;
  scanf("%d",&x);
  if(x--<5)printf("%d",x);
  else printf("%d",x++);
}
```
  A. 3   B. 4   C. 5   D. 6

12. 运行两次下面的程序,如果从键盘上分别输入6和4,则输出的结果是(　　)。
```
#include <stdio.h>
main()
{   int x;
    scanf("%d",&x);
    if(x++>5)printf("%d",x);
    else printf("%d\n",x--);
}
```
A.7和5　　　　　B.6和3　　　　　C.7和4　　　　　D.6和4

二、操作题

下列给定程序中,函数 fun() 的功能:将大写字母转换为对应的小写字母之后的第5个字母;若小写字母为 v～z,使小写字母的值减21。转换后的小写字母作为函数值返回。例如,若形参是字母 A,则转换为小写字母 f;形参是字母 W,则转换为小写字母 b。

请改正函数 fun() 中的错误,使它能得出正确的结果。

注意:不要改动 main() 函数,不得增行或删行,也不得更改程序的结构。

试题程序

```
#include <stdio.h>
#include <ctype.h>
char fun(char c)
{   if (c>='A' && c<='Z')
    /******found******/
        c=c-32;
    if (c>='a' && c<='u')
    /******found******/
        c=c-5;
    else if (c>='v' && c<='z')
        c=c-21;
    return c;
}
```

```
main()
{   char c1,c2;
    printf("\nEnter a letter (A-Z):");
    c1=getchar();
    if (isupper(c1))
    {   c2=fun(c1);
        printf("\n\nThe letter %c change to %c\n",c1,c2);
    }
    else
        printf("\nEnter (A-Z) !\n");
}
```

第6章

循环结构

选择题分析明细表

考　点	考核概率	难易程度
while 语句	40%	★★★★★
do…while 语句	100%	★★★
for 语句	100%	★★★★★
循环的嵌套	60%	★★★
break 语句	60%	★
continue 语句	30%	★

操作题分析明细表

考　点	考核概率	难易程度
while 语句	40%	★★★★
do…while 语句	10%	★★
for 语句	100%	★★★★★
循环的嵌套	10%	★
break 语句	10%	★
continue 语句	10%	★

6.1 while 语句

考点1 while 语句

while 语句的一般形式如下：
  while(表达式)
    循环体
说明：
  while 是 C 语言的关键字；紧跟其后的表达式可以是 C 语言中任意合法的表达式，该表达式是循环条件，由它来控制循环体是否执行。循环体只能是一条可执行语句，当多项操作需要多次重复执行时，可以使用复合语句。
执行过程：
  (1)计算紧跟 while 后括号中表达式的值。当表达式的值为非 0 时，则接着执行 while 语句中的内嵌语句；当表达式值为 0 时，则跳过该 while 语句，执行该 while 结构后的其他语句。
  (2)执行循环体内嵌语句。
  (3)返回去执行步骤(1)，直到条件不满足为止，即表达式的值为 0 时，退出循环，while 结构结束。
特点：先对表达式进行条件判断，后执行语句。

> **真考链接**
> 考点1 在选择题中是必考内容，主要以读程序题的形式出现。此知识点属于重点理解、重点掌握的内容。在操作题中，主要在修改和编程题中进行考查，用于程序流程的控制。考核概率为 40%。

> **小提示**
> 由 while 语句构成的循环结构不同于由 if 语句构成的选择结构。当 if 后面的条件表达式的值为非零时，其 if 子句只执行一次；而当 while 后面的条件表达式的值为非零时，其后的循环体中的语句将被重复执行。而且在设计循环时，通常应在循环体内改变与条件表达式中有关变量的值，使条件表达式的值最终变成零，以便能及时退出循环。

> **常见问题**
> 如果 while 后面的表达式为空，那么循环体会如何执行呢？
> 如果后面的表达式为空，则说明让循环体循环下去的任何条件都满足，这样导致的后果就是形成死循环。

> **真题精选**

【例1】在下列选项中，没有构成死循环的是( )。

A.
```
int i = 100;
while(1)
{   i = i % 100 + 1;
    if(i > 100) break;
}
```

B.
```
for(;;)
```

C.
```
int k =10000;
do{k ++;}while(k >10000);
```

D.
```
int s =36;
while(s)  --s;
```

【答案】D
【解析】选项 A 的循环表达式的条件永远为1，并且小于100 的数与100 取余不超过99，所以在循环体内表达式 i%100 + 1 的值永远不会大于100，break 语句永远不会被执行，所以是死循环；选项 B 的括号内没有能使循环停下来的变量增量,是死循环;选项 C 中先执行 k++,使 k=10001,从而使循环陷入死循环。

【例2】以下程序段的输出结果是( )。
```
int n=10;
while(n>7)
{  n--;
   printf("% d#",n);
}
```
A.10 9 8   B.9 8 7   C.10 9 8 7   D.9 8 7 6

【答案】B

【解析】以上程序段只包含了一个 while 循环,循环的控制表达式是 n>7,只要 n 的值大于7,循环体就不断执行。在进入循环时,n 的值为10。循环体内只有两条语句,每循环一次,首先 n 的值减1,然后输出 n 的值;由于 n 的初值为10,所以执行循环中的 n-- 语句后,n 的值依次为9、8、7,并进行输出,printf 每执行一次就在最后输出一个空格。当 n 的值为7时,while 的控制表达式 n>7 的值已为0,因此退出循环。

【例3】以下程序的功能:从键盘上输入若干学生的成绩,统计并输出最高成绩和最低成绩,当输入负数时结束输入。请填空。

试题程序

```
#include <stdio.h>
main()
{ float x,amax,amin;
  scanf("% f",&x);
  amax=x;amin=x;
  while(_____)
  { if(x>amax) amax=x;
    if(_____) amin=x;
    scanf("% f",&x);
  }
  printf("\namax=% f\n amin=% f\n",
  amax,amin);
}
```

【答案】x>=0   x<amin

【解析】阅读以上程序可知,最高成绩放在变量 amax 中,最低成绩放在变量 amin 中。while 循环用于不断读入数据放入 x 中,并通过判断把大于 amax 的数放入 amax 中,把小于 amin 的数放入 amin 中,因此在第二个横线处应填入 x<amin。while 后的表达式用以控制读入的成绩是否为负数,若是负数,读入结束并且退出循环,因此在第一个横线处应填入 x>=0,即当读入的值大于等于0时,循环继续,小于0时循环结束。

6.2 do … while 语句

考点2 do…while 语句

do…while 语句的一般形式如下:
do
　　循环体语句
while(表达式);
说明:
(1) do 是 C 语言的关键字,必须和 while 联合使用,不能独立出现。
(2) do…while 循环由 do 开始,用 while 结束。在语法上,do 和 while 之间只能是一条语句,如需要执行多条语句时,可以用大括号({})括起来,构成复合语句。注意:while(表达式)后的分号不可丢,表示 do…while 语句的结束。
(3) while 后面的圆括号中的表达式,可以是 C 语言中任意合法的表达式,由它控制循环是否执行,且圆括号不可丢。

真考链接

考点2在选择题中是必考内容,考核概率为100%,此知识点属于重点理解、重点掌握的内容。在操作题中主要以编程题的形式进行考查,考核概率为10%。

执行过程：先执行一次指定的循环体语句，执行完后，判断while后面的表达式的值，当表达式的值为非零(真)时，程序流程返回，重新执行循环体语句。如此反复，直到表达式的值等于零为止，此时循环结束。

特点：先执行循环体一次，然后判断循环条件是否成立。

有时，为了产生一段延时，也可以用空语句作为循环体语句。i循环60000次for(i=0;i<60000;i++)，但什么也不做，目的就是消耗时间。熟练运用这些技巧可以给编程带来很多益处。

> **小提示**
>
> while语句先判断后执行；do...while语句先执行一次，再判断是否继续执行循环体。

 常见问题

> while语句和do...while语句都是执行循环体语句，各有何特点和区别？
> while语句首先判断是否执行，而do...while语句首先无条件执行循环体一次，然后再根据while后面的语句判断是否继续执行循环体。这点区别很细微也很关键，考生运用时要非常注意。

真题精选

【例1】有以下程序：
```c
#include <stdio.h>
main()
{ int i = 5;
  do
  { if(i % 3 == 1)
     if(i % 5 == 2)
     { printf(" * % d", i);break; }
     i++;
  } while(i != 0);
  printf("\n");
}
```
程序的运行结果是(　　)。
A. *7　　　　　　　B. *3*5　　　　　　　C. *5　　　　　　　D. *2*6

【答案】A

【解析】整个程序中只有对i增加的语句没有对i减少的语句，所以2、3都不可能出现，选项B和D错误。而i=5时第一个if语句的表达式为假，所以选项C也错误。

【例2】若变量已正确定义，有以下程序段：
```c
i = 0;
do printf("% d,", i); while(i++);
printf("% d\n", i);
```
其输出结果是(　　)。
A. 0,0　　　　　　B. 0,1　　　　　　C. 1,1　　　　　　D. 程序进入死循环

【答案】B

【解析】对于do...while循环，程序先执行一次循环体，再判断循环是否继续。本题先输出一次i的值"0"，再接着判断表达式i++的值，其值为0，所以循环结束。此时变量i的值经过自加已经变为1，程序再次输出i的值"1"。

【例3】以下叙述正确的是(　　)。
A. do...while语句构成的循环不能用其他语句构成的循环代替
B. 只有do...while语句构成的循环能用break语句退出
C. 用do...while语句构成循环时，在while后的表达式值为零时不一定结束循环
D. 用do...while语句构成循环时，在while后的表达式值为零时结束循环

【答案】D

【解析】do...while语句构成的循环可以用其他语句构成的循环来代替。但要注意，for和while语句构成的循环，循环体是

否执行取决于对循环控制条件的设置;而 do…while 构成的循环不管循环控制的条件如何设置,循环体总要执行一次。无论是哪种循环,break 语句都可以退出循环。用 do…while 语句构成的循环和 while 语句构成的循环一样,都是在 while 后的表达式值为零时结束循环,非零时循环继续。

【例4】下列给定程序中,函数 fun()的功能:计算正整数 num 各位上的数字之积。

例如,若输入252,则输出应该是20;若输入202,则输出应该是0。

请改正程序中的错误,使它能得出正确的结果。

注意:不要改动 main()函数,不得增行或删行,也不得更改程序的结构。

试题程序

```
#include <stdio.h>
#include <conio.h>
long fun(long num)
{  /******found*****/
   long k;
   do
   {  k*=num%10;
      /******found*****/
      num\=10;
   }while (num);
   return (k);
}
main ()
{  long n;
   printf("please enter a number:");
   scanf("%ld",&n);
   printf("\n%ld\n",fun(n));
}
```

【答案】(1)long k=1;(2)num/=10;

【解析】本题考查:do…while 循环、数据类型;保存乘积的变量初始化;除法运算符。

(1)k 用来存放各位数字的积,初始值应为1。

(2)这里是一个符号错误,除号用"/"来表示。

6.3 for 语 句

考点3 for 语句

for 语句的一般形式:

for(表达式1;表达式2;表达式3)

说明:for 是 C 语言中的关键字,其后的圆括号中通常是3个表达式,这3个表达式可以是 C 语言中任意合法表达式,它们通常用于 for 循环的控制。各个表达式之间用";"隔开,且圆括号不可省略。按照语法规则,循环体只能是一条语句,如需要完成多项操作,可以用大括号({})括起来构成复合语句。执行过程如下。

(1)先求表达式1的值。

(2)再求表达式2的值。若其值为真(非0),则执行 for 语句中指定的内嵌语句,然后执行下面步骤(3);若其值为假(0),则退出循环,执行 for 语句以下的其他语句。

(3)求表达式3的值。

(4)重复执行步骤(2)。

有关 for 语句的说明如下。

(1)for 语句中的表达式可以部分或者全部省略,但两个";"是不可省略的。例如:

for(;;)printf("hello");

这条语句是正确的,但因为缺少判断条件,将会形成死循环。

(2)for 后的圆括号中的表达式可以是任意有效的 C 语言表达式。

> **真考链接**
>
> 考点3在选择题中是必考内容,考查形式主要以读程序题的形式出现。此考点属于重点理解、重点掌握的知识点。在操作题中,主要在编程题中进行考查,用于程序各种算法的实现。考核概率为100%。

常见问题

如何强行退出 for 循环体？

在有些情况下，并不一定要完全执行完 for 后面括号内的设定的循环次数，如果程序达到运算目的，可以在 for 语句的循环体内加入 break 语句，强行退出。

真题精选

【例1】 有以下程序：
```
#include <stdio.h>
main()
{ int y = 9;
  for( ;y > 0;y--)
    if(y % 3 == 0) printf("% d", --y);
}
```
程序的运行结果是( )。

A. 7 4 1　　　　　　B. 9 6 3　　　　　　C. 8 5 2　　　　　　D. 8 7 5 4 2 1

【答案】 C

【解析】 本题考查 for 循环和自加"++"、自减"--"的问题。当 y 的值为 9、6 或 3 时，if 语句的条件成立，执行输出语句，输出表达式 --y 的值，y 的自减要先于输出语句执行，故输出结果为 8 5 2。

【例2】 以下程序的输出结果是( )。
```
#include <stdio.h>
main()
{ int i,sum;
  for(i = 1;i < 6;i ++)
    sum + = sum;
  printf("% d\n",sum);
}
```

A. 15　　　　　　　B. 14　　　　　　　C. 不确定　　　　　　D. 0

【答案】 C

【解析】 本题中包含一个 for 循环，循环变量由 1 变化到 5，所以其循环体执行 5 次。for 循环体内只有一条语句"sum + = sum;"，它相当于"sum = sum + sum;"，此表达式的值只与变量 sum 有关，并执行 5 次。观察 sum 的值，可以发现程序没有给它赋初值，因此在第一次执行 sum + sum 时，sum 的值是不确定的；在运行此程序时，系统会给出警告信息，提示用户：sum 在使用前没有确定的值。

【例3】 若 x 是 int 型变量，以下程序段的输出结果是( )。
```
for(x =3;x < 6;x ++)
    printf((x% 2)? ("* * % d\n"):(" # # % d\n"),x);
```

A. * * 3 ## 4 * * 5　　B. ## 3 * * 4 ## 5　　C. ## 3　　　　　　D. * * 3 ## 4
　　　　　　　　　　　　　　　　　　　　　　* * 4　　　　　　　　* * 5
　　　　　　　　　　　　　　　　　　　　　　## 5

【答案】 D

【解析】 以上 for 循环的循环控制变量 x 的值依次为 3、4、5，因此循环体执行 3 次。也就是说，循环体中的 printf 语句进行 3 次输出。调用 printf 进行输出时，其后面的括号中的第一项应当是一个格式控制字符串。在本题的 printf( ) 函数调用中，第一项似乎是一个条件表达式，但进一步分析可知，在"?"号之前"表达式1"的值无论是 1 还是 0，此条件表达式的值总是一个字符串，或者为"* * %d"，或者为"## %d\n"，因此是符合 printf( ) 函数调用的语法的。根据以上分析，当 x 的值为奇数时，(x%2) 的值为 1，输出所用的格式串是"* * %d"；当 x 的值为偶数时，(x%2) 的值为 0，输出所用的格式串是"## %d\n"。已知 x 的值是 3、4、5，当 x 的值为 3 时，输出 * * 3，且不输出换行符；当 x 的值为 4 时，接着输出 ##4，输出一个换行符；最后当 x 的值为 5 时，从新的一行开始输出 * * 5，然后退出循环。

【例4】设i和x都是int类型,则以下for循环语句(　　)。
　　　　for(i=0,x=0;i<=9&&x!=876;i++) scanf("%d",x);
　　　　A.最多执行10次　　　　B.最多执行9次　　　　C.是死循环　　　　D.循环体一次也不执行

【答案】A

【解析】此题中for循环的执行次数取决于关系表达式"i=0,x=0;i<=9&&x!=876;i++"的结果。只要i<=9且x!=876,循环就将继续执行。结束循环取决于两个条件:或者i>9,或者x=876。只要在执行scanf语句时,从终端输入876,循环就将结束。如果从终端一直未输入876,则i值的增加使i>9,从而结束循环。按照题中所给定的for语句,每执行一次循环,i自动增1,因此执行10次循环后,i的值为10,循环最终也将结束。

【例5】以下for循环语句(　　)。
```
int i,k;
for(i=0,k=-1;k=1;i++,k++)
printf("* * *");
```
　　　　A.判断循环结束的条件非法　　　　B.是死循环
　　　　C.只循环一次　　　　D.一次也不循环

【答案】B

【解析】本例的关键是赋值表达式k=1。由于表达式2是赋值表达式k=1,为真,因此执行循环体,使k增1,但循环再次计算表达式2时,又使k为1,如此反复循环。

【例6】以下是计算n!值的程序,空格处应为(　　)。
```
#include <stdio.h>
main()
{  int i,s,n;
   s=1;
   printf("Enter n:");
   scanf("%d",&n);
   for(i=1;i<=n;i++)_____;
   printf("s=%d",s);
}
```
　　　　A.s=s*i　　　　B.s*i　　　　C.s=s+i　　　　D.s+i

【答案】A

【解析】以上程序是典型的连乘算法。与累加一样,连乘也是程序设计中基本的算法之一,程序中i从1变化到n,每次增1。在循环体内应该有一个能表达连乘的式子。变量s的初值为1,可以用此变量存放每次i增1后连乘的结果。在上述空格处填上s=s*i就可以满足要求。

【例7】以下程序的输出结果是(　　)。
```
#include <stdio.h>
main()
{  int x,i;
   for(i=1;i<=100;i++)
   {  x=i;
      if(++x%2==0)
         if(++x%3==0)
            if(++x%7==0)
               printf("%d",x);
   }
   printf("\n");
}
```
　　　　A.3981　　　　B.4284　　　　C.2668　　　　D.2870

【答案】D

【解析】for循环的循环控制变量i由1变化到100,循环体将执行100次。循环体每执行一次,首先把i的值赋给x,即在循环的过程中,x的值由1变化到100。接着执行了一条嵌套的if语句,在各层的条件表达式中,x的值在增1后,如果满足了指定的条件,才能执行到最内层的printf语句。在执行最外层的if语句时,若条件表达式++x%2

==0 的值为 1,这时的 x 中的值为偶数。执行第二层 if 语句时,若条件表达式 ++x%3==0 的值为 1,这时的 x 中的值必定是上述偶数加 1 后能被 3 除尽的奇数,这些数是 3,9,15,21,27,33,39,45,51,57,63,69,75,81,87,93,99。执行最内层 if 语句时,若条件表达式 ++x%7==0 的值为 1,这时的 x 中的值必定是上述奇数加 1 后能被 7 除尽的偶数。由以上列出的数中,可以看到能满足此条件的数只有 28 和 70。

6.4 循环的嵌套

考点4　循环的嵌套

在某一个循环体内部又包含了另一个完整的循环结构,称为循环的嵌套。前面介绍的 3 种类型的循环都可以互相嵌套,循环的嵌套可以多层,但要保证每一层循环在逻辑上必须是完整的。

例如,下面都是合法的形式。

```
(1) while()              (2) for( ; ;)
    {                        {
       …                        …
       while()                  while()
       {…}                      {…}
       …                        …
    }                        }
(3) do
    {
       …
       for( ; ;)
       {…}
       …
    }while();
```

> **真考链接**
>
> 考点 4 在选择题中也是必考内容,属于重点理解、重点掌握的知识点,考查形式主要是读程序题,要求选择程序运行结果,考核概率为 60%。在操作题中的考查形式主要有修改题和编程题,考核概率为 10%。

常见问题

程序是如何执行嵌套循环的?

执行多重循环时,对外层循环变量的每一个值,内层循环的循环变量都要从初值变化到终值。每执行一次外层循环,内层的循环就要完整执行一遍。

真题精选

【例1】以下程序的输出结果是(　　)。

```c
#include <stdio.h>
main()
{  int k=0,m=0;
   int i,j;
   for(i=0;i<2;i++)
   {  for(j=0;j<3;j++)
      {  k++;
         k-=j;
      }
```

```
        m = i + j;
        printf("k = % d,m = % d",k,m);
    }
```
  A. k = 0,m = 3   B. k = 0,m = 5   C. k = 1,m = 3   D. k = 1,m = 5

【答案】B

【解析】本例考查一个二重循环结构。只要留意在一个循环终止时循环控制变量的变化即可。很明显,外层循环执行两次。这两次执行循环的情形如下:当 i = 0 时,内层循环执行 3 次(j = 0,1,2),直到 j = 3 时终止。由于每次内层循环使 k 加 1,故循环结束时 k = 3。再执行 k - j 语句,当 i = 1 时,内层循环仍执行原操作,使 j = 3,k = 0。现在,计算表达式 i = 2,表达式 i < 2 为假,外层循环结束,执行 m = i + j = 2 + 3 = 5。

【例 2】以下程序的功能是按顺序读入 10 名学生 4 门课程的成绩,计算出每名学生的平均分并输出。程序如下:
```
#include <stdio.h>
main()
{   int n,k;
    float score,sum,ave;
    sum = 0.0;
    for(n = 1;n < = 10;n ++ )
    {   for(k = 1;k < = 4;k ++ )
        {   scanf("% f",&score);
            sum + = score;
        }
        ave = sum/4.0;
        printf("NO% d:% f\n",n,ave);
    }
}
```
  上述程序运行后结果不正确,调试中发现有一条语句出现在程序中的位置不正确。这条语句是( )。

  A. sum = 0.0;   B. sum + = score;

  C. ave = sum/4.0;   D. printf("NO% d:% f\n",n,ave);

【答案】A

【解析】本题考查的是 for 循环语句的嵌套结构。

【例 3】以下程序段的输出结果是( )。
```
int i,j,m = 0;
for(i = 1;i < = 15;i + = 4)
    for(j = 3;j < = 19;j + = 4)
        m ++ ;
printf("% d\n",m);
```
  A. 12   B. 15   C. 20   D. 25

【答案】C

【解析】本题所示的程序段包含了一个双重循环。外层的循环控制变量是 i,其初值是 1,每循环一次,i 的值增 4。在执行时,i 的值依次是 1、5、9、13,当 i 的值达到 17 时,外层的循环就结束,去执行最后的 printf 语句,因此外层循环执行 4 次。外层的循环体内只包含了一条语句,也是一个 for 循环。此内层的循环控制变量是 j,其初值是 3,每循环一次,j 的值增 4,j 的值依次为 3、7、11、15、19,内循环体执行 5 次。内循环体也只包含一条语句 m ++ ;,即每执行一次内循环体,m 的值增 1。因为 m 的初值为 0,所以 m 的值就是内循环总的循环次数。内循环总的执行次数是 4(外循环执行次数)×5(内循环次数) = 20,所以 m 的值为 20。

【例 4】请编写函数 fun( ),其功能:找出 2×M 整型二维数组中最大元素的值,并将此值返回调用函数。

  注意:部分源程序给出如下。

  请勿改动主函数 main( )和其他函数中的任何内容,仅在函数 fun( )的大括号中填入你编写的若干语句。

试 题 程 序

```
#define M 4                          int fun (int a[][M])
#include <stdio.h>                    {
```

```
            }                                              82};
void main()                                            printf("max = % d\n",fun(arr));
{   int arr[2][M] = {5,8,3,45,76, -4,12,              }
```
【答案】
```
int fun (int a[ ][M])
{   int i,j,max = a[0][0];
    for(i =0;i <2;i ++)
        for(j =0;j <M;j ++)
            if(max <a[i][j])
                max =a[i][j];
    return max;
}
```

【解析】本题要求数组的最大值,需要运用循环语句,因为数组是二维数组,所以应使用二层加 for 循环嵌套。使用 for 循环语句时需要注意循环变量的取值范围。

此类求最大值或最小值的问题,我们可以采用逐个比较的方式,要求对数组中所有元素遍历一遍,并且从中找出数组最大值或最小值。首先定义变量 max 存放数组中的第一个元素的值,然后利用 for 循环逐个找出数组中的元素,并与 max 比较,如果元素值大于 max,则将该值赋予 max,循环结束后 max 的值即为数组最大值,最后将该值返回。

6.5　break 语句和 continue 语句

考点5　break 语句

在 break 后面加上分号就可以构成 break 语句。

在介绍选择结构时,我们已经知道 break 语句可以使程序流程跳出 switch 结构,继续执行 switch 语句之外的语句。实际上,break 语句还可以用于从循环体内跳出,即提前结束循环。

说明:

(1)break 语句只能出现在循环体内及 switch 语句内,不能用于其他语句。

(2)当 break 出现在循环体中的 switch 语句体内时,其作用只是跳出该 switch 语句体。当 break 出现在循环体中,但并不在 switch 语句体内时,则在执行 break 后,跳出本层循环,当然也不再去进行条件判断。

> **真考链接**
> 考点5难度适中,属于重点掌握知识点,运用范围只限于 switch 语句。在选择题中的考核概率为60%。

真题精选

【例1】在以下程序中,判断 i>j 共执行了(　　)次。
```
#include <stdio.h>
main()
{   int i =0,j =10,k =2,s =0;
    for(;;)
    {   i + =k;
        if(i >j)
        {   printf("% d",s);
            break;
        }
        s + =i;
    }
```

}
A. 4　　　　　　B. 7　　　　　　C. 5　　　　　　D. 6

【答案】D

【解析】本例涉及break语句,重在循环次数的判定。本例的循环由于无外出口,只能借助break语句终止。鉴于题目要求说明判断i>j的执行次数,只需考查经过i+=k运算如何累计i的值(每次累计i的值,都会累计判别i>j一次),i的值分别是2、4、6、8、10、12,当i的值为12时判断i>j为真,程序输出s的值并结束,共循环6次。

【例2】下列给定程序中,函数fun()的功能:计算并输出high以内最大的10个素数的和。high的值由主函数传给fun函数。

例如,若high的值为100,则函数的值为732。

请改正程序中的错误,使它能得出正确的结果。

注意:不要改动main()函数,不得增行或删行,也不得更改程序的结构!

```
#include <conio.h>
#include <stdio.h>
#include <math.h>
int fun (int high)
{  int sum = 0, n = 0, j, yes;
    /************found************/
    while ((high > 2) && (n < 10)
    { yes = 1;
        for (j = 2; j < = high/2; j ++)
        if (high% j == 0)
        { /************found************/
            yes = 0;break
        }
        if (yes)
        { sum + = high;
            n ++;
        }
        high -- ;
    }
    return sum;
}
main ()
{ printf("% d",fun(100));
}
```

【答案】(1)while((high > =2) && (n < 10))

(2)yes = 0; break;

【解析】本题考查:C语言程序的语法格式。

第一处while循环条件丢掉一个括号,第二处是很简单的程序语法错误,没有加分号。

考点6　continue语句

与break语句一样,在continue后加上分号就构成continue语句。

其作用是结束本次循环,即跳过循环体中下面尚未执行的语句,而转去重新判定循环条件是否成立,从而确定下一次循环是否继续执行。

与break语句不同的是,执行continue语句并没有使整个循环终止。在while和do...while循环中,continue语句使得流程直接跳到循环控制的条件判断部分,然后决定循环是否继续执行。在for循环中,遇到continue后,跳过循环体中余下的语句,而去求解for语句中的"表达式3"的值,然后再次对"表达式2"的条件进行判断,最后根据"表达式2"的值来决定for循环是否继续执行。continue不管是作为何种语句中的成分,都按上述功能执行。

> **真考链接**
>
> 考点6难度适中,属于重点掌握的知识点。在不同的循环体语句中使用,其作用方式不同。在选择题中的考核概率为30%。在操作题中的考核概率为10%。

continue 语句和 break 语句的区别是：continue 语句只结束本次循环，而不是终止整个循环的执行；而 break 语句则是结束整个循环过程，不再判断执行循环的条件是否成立。

常见问题

continue 语句只能出现在循环语句的循环体中。当出现在不同循环语句中时，continue 分别是如何起作用的呢？

若执行 while 或 do…while 语句中的 continue 语句，则跳过循环体中 continue 语句后面的语句，直接转去判别下次循环控制条件；若 continue 语句出现在 for 语句中，则执行 continue 语句就是跳过循环体中 continue 语句后面的语句，转而执行 for 语句的表达式 3。

真题精选

【例1】以下程序的输出结果是(　　)。
```
#include <stdio.h>
main()
{ int i;
  for(i=1;i<=5;i++)
  { if(i%2) putchar('<');
    else continue;
    putchar('>');
  }
  putchar('#');
}
```
A. <><><>#　　　B. ><><><#　　　C. <><># 　　　D. ><><#

【答案】A

【解析】本例考查 continue 语句的基本使用方法。在程序中，当 i%2 为真时，执行输出语句；否则执行 continue 语句，即开始 i++ 运算，进入下一次循环，即当 i 是偶数时(i%2 为 0)无任何输出。

【例2】以下程序的输出结果是(　　)。
```
#include <stdio.h>
main()
{ int y=10;
  for(;y>0;y--)
    if(y%3==0)
    { printf("%d",--y);
      continue;
    }
}
```
A. 741　　　　B. 852　　　　C. 963　　　　D. 8754321

【答案】B

【解析】for 循环的循环控制变量 y 的初值是 10，每循环一次 y 减 1，因此 y 的值由 10 变化到 1。for 循环中只包含了一条 if 语句，if 子句是一个复合语句。if 后的表达式 y%3==0 表示只有 y 的值能被 3 整除时，其后的子句才执行。已知 y 由 10 变化到 1，当 y 的值分别为 9、6、3 时才会执行 if 子句中的 printf 语句，进行输出。输出的值应是 8、5、2。continue 语句的作用是结束本次循环，即跳过本次循环体中余下尚未执行的语句。就本题而言，在 if 语句之后，不再有余下尚未执行的语句，因此就接着判断是否执行下一次循环。由此可见，在本题中，continue 是虚设的，不起任何作用。

6.6 综合自测

一、选择题

1. 在 while(x)语句中的 x 与下面条件表达式等价的是(　　)。
   A. x == 0　　　　　B. x == 1　　　　　C. x != 1　　　　　D. x != 0

2. 以下程序的输出结果是(　　)。
   ```
   #include <stdio.h>
   main()
   {   int k,j,m;
       for (k=5;k>=1;k--)
       {   m=0;
           for (j=k;j<=5;j++)
               m=m+k*j;
       }
       printf ("%d\n",m);
   }
   ```
   A. 124　　　　　　B. 25　　　　　　　C. 36　　　　　　　D. 15

3. 以下程序的输出结果是(　　)。
   ```
   #include <stdio.h>
   main()
   {   int x=10,y=10,i;
       for (i=0;x>8;y=++i)
           printf("%d %d",x--,y);
   }
   ```
   A. 10 1 9 2　　　　B. 9 8 7 6　　　　　C. 10 9 9 0　　　　D. 10 10 9 1

4. 以下程序段的输出结果是(　　)。
   ```
   a=1;b=2;c=2;
   while(a<b<c) {t=a; a=b; b=t; c--;}
   printf ("%d,%d,%d",a,b,c);
   ```
   A. 1,2,0　　　　　　B. 2,1,0　　　　　　C. 1,2,1　　　　　　D. 2,1,1

5. 以下 for 循环体的执行次数是(　　)。
   ```
   #include <stdio.h>
   main()
   {   int i,j;
       for(i=0,j=1; i<=j+1; i+=2, j--)printf("%d\n",i);
   }
   ```
   A. 3　　　　　　　　B. 2　　　　　　　　C. 1　　　　　　　　D. 0

6. 有以下程序：
   ```
   #include <stdio.h>
   main()
   {   int n=9;
       while(n>6){n--;printf("%d",n);}
   }
   ```
   该程序的输出结果是(　　)。
   A. 987　　　　　　　B. 876　　　　　　　C. 8765　　　　　　D. 9876

7. 有以下程序段：
   int k = 0;
   while(k = 1)k + + ;
   while 循环执行的次数是（   ）。
   A. 无限次　　　　　　B. 有语法错误,不能执行　　C. 一次也不执行　　　D. 执行一次

8. 以下程序中,while 循环执行的次数是（   ）。
   #include <stdio.h>
   main()
   { int i = 0;
      while(i < 10)
      { if(i < 1) continue;
         if(i == 5) break;
         i + + ;
      }
      …
   }
   A. 1　　　　　　　　B. 10　　　　　　　　C. 6　　　　　　　D. 死循环,不能确定次数

9. 以下程序的输出结果是（   ）。
   #include <stdio.h>
   main()
   { int i = 0,a = 0;
      while(i < 20)
      { for(;;)
         { if((i% 10) == 0)break;
            else i - - ;
         }
         i + = 11;a + = i;
      }
      printf("% d\n",a);
   }
   A. 21　　　　　　　　B. 32　　　　　　　　C. 33　　　　　　　D. 11

10. 语句 while(！E);中的条件！E 等价于（   ）。
    A. E == 0　　　　　　B. E！= 1　　　　　　C. E！= 0　　　　　D. ~ E

11. 以下的 for 循环（   ）。
    for(x = 0,y = 0; (y！= 123)&&(x < 4); x + +);
    A. 是死循环　　　　　B. 循环次数不定　　　　C. 循环执行 4 次　　　D. 循环执行 3 次

12. 执行以下程序段的结果是（   ）。
    int x = 23;
    do
    { printf("% d",x - -);
    }while(！x);
    A. 输出 321　　　　　B. 输出 23　　　　　　C. 不输出任何内容　　D. 陷入死循环

二、操作题

1. 下列给定程序中,函数 fun( )的功能:计算以下公式前 n 项的和,并作为函数值返回。
$$s = \frac{1 \times 3}{2^2} + \frac{3 \times 5}{4^2} + \frac{5 \times 7}{6^2} + \cdots + \frac{(2 \times n - 1) \times (2 \times n + 1)}{(2 \times n)^2}$$

例如,当形参 n 的值为 10 时,函数返回值为 9.612558。
请在标号处填入正确的内容,使程序得出正确的结果。
注意:部分源程序给出如下,不得增行或删行,也不得更改程序的结构。

试题程序

```
#include <stdio.h>
double fun(int n)
{   int i; double s, t;
    s = 【1】;
    for(i = 1; i <= 【2】; i++)
    {   t = 2.0 * i;
        s = s + (2.0 * i - 1) * (2.0 * i + 1) / 【3】;
    }
    return s;
}
main()
{   int n = -1;
    while(n < 0)
    {   printf("Please input(n > 0): ");
        scanf("%d", &n);  }
    printf("\nThe result is: %f\n", fun(n));
}
```

2. 给定程序中，函数 fun( ) 的功能：统计形参 s 所指的字符串中数字字符出现的次数，并存放在形参 t 所指的变量中，最后在主函数中输出。例如，若形参 s 所指的字符串为"abcdef35adgh3kjsdf7"，则输出结果为 4。

请在标号处填入正确内容，使程序得出正确的结果。

注意：部分源程序给出如下。不得增行或删行，也不得更改程序的结构。

试题程序

```
#include <stdio.h>
void fun(char *s, int *t)
{   int i, n;
    n = 0;
    for(i = 0; 【1】 != 0; i++)
        if(s[i] >= '0' && s[i] <= 【2】) n++;
    【3】;
}
main()
{   char s[80] = "abcdef35adgh3kjsdf7";
    int t;
    printf("\nThe original string is: %s\n", s);
    fun(s, &t);
    printf("\nThe result is: %d\n", t);
}
```

第7章

数组

选择题分析明细表

考 点	考核概率	难易程度
一维数组的定义及其元素的引用	80%	★★★★★
一维数组的初始化	70%	★★★
二维数组的定义及其元素的引用	90%	★★★★★
二维数组的初始化	40%	★★★
字符数组的定义及其初始化和引用	20%	★★★
字符串和字符串结束标识	60%	★★★
字符数组的输入/输出	70%	★★★★
字符串处理函数	100%	★★★★

操作题分析明细表

考 点	考核概率	难易程度
一维数组的定义及其元素的引用	40%	★★★★
一维数组的初始化	30%	★★★
二维数组的定义及其元素的引用	20%	★★
二维数组的初始化	10%	★★
字符数组的定义及其初始化和引用	20%	★★
字符串和字符串结束标识	70%	★★★★
字符数组的输入/输出	20%	★★
字符串处理函数	20%	★★

7.1 一维数组的定义和引用

考点1　一维数组的定义及其元素的引用

1. 一维数组的定义

一维数组是指数组中的每个元素只带有一个下标的数组。一维数组的一般定义方式：类型说明符 数组名[常量表达式],……；例如：

`long array[10];`

说明：

(1) array 是数组名。

(2) 此数组共有 10 个元素。

(3) 每个元素的类型都为长整型。

(4) 每个元素只有一个下标。在 C 语言中，每个数组的第一个元素的下标总是 0，这也称为数组下标的下界，所以上面数组的最后一个元素的下标应该是 9，这也称为数组下标的上界。

(5) 在执行上面的语句后，C 编译程序将在内存中开辟连续的 10 个存储单元。可以用这样的名字来直接引用各存储单元，如 array[0], array[1],…。

(6) 在定义一个数组的语句中，可以有多个数组说明符。例如：

`int x[7],y[8],z[9];`

(7) 可以把数组说明符和普通变量名同时写在一个类型定义语句中。

> **真考链接**
>
> 考点1是C语言的基本知识。属于重点掌握内容。其中一维数组元素的引用是考查的重点，在选择题中的考核概率为80%。在操作题中，常在修改题中考查一维数组的定义，考核概率为40%。

2. 一维数组元素的引用

由于是一维数组，因此引用数组元素时只带一个下标。数组元素的引用形式：数组名[下标表达式]。

注意：

(1) 一个数组元素实质上是一个变量名，代表内存中的一个存储单元，一个数组占据的是一连串连续的存储单元。

(2) 引用数组元素时，数组的下标可以是整型常量，也可以是整型表达式。

(3) 和变量一样，数组必须先定义后使用。

(4) 只能逐个引用数组元素而不能一次引用整个数组。

(5) 在 C 语言程序的运行过程中，系统并不自动检验数组元素的下标是否越界，所以数组两端都可能因为越界而破坏其他存储单元中的数据，甚至破坏程序代码，因此，在编写程序时要保证数组的下标不能越界。

> **小提示**
>
> 在定义一个数组时，需要定义数组的类型。所以一定会出现类型说明符。而在引用数组里的元素时，直接写出数组名及要引用元素的下标即可。

真题精选

【例1】下面程序段有错误的行是(　　)。

```
main()
{   int a[3] = {1};
    int i;
    scanf("% d", &a);
    for(i =1; i < 3; i ++) a[0] = a[0] + a[i];
    printf("a[0] =% d\n", a[0]);
}
```

A. 3　　　　　　B. 6　　　　　　C. 7　　　　　　D. 4

【答案】D

【解析】本题考查了一维数组的定义、初始化及元素的引用方法。第4行代码scanf输入数据时,要求输入项为地址,而数组名即为数组的首地址,所以不应该再在前面加取地址符&。

【例2】若有定义:int a[10];语句,则对数组a元素的正确引用是( )。

A. a[10]　　　　B. a[3.5]　　　　C. a(5)　　　　D. a[10-10]

【答案】D

【解析】本题考查了对一维数组引用的基本语法问题,考生需要清楚地了解引用一维数组的基本格式。

【例3】请编写函数fun(),该函数的功能:统计各年龄段的人数。N个年龄段通过调用随机函数获得,并放入主函数的age数组中。要求函数把0~9岁年龄段的人数放在d[0]中,把10~19岁年龄段的人数放在d[1]中,把20~29岁年龄段的人数放在d[2]中,依此类推,把100岁(含100岁)以上年龄段的人数都放在d[10]中。结果在主函数中输出。

注意:部分源程序给出如下。

请勿改动main()函数和其他函数中的任何内容,仅在函数fun()的大括号中填入你编写的若干语句。

试题程序

```c
#include <stdio.h>
#define N 50
#define M 11
void fun(int *a, int *b)
{

}
double rnd()
{   static t=29,c=217,m=1024,r=0;
    r=(r*t+c)%m;
    return((double)r/m);
}
void main()
{   int age[N],i,d[M];
    for(i=0;i<N;i++)
        age[i]=(int)(115*rnd());
    /*产生一个随机的年龄数组*/
    printf("The original data:\n");
    for(i=0;i<N;i++)
        printf((i+1)%10==0?"%4d\n":"%4d",age[i]);/*每行输出10个数*/
    printf("\n\n");
    fun(age,d);
    for(i=0;i<10;i++)
        printf("%4d—%4d:%4d\n",i*10,i*10+9,d[i]);
    printf("Over 100:%4d\n",d[10]);
}
```

【答案】
```c
void fun(int *a, int *b)
{   int i,j;
    for(j=0;j<M;j++)
        b[j]=0;/*数组b初始化为0*/
    for(i=0;i<N;i++)
        if(a[i]>=100)
            b[10]++;/*如果年龄大于等于100,b[10]自增1*/
        else
            b[a[i]/10]++;/*如果年龄小于100,则将其分别统计到b[a[i]/10]中*/
}
```

【解析】本题考查数组元素赋初值。本题是一个分段函数的问题,用两个循环来完成。第1个循环的作用是使b中的所有元素值都为0。这个循环不能省略,因为若未对b中的元素赋初值,则它们的值是不可预测的。第2个循环的作用是分别统计a中各年龄段的人数。当a[i]≥100时,按题意要将其统计到b[10]中。else的作用是如果年龄小于100,则将其分别统计到b[a[i]/10]中。由运算优先级可知先进行a[i]/10的运算,所得结果作为b的下标。若a[i]为0~9时,a[i]/10的值为0,且0~9岁的人数正好要存入b[0]中。若a[i]为10~19时,a[i]/10的值为1,且10~19岁的人数正好要存入b[1]中,依此类推。

考点2　一维数组的初始化

当数组定义后,系统会为该数组在内存中开辟一串连续的存储单元,但这些存储单元中并没有确定的值。可以在定义数组时为所包含的数组元素赋初值,例如:

int a[6]={0,1,2,3,4,5};

所赋初值放在一对大括号中,数值类型必须与所说明的类型一致。所赋

真考链接

考点2比较简单,属于重点掌握知识点。在选择题中考核概率为70%。在操作题中主要以填空题和编程题的形式考查,考核概率为30%。

初值之间用逗号隔开,系统将按这些数值的排列顺序,从 a[0]元素开始依次给数组 a 中的元素赋初值。以上语句将 a[0]赋值 0,a[1]赋值 1,……,a[5]赋值 5。在指定初值时,第一个初值必定赋给下标为 0 的元素。也就是说,数组元素的下标是从 0 开始的。同时,不可能跳过前面的元素给后面的元素赋初值,但是允许为前面元素赋值为 0。当所赋初值个数少于所定义数组的元素个数时,将自动给后面的其他元素补以初值 0;当所赋初值个数多于所定义数组的元素个数时,也就是说超出了数组已经定义的范围,在编译时系统将给出出错信息。

C 语言程序中可以通过赋初值来定义一维数组的大小,定义数组时的一对方括号中可以不指定数组的大小。例如:
int a[] = {0,1,2,3,4,5,6,7,8,9};
以上语句定义的数组初始化了 10 个整数,它隐含地定义了 a 数组含有 10 个元素,此定义语句和以下语句是等价的:
int a[10] = {0,1,2,3,4,5,6,7,8,9};

> **小提示**
>
> C 语言规定可以通过赋初值来定义数组的大小,这时方括号中可以不指定数组大小。

常见问题

如果定义了一个一维数组 a[3]={1,2,3},则 a[2]所指的元素的值是多少?

数组元素的下标是从 0 开始的。同时,不可能跳过前面的元素给后面的元素赋初值,但是允许为前面元素赋值为 0。当所赋初值个数少于所定义数组的元素个数时,将自动给后面的其他元素补以初值 0。所以 a[2]所指元素的值是 3。

真题精选

【例1】现有以下程序:
```
#include <stdio.h>
main()
{   int k[30] = {12,324,45,6,768,98,21,34,453,456};
    int count = 0, i = 0;
    while(k[i])
    {  if(k[i] % 2 == 0 || k[i] % 5 == 0) count ++;
       i ++ }
    printf("% d,% d\n", count, i); }
```
则程序的输出结果是(   )。
A.7,8   B.8,8   C.7,10   D.8,10

【答案】D

【解析】在 C 语言中,定义一维数组的语句一般形式如下:
类型说明符   数组名[常量表达式];
一维数组的引用形式如下:
数组名[下标表达式];
本程序中,count 表示能被 2 或 5 整除的个数,i 则计算有多少个数组元素。

【例2】以下选项中,合法的数组说明语句是(   )。
A. int a[] = "string";   B. int a[5] = {0,1,2,3,4,5};   C. char a = "string";   D. char a[] = {0,1,2,3,4,5};

【答案】D

【解析】在 C 语言中,字符变量中存放的是与字符相对应的 ASCII 码。数值 0,1,2,3,4,5 所对应的 ASCII 字符虽然是不可显示的字符,但是这些都可作为控制字符。此时,数组的大小由后面的初始化数据的数量决定,即包含 6 个元素。

【例3】已知 int 类型的变量占 4 个字节,现有以下程序:
```
#include <stdio.h>
main()
{   int a[] = {1,2,3,4,5};
    printf("% d", sizeof(a));
}
```

则程序的输出结果是( )。

A．5　　　　　　　　B．10　　　　　　　　C．15　　　　　　　　D．20

【答案】D

【解析】int 类型的数组 a 初始化了 5 个整数，它隐含地定义了 a 数组大小为 5 个元素，而一个 int 变量占 4 个字节，所以程序输出 20。

【例4】若有以下语句，则正确的描述是( )。

```
char x[] = "12345";
char y[] = {'1','2','3','4','5'};
```

A．x 数组和 y 数组的长度相同　　　　　　B．x 数组长度大于 y 数组长度

C．x 数组长度小于 y 数组长度　　　　　　D．x 数组等价于 y 数组

【答案】B

【解析】由于语句 char x[] = "12345"; 说明是字符型数组并进行初始化，系统按照 C 语言对字符串处理的规定，在字符串的末尾自动加上串结束标识'\0'，因此数组 x 的长度是 6；而数组 y 是按照字符方式对数组进行初始化的，系统不会自动加上串结束标识'\0'，所以数组 y 的长度是 5。

【例5】下列给定程序中，函数 fun() 的功能是：把形参 a 所指数组中的奇数按原顺序依次存放到 a[0]、a[1]、a[2]……，把偶数从数组中删除，奇数个数通过函数值返回。

例如，若 a 所指数组中的数据最初排列为 9、1、4、2、3、6、5、8、7，删除偶数后 a 所指数组中的数据为 9、1、3、5、7，返回值为 5。

请在标号处填入正确的内容，使程序得出正确的结果。

注意：部分源程序给出如下。不得增行或删行，也不得更改程序的结构。

试题程序

```c
#include <stdio.h>
#define N 9
int fun(int a[], int n)
{   int i,j;
    j = 0;
    for (i = 0; i < n; i ++)
        if (a[i]% 2 ==【1】)
        {  a[j] = a[i];【2】;
        }
    return【3】;
}
main()
{   int b[N] = {9,1,4,2,3,6,5,8,7}, i, n;
    printf("\nThe original data :\n");
    for (i = 0; i < N; i ++)
        printf("% 4d ", b[i]);
    printf("\n");
    n = fun(b, N);
    printf("\nThe number of odd:% d \n", n);
    printf("\nThe odd number :\n");
    for (i = 0; i < n; i ++)
        printf("% 4d ", b[i]);
    printf("\n");
}
```

【答案】【1】1　【2】j ++　【3】j

【解析】本题考查：if 语句条件表达式；自增/自减运算符；函数返回值。

标号【1】：根据题目要求，需要进行奇偶数的判定，可以通过 if 条件语句来判断数组元素是否是奇数，如果元素不能被 2 整除，则为奇数，所以填入 if (a[i]%2 ==1)。

标号【2】：将为奇数的元素重新存放到数组的前面，同时下标增 1。

标号【3】：函数返回值需要返回数组中奇数的个数，因此返回变量 j。

7.2　二维数组的定义和引用

考点3　二维数组的定义及其元素的引用

1. 二维数组的定义

在 C 语言中，二维数组中元素排列的顺序是：按行存放，即在内存中先按顺序存放第一行的元素，再存放第二行的元素。

因此,二维数组元素的存储与一维数组元素存储相类似,总是占用一块连续的内存单元。

二维数组的一般形式如下:

类型说明符 数组名[常量表达式][常量表达式];

例如:int c[3][4];

定义 c 为 3×4 (3 行 4 列)的数组。注意:不能写成 c[3,4]。C 语言对二维数组采用这样的定义方式:可以把二维数组当作是一种特殊的一维数组。

例如,可以把 c 看成是一个一维数组,它有 3 个元素 c[0]、c[1]、c[2],每个元素又是一个包含 4 个元素的一维数组。可以把 c[0]、c[1]、c[2] 看做是 3 个一维数组的名字。

2. 二维数组元素的引用

二维数组的引用形式如下:

数组名[下标表达式 1][下标表达式 2];

数组的下标可以是整型表达式,如 c[3-1][3×2-2]。

数组元素可以出现在表达式中,也可以被赋值,如 a[1][3]=b[3][2]/2。

> **真考链接**
>
> 考点 3 偏难,属于重点理解、重点掌握知识点。在选择题中的考核概率为 90%。在操作题中,主要出现在编程题中,一般用于处理数据比较多的实际问题,考核概率为 20%。

> **小提示**
>
> 定义数组时用的 c[3][4] 和引用元素时的 c[3][4] 的区别:前者用来定义数组的维数和各维的大小,共有 3 行 4 列;后者中的 3 和 4 是下标值,c[3][4] 代表该数组中的一个元素。如果 a[3][4] 是二维数组中最后一个元素,那么该数组共有 4 行 5 列。

真题精选

【例 1】 有以下程序段,最后输出的值为(   )。

```
main()
{ int a[4][4] = {{1,4,3,2},{8,6,5,7},{3,7,2,5},{4,8,6,1}}, i, j, k, t;
  for(i = 0; i <4; i ++)
    for(j = 0; j <3; j ++)
      for(k = j +1; k <4; k ++)
        if(a[j][i] > a[k][i])
        { t =a[j][i];a[j][i] = a[k][i];a[k][i] =t;}
  for(i =0;i <4;i ++) printf("% d,", a[i][i]);
}
```

A. 1,6,5,7　　　　　B. 8,7,3,1　　　　　C. 4,7,5,2　　　　　D. 1,6,2,1

【答案】A

【解析】本题用多重 for 循环的嵌套来实现对二维数组的按列排序。利用最外层循环来实现对列的控制。内部循环利用选择法对数组元素按照从小到大的顺序进行排列,最后输出对角线上的元素值。

【例 2】 若二维数组 a 有 m 列,则在 a[i][j] 之前的元素个数为(   )。

A. j*m+i　　　　　B. i*m+j　　　　　C. i*m+j-1　　　　　D. i*m+j+1

【答案】B

【解析】在 C 语言中,由于二维数组在内存中是按照行优先的顺序存储的(先顺序存储第 0 行元素,再存第 1 行元素,依次类推),且下标的起始值为 0,因此在 a[i][j] 之前的元素有 i*m+j 个。

【例 3】 以下程序的输出结果是(   )。

```
#include <stdio.h>
main()
{ int i,x[3][3] ={1,2,3,4,5,6,7,8,9};
  for(i =0;i <3;i ++)
    printf("% d,",x[i][2 - i]);
}
```

A. 1,5,9,　　　　B. 1,4,7,　　　　C. 3,5,7,　　　　D. 3,6,9,

【答案】C

【解析】本题考查了二维数组的初始化赋值问题,考生需要清楚地了解在二维数组中逻辑存放结构的情况。

【例4】以下不能正确定义二维数组的选项是(　　)。

A. int a[2][2]={{1},{2}};　　　　B. int a[][2]={1,2,3,4};
C. int a[2][2]={{1},2,3};　　　　D. int a[2][]={{1,2},{3,4}};

【答案】D

【解析】C语言中明确规定,在定义二维数组时,后一个下标值不能省略,否则将无法判定数组中某一行的元素个数。

【例5】编写函数fun(),其功能是分别统计形参t所指二维数组中字母A和C的个数。

注意:部分源程序给出如下。

请勿改动主函数main()和其他函数中的任何内容,仅在函数fun()的大括号中填入你编写的若干语句。

试题程序

```
#include <stdio.h>
#include <stdlib.h>
#define M 14
void fun( char (* t)[M], int * a, int * c)
{



}
void get( char (* s)[M] )
{  int i, j;
   for( i=0; i<M; i++ )
   { for( j=0; j<M; j++ )
     { s[i][j]=65+rand()%12; printf
("% c",s[i][j]); }
       printf("\n");
   }
}
void main()
{ char a[M][M];
  int x, y;
  get (a);
  fun ( a, &x,&y );
  printf("A = % d C = % d\n",x,y);
}
```

【答案】int i=0,j=0;//循环统计的下标
　　　　* a=0;//初始化a字符统计的个数
　　　　* c=0;//初始化c字符统计的个数
　　　　for(i=0;i<M;i++)//行
　　　　{
　　　　　for(j=0;j<M;j++)//列
　　　　　{
　　　　　　if(t[i][j]=='A')//字符是a,计数
　　　　　　　(* a)++;
　　　　　　if(t[i][j]=='C') //字符是c,计数
　　　　　　　(* c)++;
　　　　　}
　　　　}

【解析】本题要求统计大写字母A和C的个数。需要通过两层循环对二维数组进行遍历,对数组中的每一个元素进行判断。如果是大写字母A,则将变量a累加1;如果是大写字母C,则将变量c累加1。

考点4　二维数组的初始化

可以在定义二维数组的同时给二维数组的各元素赋初值。例如:
float m[2][2]={{1.5,3.2},{0.8}};

全部初值放在一对大括号中,每一行的初值又分别括在一对大括号中,之间用逗号隔开。当某行一对大括号内的初值个数少于该行中元素的个数时,系统将自动地给后面的元素补初值0。同样,不能跳过每行前面的元素而给后面的元素赋初值。

真考链接

考点4属于重点掌握知识点。尤其要注意数组下标是从0开始的,这一点在引用数组里的元素时要注意。对此知识点的考查主要以选择题的形式出现,考核概率为40%。

数组是一种构造类型的数据。二维数组可以看作是由一维数组的嵌套而构成的。如果一维数组的每个元素又都是一个数组,就组成了二维数组(前提是各元素类型必须相同)。

由此也可以这样分析,一个二维数组也可以分解为多个一维数组。C语言允许这样分解二维数组,如a[3][4]可分解为3个一维数组,其数组名分别为a[0]、a[1]、a[2]。对这3个一维数组不需另做说明即可使用。这3个一维数组都有4个元素,一维数组a[0]的元素为a[0][0]、a[0][1]、a[0][2]、a[0][3]。必须强调的是,a[0]、a[1]、a[2]不能当作下标变量使用,它们是数组名,不是一个单纯的下标变量。

对于一维数组,可以在数组定义语句中省略方括号中的常量表达式,通过所赋初值的个数来确定数组的大小;对于二维数组,只可以省略第一个方括号中的常量表达式,而不能省略第二个方括号中的常量表达式。例如:
int a[ ][3]={{1,2,3},{4,5},{6},{8}};

a数组的第一个方括号中的常量表达式省略,在所赋初值中,含有4个大括号,则第一维的大小由大括号的个数来决定。因此,该数组其实是与a[4][3]等价的。当用以下形式赋初值时:
int c[ ][3]={1,2,3,4,5};

第一个的大小按以下规则决定。

(1)当初值的个数能被第二维的常量表达式的值除尽时,所得商数就是第一维的大小。

(2)当初值的个数不能被第二维的常量表达式的值除尽时,则:

第一维的大小 = 所得商数+1

因此,按此规则,以上c数组第一维的大小应该是2,也就是说语句等同于int c[2][3]={1,2,3,4,5};。

> **小提示**
> 如果一个二维数组的最后一个元素的下标是a[5][5],则说明此二维数组有6行6列。即要注意,数组的下标是从0开始的。

> **常见问题**
> 在程序中定义一个数组用来存储数据,通常会给其所有元素赋初值为0,为什么?
> 如果定义了一个数据而未给其赋初值,系统会自动给其赋随机值,为了避免在运算中造成不必要的麻烦,通常给其赋初值为0,这也是一个良好的编程习惯。

真题精选

【例1】 下面程序段输出的结果是(　　)。
```
main()
{ int i;
  int a[3][3]={1,2,3,4,5,6,7,8,9};
  for(i=0; i<3; i++)
    printf("%d ",a[2-i][i]);
}
```
A. 1 5 9　　　　B. 7 5 3　　　　C. 3 5 7　　　　D. 5 9 1

【答案】 B

【解析】 本题用循环的方法考查对数组概念的掌握。首先,当i=0时,数组中的位置是a[2][0]=7。当然,如果用排除法,就不用考虑后面的循环,因为在4个选项中,第1个数为7的选项只有B。本题执行第2次循环时,i的值为1,则printf()函数中的数组指向为a[1][1]=5,依次循环,可求出答案。

【例2】 以下数组定义错误的是(　　)。
A. int x[ ][3]={0};
B. int x[2][3]={{1,2},{3,4},{5,6}};
C. int x[ ][3]={{1,2,3},{4, ,56}};
D. int x[ ][3]={1,2,3,4,5,6};

【答案】 B

【解析】 二维数组的初始化有以下几种形式:①分行进行初始化;②不分行的初始化;③部分数组元素初始化;④省略第一维的定义,不省略第二维的定义。选项B等号右边分了3行,大于等号左边数组的行数。

【例3】 以下能正确定义数组并正确赋初值的选项是(　　)。

A. int N=5,b[N][N];   B. int a[1][2]={{1},{3}};
C. int c[2][]={{1,2},{3,4}};   D. int d[3][2]={{1,2},{3,4}};

【答案】D

【解析】选项A中,数组的下标应为整型变量;选项B的行下标应为2;选项C的列下标不能省略。

【例4】以下能对二维数组a进行正确初始化的选项是(   )。

A. int a[2][]={{1,0,1},{5,2,3}};   B. int a[][3]={{1,2,3},{4,5,6}};
C. int a[2][4]={{1,2,3},{4,5},{6}};   D. int a[][3]={{1,0,1},{},{1,1}};

【答案】B

【解析】本题考查了对二维数组初始化的基本语法问题,考生需要清楚地了解初始化二维数组的基本格式。

【例5】已知int类型的变量占4个字节,有下面的程序段:

```
main()
{  int a[][3]={{1,2,3},{4,5},{6},{8}};
   printf("%d", sizeof(a));
}
```

则程序段的输出结果是(   )。

A. 12   B. 24   C. 48   D. 64

【答案】C

【解析】程序通过赋初值的方式定义了4行3列的数组,则大小为12,而一个int变量占4个字节,所以程序输出48。

【例6】有以下程序段:

```
main()
{
    int m[][3]={1,4,7,2,5,8,3,6,9};
    int i,j,k=2;
    for(i=0;i<3;i++)
    { printf("%d ",m[k][i]);}
}
```

执行后输出的结果是(   )。

A. 4 5 6   B. 2 5 8   C. 3 6 9   D. 7 8 9

【答案】C

【解析】本题的功能是输出m[2][0],m[2][1]和m[2][2]。

【例7】下列给定程序中,函数fun()的功能:求ss所指字符串数组中长度最短的字符串所在的行下标,作为函数值返回,并把其串长放在形参n所指的变量中。ss所指字符串数组中共有M个字符串,且串长小于N。请在标号处填入正确的内容,使程序得出正确的结果。

注意:部分源程序给出如下。不得增行或删行,也不得更改程序的结构。

试题程序

```
#include <stdio.h>
#include <string.h>
#define M 5
#define N 20
int fun(char (*ss)[N], int *n)
{ int i, k=0, len=N;
  for(i=0; i<【1】; i++)
  {  len=strlen(ss[i]);
     if(i==0) *n=len;
     if(len【2】*n){
         *n=len;
         k=i;
     }
  }
  return(【3】);
}
main()
{ char ss[M][N]={"shanghai","guangzhou"," beijing "," tianjing "," chongqing"};
  int n,k,i;
  printf("\nThe original strings are :\n");
  for(i=0;i<M;i++)puts(ss[i]);
  k=fun(ss,&n);
  printf("\nThe length of shortest string is : %d\n",n);
  printf("\nThe shortest string is : %s
```

\n",ss[k]);   }
【答案】【1】M 【2】< 【3】k
【解析】本题考查:for 循环语句的循环条件;if 语句条件表达式;return 语句完成函数值的返回。
　　标号【1】:题目指出 ss 所指字符串数组中共有 M 个字符串,所以 for 循环语句的循环条件是 i<M。
　　标号【2】:要求长度最短的字符串,*n 中存放的是已知字符串中长度最短的字符串的长度,这里将当前字符串长度与*n 比较,若小于*n,则将该长度值赋给*n,因此,if 语句的条件表达式为 len<*n。
　　标号【3】:将最短字符串的行下标作为函数值返回,变量 k 存储行下标的值。

7.3 字符数组

考点5　字符数组的定义及其初始化和引用

字符数组就是数组中的每个元素都是字符,定义方法与普通数组相同,即逐个对数组元素进行赋值。例如:
　　char c[11];
c 为该数组名,该数组共有 11 个元素,并且每个元素都为字符型。
对字符数组初始化,可逐个元素地赋值,即把字符逐个赋给数组元素。例如:
　　char a[9]={'T','h','a','n','k',' ','y','o','u'};
如果大括号中提供的初值个数(即字符个数)大于数组长度,则编译时会按语法错误处理。如果初值个数小于数组长度,则将这些字符赋给数组中前面那些元素,其余的元素自动定为空字符('\0')。例如:
　　char c[6]={'G','o','o','d'};
数组元素在内存中的存储状态如图 7.1 所示。

c[0]	c[1]	c[2]	c[3]	c[4]	c[5]
G	o	o	d	\0	\0

图 7.1　数组元素在内存中的存储状态

真考链接

考点5经常被考查。选择题中主要以读程序题要求考生写出程序运行结果的形式出现,是必考内容,难度适中,属于重点理解、重点掌握内容。在操作题中,使用数组处理字符是经常考查的内容,常在修改题中对此知识点进行考查,考核概率为20%。

字符数组的引用形式与其他数组的引用形式相同,采用下标引用,即数组名[下标表达式]。
例如:
```
#include <stdio.h>
main()
{ char c[9]={'T','h','a','n','k',' ','y','o','u'};
  int i;
  for (i=0;i<9;i++)
    printf("%c",c[i]);
}
```
输出结果:Thank you。

　真题精选

【例1】已知字母 A 的 ASCII 码是 65,则有下面的程序:
```
#include <stdio.h>
main()
{  char c[5]={65,66,67,68,69};
   int i;
   for (i=0;i<=4;i++)
     printf("%c ",c[i]);
```

}
则程序的输出结果是(   )。
　　A.1 2 3 4　　　　　　　B.0 1 2 3　　　　　　　C.A B C D E　　　　　　　D.65 66 67 68

【答案】C

【解析】ASCII 码 65、66、67、68、69 分别对应的字母为 A、B、C、D、E,初始化到字符数组 c 中,所以输出结果为 ABCDE。

【例2】下列给定程序中,函数 fun( )的功能:统计 substr 所指的子符串在 str 所指的字符串中出现的次数。例如,若字符串为 aaas1kaaas,子字符串为 as,则应输出2。请改正程序中的错误,使它能得出正确的结果。

注意:不要改动 main( )函数,不得增行或删行,也不得更改程序的结构。

试题程序

```
#include <stdio.h>
int fun (char *str,char *substr)
{   int i,j,k,num=0;
    /*****found*****/
    for(i = 0, str[i], i ++)
        for(j =i,k =0;substr[k] == str[j];
k ++,j ++)
        /*****found*****/
        If(substr[k+1] =='\0')
        {  num ++ ;
           break;
```

```
       }
    return num;
}
main()
{  char str[80],substr[80];
   printf("Input a string:") ;
   gets(str);
   printf("Input a substring:") ;
   gets(substr);
   printf("% d\n",fun(str,substr));
}
```

【答案】(1) for(i =0;str[i];i ++)
　　　　(2) if(substr[k +1] == '\0')

【解析】本题考查:for 循环语句的格式,for 循环语句使用最为灵活,其一般形式为 for(表达式1;表达式2;表达式3),注意表达式之间使用";"相隔;if 条件语句的格式,其中 if 关键字需要区别大小写,这里不能混淆使用。关键字是由 C 语言规定的具有特定意义的字符串组成的,也称为保留字。用户定义的标识符不应与关键字相同,并且关键字应小写。

考点6　字符串和字符串结束标识

C 语言中,将字符串作为字符数组来处理。为了测定字符串的实际长度,C 语言规定了一个字符串结束标识,以字符"\0"代表。也就是说,在遇到字符"\0"时,表示字符串结束,由它前面的字符组成字符串。

系统对字符串常量也自动加一个"\0"作为结束符。例如:
char c[ ] = "c program";

数组 c 共有 9 个字符,但在内存中占 10 个字节,最后一个字符"\0"是由系统自动加上的。

有了结束标识"\0"后,在程序中往往依靠检测"\0"的位置来判定字符串是否结束,而不是根据数组的长度来决定字符串长度。

说明:"\0"是 ASCII 码为 0 的字符,是一个"空操作符",它什么也不干。在输出时也不输出"\0",只是一个结束的标志。

真考链接

考点6难度适中,属于理解性内容,在选择题中的考核概率为60%。在操作题中一般与其他知识点一起出现,考核概率为70%。

真题精选

【例1】下面程序输出的结果是(   )。

```
#include <stdio.h>
main()
{  char c[9] ={'T','h','a','\0','k',' ','y','o','u'};
   printf("% s", c);
}
```

A. Thank you　　　　B. Thank　　　　　C. Tha　　　　　　　D. 无输出

【答案】C

【解析】C语言规定了一个字符串结束标识,以字符'\0'代表。字符数组中a后面为'\0',字符串在此处结束,所以输出结果为Tha。

【例2】以下程序段的输出结果是(　　)。
```
char c[5] = {'a','b','\0','c','\0'};
printf("%s",c);
```
A. a　　　　　　B. b　　　　　　C. ab　　　　　　D. abc

【答案】C

【解析】由于字符数组c的元素c[2]中保存的是字符'\0'(串结束标识),因此将数组c作为字符串处理时,遇到字符'\0'时输出就会结束。

考点7　字符数组的输入/输出

字符数组的输入/输出可以有以下两种方法:
(1)用"%c"格式符将字符逐个输入或输出。
(2)用"%s"格式符将整个字符串一次输入或输出。
例如:
```
char c[ ] = "program";
printf("%s",c);
```

真考链接

考点7属于重点理解、重点掌握知识点,是必考点。在操作题中主要考查字符数组的输入/输出。填空和编程题也很有可能涉及对字符处理的程序,其中输入/输出也是考查的重点,考核概率为20%。

小提示

用格式符"%s"输出字符串时,printf()函数中的输出项应该是数组名,而不是数组中的某个元素,如"printf("%s",c[0]);"是不对的,应改为"printf("%s",c);"。当数组中的字符串的实际长度小于数组定义的实际长度时,在输出时也是遇到"\0"就结束;当数组中有多个"\0"时,遇到第一个"\0"就结束输出。结束符"\0"不被输出。在使用scanf()函数中,输入项是字符数组名。输入项为字符数组时,不用再加取地址符"&"。因为在C语言中数组名代表该数组的起始地址,如"scanf("%s",str);"。

真题精选

【例1】下面程序输出的结果是(　　)。
```
#include<stdio.h>
main()
{  char w[][10] = {"ABCD", "EFGH", "IJKL", "MNOP"};
   for(k = 1; k < 3; k++) printf("%s ", &w[k][k]);
}
```
A. ABCD FGH KL　　B. ABC EFG IJ M　　C. EFG JK 0　　D. FGH KL

【答案】D

【解析】当k=1时,引用的是w[1][1],值为字符串"FGH";当k=2时,引用的是w[2][2],即字符串"KL"。

【例2】以下程序段的输出结果是(　　)。
```
main()
{  char a[] = "abcdefg",b[10] = "abcdefg";
   printf("%d%d\n",sizeof(a),sizeof(b));
}
```
A. 77　　　　　　B. 88　　　　　　C. 810　　　　　　D. 1010

【答案】C

【解析】字符数组a共有8个元素,b有10个元素。

【例3】规定输入的字符串中只包含字母和"*"号。编写函数fun(),其功能是删除字符串中所有的"*"号。编写函数时,不得使用C语言提供的字符串函数。

例如，字符串中的内容为：＊＊＊A＊BC＊DEF＊G＊＊＊＊＊＊＊，删除后，字符串中的内容应当是：ABCDEFG。

注意：部分源程序给出如下。请勿改动主函数main()和其他函数中的任何内容，仅在函数fun()的大括号中填入你编写的若干条语句。

试题程序

```
#include <conio.h>                    printf("Enter a string:\n");
#include <stdio.h>                    gets(s);
void fun(char * a)                    fun(s);
{                                     printf("The string after deleted:\
}                                     n");
void main()                           puts(s);
{  char s[81];                        }
```

【答案】void fun(char * a)
　　　　{ int i,j = 0;
　　　　　　for(i = 0;a[i]! = '\0';i ++)
　　　　　　　　if(a[i]! = '*')
　　　　　　　　　　a[j ++] = a[i]; /*若不是要删除的字符"*"，则留下*/
　　　　　　a[j] = '\0'; /*最后加上字符串结束符"\0"*/
　　　　}

【解析】用循环操作从字符串开始往后逐个进行比较，若不是要删除的字符(用if(a[i]! = '*')来控制)则保留。变量i和j用来表示原字符串的下标和删除＊号后新字符串的下标。注意下标变量j要从0开始，最后还要加上字符串结束标识"\0"。

考点8　字符串处理函数

　　C语言没有提供对字符串进行整体操作的运算符。但在C语言的库函数中提供了一些用来处理字符串的函数，可以通过调用这些库函数来实现字符串的赋值、合并和比较运算。使用这些函数时，必须在程序前面的命令行中包含标准头文件"string.h"。常用的字符串处理函数如表7.1所示。

> **真考链接**
> 考点8偏难，属于重点理解、重点掌握的内容，考查主要以选择题的形式出现，考核概率为100%。在操作题中，考核概率为20%。

表7.1　　　　　　　　　　　　　　　字符串处理函数

函数名称	调用形式	作　用	说　明
puts( )	puts(字符数组)	将一个字符串(以"\0"结束)输出到终端设备	用该函数输出的字符串中可以包含转义字符
gets( )	gets(字符数组)	从终端输入一个字符串到字符数组中，并且得到一个函数值	puts( )和gets( )函数一次只能输入或输出一个字符串，不能写成puts(字符数组1,字符数组2)或gets(字符数组1,字符数组2)
strcpy( )	strcpy(字符数组1,字符数组2)	把字符数组2所指字符串的内容复制到字符数组1所指存储空间中。函数返回字符数组1的值，即目的串的首地址	为保证复制的合法性，字符数组1必须指向一个足够容纳字符数组2的存储空间
strcat( )	strcat(字符数组1,字符数组2)	该函数将字符数组2所指字符串的内容连接到字符数组1所指的字符串后面，并自动覆盖字符数组1串末尾的"\0"。该函数返回字符数组1的地址值	字符数组1所指定字符串应有足够的空间容纳两个字符串合并后的内容
strlen( )	strlen(字符数组)	此函数计算出以字符数组为起始地址的字符串的长度，并作为函数值返回	这一长度不包括串尾的结束标识'\0'

第7章 数组

函数名称	调用形式	作 用	说 明
strcmp()	strcmp(字符数组1,字符数组2)	该函数用来比较字符数组1和字符数组2所指字符串的大小。若字符数组1>字符数组2,函数值大于0(正数);若字符数组1=字符数组2,函数值等于0;若字符数组1<字符数组2,函数值小于0(负数)	根据字符的ASCII码值依次对字符数组1和字符数组2所指字符串对应位置上的字符两两进行比较,当出现第一对不同的字符时,即由这两个字符决定所在串的大小

小提示

puts()、gets()这两个函数是针对一个字符或一个字符串的处理函数。而以"str"开头的处理函数,都是针对字符串的处理函数。

常见问题

字符串处理函数strcpy()的作用是什么?

strcpy()的调用形式为strcpy(字符数组1,字符数组2),其作用就是把字符数组2所指字符串的内容复制到字符数组1所指的存储空间中。函数返回字符数组1的值。

真题精选

【例1】下面程序输出的结果是(   )。
```
#include <stdio.h>
#include <string.h>
main()
{   char c[20]={'T','h','a','\0','k',' ','y','o','u'};
    printf("% d",strlen(c));
}
```
A. 20　　　　　　　B. 9　　　　　　　C. 3　　　　　　　D. 4

【答案】C

【解析】此函数计算出以字符数组为起始地址的字符串的长度,并作为函数值返回,这一长度不包括串尾的结束标识"\0"。所以输出为字符串"Tha"的长度3。

【例2】s1和s2已正确定义并分别表示两个字符串。若要求当s1所指字符串大于s2所指字符串时,执行语句S,则以下选项中正确的是(   )。

A. if(s1>s2)S;　　　　　　　　　B. if(strcmp(s1,s2))S;
C. if(strcmp(s2,s1)>0)S;　　　　D. if(strcmp(s1,s2)>0)S;

【答案】D

【解析】比较两个字符串时不能直接将两个字符串名进行比较,而是使用字符串处理函数strcmp(s1,s2),当s1所指字符串大于s2所指字符串时,strcmp(s1,s2)>0,所以选D。

【例3】调用函数strlen("abcd\0ef\0g")的返回值为(   )。

A. 4　　　　　　　B. 5　　　　　　　C. 8　　　　　　　D. 9

【答案】A

【解析】注意字符串中的字符"\0",它在C语言的字符串中具有特殊的意义,字符"\0"标志字符串的结束。计算串长时,只计算字符"\0"之前的字符长度,而不管"\0"之后是什么字符。

【例4】下列给定程序中,函数fun()的功能是从形参ss所指字符串数组中,删除所有串长超过k的字符串,函数返回剩余字符串的个数。ss所指字符串数组中共有N个字符串,且串长小于M。

请在标号处填入正确的内容,使程序得出正确的结果。

注意:部分源程序给出如下。不得增行或删行,也不得更改程序的结构。

试题程序

```
#include <stdio.h>
#include <string.h>
#define N 5
#define M 10
int fun(char (*ss)[M], int k)
{  int i,j=0,len;
   for(i=0; i<【1】; i++)
   {  len=strlen(ss[i]);
      if(len<=【2】)
         strcpy(ss[j++],【3】);
   }
   return j;
}

main()
{  char x[N][M]={"Beijing","Shang-
hai","Tianjin","Nanjing","Wuhan"};
   int i,f;
   printf("\nThe original string\n\n");
   for(i=0;i<N;i++)puts(x[i]);
   printf("\n");
   f=fun(x,7);
   printf("The string witch length is less than or equal to 7 :\n");
   for(i=0;i<f;i++) puts(x[i]);
   printf("\n");
}
```

【答案】【1】N 【2】k 【3】ss[i]

【解析】本题考查:for 循环语句;if 语句条件表达式;字符串复制函数 strcpy() 的使用。

标号【1】:for 循环语句的作用是遍历字符串数组中的每一个字符串,所以循环变量 i 的循环条件是 i<N。

标号【2】:题目要求删除串长度小于 k 的字符串,所以 if 条件语句的条件表达式是 len<=k。

标号【3】:通过字符串复制函数将串长不大于 k 的字符串另存,并记录个数。

7.4 综合自测

一、选择题

1. 有以下程序:
```
#include <stdio.h>
#include <string.h>
main()
{  char a[]={'a','b','c','d','e','f','g','h','\0'};
   int i,j;
   i=sizeof(a); j=strlen(a);
   printf("%d,%d\n",i,j);
}
```
程序运行后的输出结果是( )。
A. 9,9   B. 8,9   C. 1,8   D. 9,8

2. 以下程序中函数 reverse() 的功能是将 a 所指数组中的内容进行逆置存放。
```
#include <stdio.h>
void reverse(int a[],int n)
{  int i,t;
   for(i=0;i<n/2;i++)
   { t=a[i]; a[i]=a[n-1-i];a[n-1-i]=t;}
}
main()
{  int b[10]={1,2,3,4,5,6,7,8,9,10}; int i,s=0;
   reverse(b,8);
   for(i=6;i<10;i++)s+=b[i];
```

```
        printf("% d\n",s);
}
```
则程序运行后的输出结果是(　　)。
A. 22　　　　　　B. 10　　　　　　C. 34　　　　　　D. 30

3. 有以下程序：
```
main(int argc,char *argv[])
{  int n,i=0;
   while(argv[1][i]!='\0')
   { n=fun();i++;}
   printf("% d\n",n*argc);
}
int fun()
{  static int s=0;
   s+=1;
   return s;
}
```
假设程序经编译、连接后生成可执行文件 exam.exe,若输入以下命令：
exam 123 <回车>
则运行结果为(　　)。
A. 6　　　　　　B. 8　　　　　　C. 3　　　　　　D. 4

4. 以下程序的输出结果是(　　)。
```
# include <stdio.h>
# include <string.h>
main()
{   char str[12]={'s','t','r','i','n','g'};
    printf("% d\n",strlen(str)); }
```
A. 6　　　　　　B. 7　　　　　　C. 11　　　　　　D. 12

5. 若有说明:int a[3][4];,则对数组 a 元素非法引用的是(　　)。
A. a[0][2*1]　　B. a[1][3]　　C. a[4-2][0]　　D. a[0][4]

6. 若有说明:int a[][4]={0,0};,则以下选项中,不正确的是(　　)。
A. 数组 a 的每个元素都可得到初值
B. 二维数组 a 的第一维大小为 1
C. 因为二维数组 a 中初值的个数不能被第二维大小的值整除,则第一维的大小等于所得商数再加 1,故数组 a 的行数为 1
D. 只有元素 a[0][0]和 a[0][1]可得到初值 0,其余元素均得不到初值 0

7. 以下程序段中有错误的一行是(　　)。
```
(1)main()
(2){
(3)int a[3]={1};
(4)int i;
(5)scanf("% d",&a);
(6)for(i=1;i<3;i++) a[0]=a[0]+a[i];
(7)printf("% f\n",a[0]);
(8)}
```
A. 3　　　　　　B. 6　　　　　　C. 7　　　　　　D. 5

8. 若有说明:int a[][3]={1,2,3,4,5,6,7};,则数组 a 第一维的大小是(　　)。
A. 2　　　　　　B. 3　　　　　　C. 4　　　　　　D. 无确定值

9. 若有数组定义：char array[ ]="China",则数组 array 所占的空间为(　　)。
A. 4 个字节　　B. 5 个字节　　C. 6 个字节　　D. 7 个字节

10. 以下程序的输出结果是(　　)。

```
#include <stdio.h>
#include <string.h>
main()
{  char arr[2][4];
   strcpy(arr,"you"); strcpy(arr[1],"me");
   arr[0][3]='&';
   printf("%s\n",arr);
}
```
  A. you&me   B. you   C. me   D. err

11. 有以下程序：
```
#include <stdio.h>
main()
{  int n[5]={0,0,0},i,k=2;
   for(i=0;i<k;i++)n[i]=n[i]+1;
   printf("%d\n",n[k]);
}
```
  该程序的输出结果是( )。
  A. 不定值   B. 2   C. 1   D. 0

12. 以下程序的输出结果是( )。
```
#include <stdio.h>
main()
{  int a[3][3]={{1,2},{3,4},{5,6}},i,j,s=0;
   for(i=1;i<3;i++)
   for(j=0;j<i;j++)s+=a[i][j];
   printf("%d\n",s);
}
```
  A. 14   B. 19   C. 20   D. 21

13. 当执行以下程序时，如果输入 ABC，则输出结果是( )。
```
#include <stdio.h>
#include <string.h>
main()
{  char ss[10]="1,2,3,4,5";
   gets(ss); strcat(ss,"6789"); printf("%s\n",ss);
}
```
  A. ABC6789   B. ABC67   C. 12345ABC6   D. ABC456789

14. 以下程序的输出结果是( )。
```
#include <stdio.h>
f(int b[],int m,int n)
{  int i,s=0;
   for(i=m;i<n;i=i+2)s=s+b[i];
return s;
}
main()
{  int x,a[]={1,2,3,4,5,6,7,8,9};
   x=f(a,3,7);
   printf("%d\n",x);
}
```
  A. 10   B. 18   C. 8   D. 15

15. 以下程序中函数 sort( ) 的功能是对数组 a 中的数据进行由大到小的排序。
```
#include <stdio.h>
```

```
void sort(int a[],int n)
{   int i,j,t;
    for(i=0;i<n-1;i++)
    for(j=i+1;j<n;j++)
    if(a[i]<a[j]){t=a[i];a[i]=a[j];a[j]=t;}
}
main()
{   int aa[10]={1,2,3,4,5,6,7,8,9,10},i;
    sort(&aa[3],5);
    for(i=0;i<10;i++)printf("%d,",aa[i]);
    printf("\n");
}
```
程序运行后的输出结果是(　　)。

A. 1,2,3,4,5,6,7,8,9,10,　　　　　　　B. 10,9,8,7,6,5,4,3,2,1,

C. 1,2,3,8,7,6,5,4,9,10,　　　　　　　D. 1,2,10,9,8,7,6,5,4,3,

16. 对两个数组 a 和 b 进行以下初始化：

　　char a[]="ABCDEF";

　　char b[]={'A','B','C','D','E','F'};

　　则以下叙述正确的是(　　)。

　　A. 数组 a 与数组 b 完全相同　　　　　B. 数组 a 与数组 b 长度相同

　　C. 数组 a 与数组 b 中都存放字符串　　D. 数组 a 比数组 b 长度长

17. 有以下程序段：

　　char a[3],b[]="China";

　　a=b;

　　printf("%s",a);

　　则(　　)。

　　A. 运行后将输出 China　　B. 运行后将输出 Ch　　C. 运行后将输出 Chi　　D. 编译出错

18. 判断字符串 s1 是否大于字符串 s2,应当使用(　　)。

　　A. if(s1>s2)　　　　　　　　　　　　　B. if(strcmp(s1,s2))

　　C. if(strcmp(s2,s1)>0)　　　　　　　D. if(strcmp(s1,s2)>0)

19. 以下程序的输出结果是(　　)。

```
#include <stdio.h>
main()
{   char ch[7]={"12ab56"};
    int i,s=0;
    for(i=0;ch[i]>='0'&&ch[i]<='9';i+=2)
    s=10*s+ch[i]-'0';
    printf("%d\n",s);
}
```

　　A. 1　　　　　　　　B. 1256　　　　　　　　C. 12ab56　　　　　　　　D. 1

20. 当运行以下程序时,从键盘输入:AhaMA[空格]Aha<回车>,则程序的输出结果是(　　)。

```
#include <stdio.h>
main()
{   char s[80],c='a';
    int i=0;
    scanf("%s",s);
    while(s[i]!='\0')
    {   if(s[i]==c)   s[i]=s[i]-32;
        else if(s[i]==c-32)   s[i]=s[i]+32;
        i++;
```

```
            }
      puts(s);
}
```

  A. ahAMa   B. AbAMa   C. AhAMa[空格]ahA   D. ahAMa[空格]ahA

二、操作题

1. 下列给定程序中,函数fun( )的功能:将形参a所指数组中的前半部分元素中的值与后半部分元素中的值对换。形参n中存放数组中数据的个数,若n为奇数,则中间的元素不动。

  例如,若a所指数组中的数据为1、2、3、4、5、6、7、8、9,则调换后为6、7、8、9、5、1、2、3、4。

  请在标号处填入正确的内容,使程序得出正确的结果。

  注意:部分源程序给出如下。不得增行或删行,也不得更改程序的结构。

试 题 程 序

```c
#include <stdio.h>
#define N 9
void fun(int a[ ], int n)
{  int i, t, p;
   p = (n%2 ==0)? n/2:n/2 +【1】;
   for(i =0;i <n/2;i ++)
   {  t =a[i];
      a[i] =a[p+【2】];
      【3】 =t;
   }
}
main()
{  int b[N] ={1,2,3,4,5,6,7,8,9},i;
   printf("\nThe original data:\n");
   for (i =0;i <N;i ++)
      printf("% 4d",b[i]);
   printf("\n");
   fun(b,N);
   printf("\nThe data after moving:\n");
   for (i =0;i <N;i ++)
      printf("% 4d",b[i]);
   printf("\n");
}
```

2. 下列给定程序中,函数fun( )的功能:把形参s所指字符串中下标为奇数的字符右移到下一个奇数位置,最右边被移出字符串的字符绕回放到第一个奇数位置,下标为偶数的字符不动(注:字符串的长度大于等于2)。

  例如,形参s所指字符串为abcdefgh,执行结果为ahcbedgf。

  请在标号处填入正确的内容,使程序得出正确的结果。

  注意:部分源程序给出如下。不得增行或删行,也不得更改程序的结构。

试 题 程 序

```c
#include <stdio.h>
void fun(char *s)
{  int i, n, k;
   char c;
   n =0;
   for (i =0;s[i]! ='\0';i ++)
   n ++;
   if (n%2 ==0)k =n -【1】;
   else k =n -2;
   c =【2】;
   for (i =k -2;i > =1;i =i -2)
      {  s[i +2] =s[i];
         s[i] =【3】;
      }
}
main ()
{  char s[80] ="abcdefgh";
   printf("\nThe original string is:% s\n",s);
   fun(s);
   printf("\nThe result is:% s\n",s);
}
```

第8章

函 数

选择题分析明细表

考 点	考核概率	难易程度
库函数	10%	★★★
函数的定义	10%	★★★★
函数参数及函数的返回值	80%	★★★★★
函数调用的一般形式和调用方式	10%	★★★★
函数的说明及其位置	10%	★★
函数的递归调用	90%	★★★★★
标识符的作用域和存储类别	20%	★★

操作题分析明细表

考 点	考核概率	难易程度
库函数	50%	★★
函数的定义	50%	★★★
函数参数及其函数的返回值	60%	★★★★
函数调用的一般形式和调用方式	60%	★★★★
函数的递归调用	10%	★★
标识符的作用域和存储类别	10%	★

8.1 库 函 数

考点1　库函数

C语言提供了丰富的库函数,这些函数包括常用的数学函数,如求平方根的sqrt()函数、对字符和字符串进行处理的函数以及进行输入/输出处理的各种函数等。

调用C语言标准库函数时,要求使用include命令对每一类库函数进行文件包含,即在主调函数中需要调用库函数时,应在主调函数的声明部分用#include命令把该库函数的头文件名包含进来。

例如,调用有关字符串处理的库函数时,要求程序在调用字符串处理函数前包含以下命令:

#include <string.h>

对库函数的一般调用形式:

函数名(参数列表);

在C语言中,库函数的调用可以以两种形式出现。

(1)在表达式中调用。例如:

y = sin(x);

在这里,函数的调用出现在赋值号右边的表达式中。

(2)作为独立的语句完成某种操作。例如:

printf("请输入两个整数:");

在这里,调用库函数输出提示性语言。

> **真考链接**
> 考点1通常在选择题里进行考查,属于重点识记内容,考核概率为10%。在操作题中一般结合其他考点出现,其考核概率为50%。

小提示

如"cos""abs"这样的内部数学函数,如果在程序中没有包含math.h头文件,编译时会出错。

常见问题

如何处理和改正程序编译中出现的错误?

一般情况下,编译中出现的问题大部分是语法错误。如果出现未定义字符,首先要想到的是这些未定义字符是不是函数名,如果是的话,在程序开始处是否包含了需要的头文件。

真题精选

下列程序段正确的是( )。

A.
```
#include <stdio.h>
main()
{ int i,j;
  int(i) = j;
}
```

B.
```
#include <stdio.h>;
main()
{
}
```

C.
```
include <stdio.h>
main()
{ int i,j;
}
```

D.
```
#include <stdio.h>
main()
{
}
```

【答案】D

【解析】选项A错在调用库函数int时,将它放在赋值号的左边;选项B中在第一行使用include命令时,最后放了一个分号;选项C在使用include命令时,缺少一个"#"号。

8.2 函数定义的一般形式

考点2　函数的定义

C语言中函数定义的一般形式如下。

函数返回值的类型名　函数名(类型名 形式参数1,类型名 形式参数2,……)
{
　　说明部分;
　　语句部分;
}

说明:函数名和各个形式参数都是由用户命名的合法标识符,与普通变量名的定义规则相同。在同一程序中,函数名必须唯一,不能出现重名的情况。形式参数名只要在同一函数中唯一即可,由于形式参数的作用域不同,因此形式参数名可以与其他函数中的变量名同名。

> **真考链接**
>
> 考点2主要以选择题的形式出现,要求选择函数的正确定义。此知识点属于重点识记内容,其在选择题中的考核概率为10%。在操作题中,一般会在修改题中进行考查。比如要求改正函数定义错误的方法,使函数通过编译、连接和运行,考核概率为50%。

(1)定义时若在函数的首部省略了函数返回值的类型名,可以把函数首部写成:

函数名(类型名 形式参数1 ,类型名 形式参数2 ,……,类型名 形式参数n)

(2)紧跟在函数名之后的圆括号中的内容是形式参数和类型说明表,在每个形参之前都要有类型名,以标识形式参数的类型。各定义的形参之间用逗号分隔。

例如,求两整数和的函数:

```
int add(int a ,int b)
{   int t;/* 函数体中声明部分 */
    t = a +b;
    return t;
}
```

若所定义的函数没有形参,函数名后的一对圆括号依然不能省略。本例中函数体中的语句是用来完成求和的功能。在某些情况下,函数体可以是空的,例如:

```
fun()
{}
```

该函数中没有任何语句,即没有任何实际作用。之所以要在主调函数上这样写,是为了表明此处要调用一个函数,而现在这个函数的具体功能可能还没有设计好,不起作用,等以后扩充函数功能时补上即可。

(3)在函数体中,除形参外,用到的其他变量必须在说明部分进行定义,这些变量(包括形参)只在函数被调用时才被临时分配内存单元。当退出函数调用时,这些临时开辟的存储单元全部被释放掉,即在该函数体内部定义的变量都将不存在。因此,这些变量只在函数体内部起作用,与其他函数体的内部变量不相关。

> **小提示**
>
> C语言规定,不能在一个函数内部再定义函数,也就是说函数不能嵌套定义。

> **? 常见问题**
>
> 在函数的定义中,对形式参数有什么具体的要求?
> 形式参数名只要在同一函数中唯一即可,由于形式参数的作用域不同,因此形式参数名可以与其他函数中的变量同名。

真题精选

【例1】 以下函数：
```
fff(float x)
{  printf("% d\n", x * x);
}
```
的类型是（　　）。

A. 与参数 x 的类型相同　　　　　　　　B. void 类型
C. int 类型　　　　　　　　　　　　　　D. 无法确定

【答案】 C

【解析】 在函数的首部（第一行），函数名（在此是 fff）的前面应当是一个类型名，此类型名规定了函数返回值的类型；此类型名可以省略，这时 C 默认函数返回值的类型为 int，因此本题的答案应当是 C。考生应当记住：当定义函数时，函数名前缺类型名时，函数返回值的类型应为 int。

【例2】 下列给定程序中，函数 fun() 的功能是进行数字字符转换。若形参 ch 中是数字字符 0～9，则将 0 转换成 9，1 转换成 8，2 转换成 7……9 转换成 0；若是其他字符则保持不变，并将转换后的结果作为函数值返回。

请在标号处填入正确的内容，使程序得出正确的结果。

注意：部分源程序给出如下。

不得增行或删行，也不得更改程序的结构。

试题程序

```
#include <stdio.h>
【1】fun(char ch)
{  if (ch > '0' && 【2】)
        return '9' - (ch - 【3】);
   return ch;
}
main()
{  char c1, c2;
   printf("\nThe result :\n");
   c1 = '2'; c2 = fun(c1);
   printf("c1 = % cc2 = % c\n", c1, c2);
   c1 = '8'; c2 = fun(c1);
   printf("c1 = % cc2 = % c\n", c1, c2); c1 = 'a'; c2 = fun(c1);
   printf("c1 = % cc2 = % c\n", c1, c2);
}
```

【答案】 【1】char　【2】ch <= '9'　【3】'0'

【解析】 本题考查：函数定义，注意函数定义的一般形式以及有参函数和无参函数的区别；if 语句条件表达式，本题的条件表达式是判断数字字符；函数返回值，其一般形式为 "return 表达式；"。

标号【1】：函数定义时，类型标识符指明了本函数的类型，函数的类型实际上是函数返回值的类型，所以此处应该填入 char。

标号【2】：通过 if 条件语句判断字符串中字符是否是数字字符，即大于等于字符 '0'，同时小于等于字符 '9'。

标号【3】：return 语句完成函数返回操作，要实现字符转换，完整语句为 return '9' - (ch - '0');。

8.3　函数参数和函数返回值

考点3　函数参数及函数的返回值

1. 形式参数和实际参数

在程序中调用函数时，绝大多数情况下，主调函数和被调函数之间会发生数据传递关系，这就要用到前面提到的有参函数。在定义函数时，在被调函数中，函数名后面括号中的变量称为"形式参数"（简称"形参"）；在主调函数中，函数

真考链接

考点3 在选择题中通常要求填写相应的形式参数或者实际参数。此知识点难度适中，要重点理解、重点掌握，其考核概率为 80%。在操作题中，通常要求编写一个子函数实现某种特定的功能，且返回必要的值，考核概率为 60%。

名后面括号中的参数(可以是一个表达式)称为"实际参数"(简称"实参")。

说明：

(1)实参可以是常量、变量或表达式。

(2)在被定义的函数中必须指定形参类型。

(3)实参与形参的类型应相同或赋值相兼容。

(4)C语言规定,实参变量对形参变量的数据传递是"值传递",即单向传递。只能由实参传递给形参,而不能由形参返回给实参。在内存中,实参单元与形参单元是不同的存储单元。

(5)在调用函数时,给形参分配存储单元,并将实参对应的值传递给该存储单元。调用结束后,形参单元被释放,实参单元仍保留并维持原值。

2.函数的返回值

函数的返回值就是通过函数调用使主调函数能得到一个确定的值。函数的值通过 return 语句返回,return 语句的形式如下：

return 表达式;

或 return(表达式);

或 return;

return 语句中表达式的值就是所求的函数值。此表达式值的类型必须与函数首部所说明的类型一致。若类型不一致,则以函数首部的类型为准,由系统自动进行强制转换。

小提示

1.数组元素可以作为函数的实参,与用变量作为实参一样,按照单向值传递的方式进行传递。

2.可以用数组名作为函数参数,此时实参与形参都应有数组名,此时的数组名是整个数组的首地址。

如果要确保函数没有返回值,最好使用 void 定义函数为无类型函数。

常见问题

如果子函数没有指明返回值,源程序应如何处理?

当函数没有指明返回值,或没有返回语句时,函数执行后实际不是没有返回值,而是返回一个不确定的值,这有可能给程序带来某种意外影响。因此,为了使函数不返回任何值,C语言规定,可以使用 void 定义无类型函数。

真题精选

【例1】有以下函数调用语句：

func((exp1,exp2),(exp3,exp4,exp5));

其中含有的实参个数是( )。

A.1 B.2 C.4 D.5

【答案】B

【解析】在调用函数时,实参可以是表达式,若有两个以上的实参时,实参之间用逗号隔开。在以上调用语句中,(exp1,exp2)和(exp3,exp4,exp5)是两个用括号括起来的逗号表达式,它们之间用逗号隔开,因此,该函数调用语句中含有两个实参。总结:本题要求考生正确掌握前面学过的逗号表达式,这样才能理解本题函数调用语句中实参的个数。

【例2】以下程序的输出结果是( )。

```
#include <stdio.h>
func(int a,int b)
{  int temp=a;
   a=b;b=temp;
}
main()
{  int x,y;
   x=10;y=20;
   func(x,y);
```

```
        printf("%d,%d\n",x,y);
}
```

  A. 10,20   B. 10,10   C. 20,10   D. 20,20

【答案】A

【解析】这里是传值调用，不会改变实参的值，所以输出为10,20。注意：传值调用时，只将实参的副本传给形参，在函数中只对副本进行修改，不会影响实参的值。

【例3】下列给定程序中函数fun()的功能：计算 $S=f(-n)+f(-n+1)+\cdots+f(0)+f(1)+f(2)+\cdots+f(n)$ 的值。例如，当 n 的值为5时，函数值应为10.407143。

$f(x)$ 函数定义如下：

$$f(x)=\begin{cases}(x+1)/(x-2) & x>0 \quad x\neq 2\\ 0 & x=0 \text{ 或 } x=2\\ (x-1)/(x-2) & x<0\end{cases}$$

请改正程序中的错误，使它能得出正确的结果。

注意：不要改动main()函数，不得增行或删行，也不得更改程序的结构。

试题程序

```
#include <stdlib.h>
#include <conio.h>
#include <stdio.h>
#include <math.h>
/******found******/
f(double x)
{
    if(x==0.0||x==2.0)
        return 0.0;
    else if(x<0.0)
        return(x-1)/(x-2);
    else
        return(x+1)/(x-2);
}
double fun(int n)
{
    int i;double s=0.0,y;
    for(i=-n;i<=n;i++)
    {y=f(1.0*i);s+=y;}
/******found******/
    return s
}
void main()
{  printf("%f\n", fun(5)); }
```

【答案】(1) double f(double x)

   (2) return s;

【解析】本题考查：函数定义，其一般形式为"类型标识符 函数名(形式参数列表)"，其中类型标识符指明了本函数的类型，函数的类型实际上就是函数返回值的类型。

该程序的流程：fun()函数对f(n)项循环累加，fun()函数采用条件选择语句计算函数f(x)的值。第一处错误在于未定义函数f(double x)的类型，因此返回值类型为double型，所以此处函数应定义为double。第二处是语法错误。

8.4 函数的调用

考点4 函数调用的一般形式和调用方式

1. 函数调用的一般形式

函数调用的一般形式如下：

函数名(实参列表);

函数的调用可以分为调用无参函数和调用有参函数两种。如果是调用无参函数，则不用"实参表列"，但括号不能

第8章 函数

省略。在调用有参函数时,若实参列表中有多个实参,各参数间用逗号隔开。实参与形参要求类型一致。

2. 函数调用的方式

(1)函数语句。把函数调用作为一条语句,这时该函数只需要完成一定的操作而不必有返回值。

(2)函数表达式。当一个函数出现在一个表达式中,该表达式就被称为函数表达式。因为要参与表达式中的计算,所以要求该函数有一个确定的返回值提供给表达式。

(3)函数参数。函数调用作为一个函数的实参。

C语言中,调用函数和被调用函数之间的数据可通过3种方式进行传递。

(1)实参与形参之间进行数据传递。

(2)通过 return 语句把函数值返回到主调用函数中。

(3)通过全局变量。

> **真考链接**
>
> 考点4在选择题中主要考查是否掌握了函数的正确调用方法。此知识点应当重点理解、重点掌握,其考核概率为10%。
>
> 在操作题中常常通过编程题进行考查。要求编写满足特定要求(如能进行特定运算)的子程序,然后让主程序进行调用实现计算的功能,其考核概率为60%。

真题精选

【例1】以下程序的输出结果是( )。

试题程序

```
#include <stdio.h>
main()
{ int i=2,p;
  p=f(i,i+1);
  printf("% d\n",p);
}
int f(int a,int b)
{ int c;
  c=a;
  if(a>b)
     c=1;
  else if(a==b)
     c=0;
  else
     c=-1;
  return(c);
}
```

A. -1   B. 0   C. 1   D. 2

【答案】A

【解析】以上程序中定义了名为f()的整型函数,它有两个int类型的形参。在main()函数中调用了f()函数,可以很直观地看到,实参的值分别是2和3,2传给函数形参a,3传给函数形参b。函数返回的值赋给变量p,main()函数中输出的值就是函数中的返回值。在函数f()中,若a的值大于b,c被赋值为1;若a的值等于b,c被赋值为0;若a的值小于b,c被赋值为-1。按照实参传送过来的值,a的值小于b,因此c被赋值为-1,所以函数的返回值为-1。总结:本题中没有复杂的算法,但考生必须熟练地掌握if...else分支结构的执行流程,同时建立清晰的有关函数定义和函数调用的基本概念,就可得出正确的答案。

【例2】若已定义的函数有返回值,则以下关于该函数调用的叙述中,错误的是( )。

A. 函数调用可以作为独立的语句存在   B. 函数调用可以作为一个函数的实参

C. 函数调用可以出现在表达式中   D. 函数调用可以作为一个函数的形参

【答案】D

【解析】函数的形参只能是一般变量,函数调用不可以作为一个函数的形参,但可以作为实参,选项A、B和C的描述都是正确的。

【例3】以下程序用以求阶乘的累加和:$S=0!+1!+2!+\cdots+n!$ 请阅读程序并填空。

试题程序

```
#include <stdio.h>
long f(int n)
{ int i;
  long s;
  s=_____;
  for(i=1;i<=n;i++)
     s=_____;
  return s;
}
main()
{ long s;
  int k,n;
```

```
        scanf("% d",&n);                              }
        s = _____;                                          s = s + _____;
        for(k =0;k < =n;k ++)                             printf("% ld\n",s);
                                                         }
```

【答案】1 s*i 0 f(k)

【解析】本题要求进行累加计算,但每一个累加项是一个阶乘值,阶乘值由0!、1!、2!、3! 依次变化到n!。函数f( )用于求阶乘值n!(n 为形参),由于阶乘的值很大,因此定义函数为long类型。求阶乘的值存在变量s中,因此s的初值应为1,第一个空处填1。连乘的算法可用表达式s = s*i(i 从1变化到n),因此第二个空处应填s*i。累加运算是在主函数中完成的,累加的值放在主函数的s变量中,因此s的初值应为0,在第三个空处填0。累加放在for循环中,循环控制变量k的值确定了n的值,调用一次f( )函数可求出一个阶乘的值,所以在第四个空处填f(k)(k 从0变化到n)。总结:在进行累加及连乘时,存放乘积或累加和的变量必须赋初值;求阶乘(即连乘)时,存放乘积的变量其初值不能是0。

【例4】编写函数fun( ),其功能是计算如下等式的和。

$s = \ln(1) + \ln(2) + \ln(3) + \cdots + \ln(m)$

s的平方根作为函数值返回。

在C语言中,可调用log(n)函数求ln(n)。log函数的引用说明:double log(double x)。

例如,若m的值为20,则fun函数值为6.506583。

注意:部分源程序给出如下。请勿改动主函数main( )和其他函数中的任何内容,仅在函数fun( )的大括号中填入你编写的若干语句。

试题程序

```
#include <stdlib.h>                           {
#include <conio.h>                            }
#include <stdio.h>                            void main()
#include <math.h>                             {  printf("% f\n",fun(20));
double fun(int m)                             }
```

【答案】double fun(int m)
{   int i;
    double s =0.0;
    for(i =1;i < =m;i ++)
        s =s +log(i);/*计算s = ln(1) +ln(2) +ln(3) +…+ln(m) */
    return sqrt(s);/*对s求平方根并返回*/
}

【解析】本题考查:计算表达式的值运用for循环语句通过累加操作求和;平方根函数sqrt( )的使用。
首先计算从1~m的对数的和,因此循环变量的范围是1~m,每次循环都进行一次累加求和。该题需要注意的是,log函数的形式参数应当为double型变量,而用于循环的基数变量为整数,需要进行强制转换。在返回时求出平方根。

考点5 函数的说明及其位置

1.函数的说明

C语言中,除了主函数外,对于用户定义的函数要遵循先定义后使用的规则。如果在程序中把函数的定义放在调用之后,应该在调用之前对函数进行说明(或函数原型说明)。函数说明的一般形式如下:

类型名 函数名(参数类型1,参数类型2,……,参数类型n);

例如:

int add(int,int);

或者

类型名 函数名(参数类型1 参数名1,参数类型2 参数名2 ,……,参数类型n 参数名n);

此处的参数名完全是虚设的,它们可以是任意的用户标识符,既不必与函数首部中的形参名一致,又可以与程序中的任意用户标识符同名,实际上参数名常常省略。函数说明语句中的类型名必须与函数返回值的类型一致。

真考链接

考点5属于简单识记内容,其在选择题中的考核概率为10%。

函数说明可以是一条独立的语句。对函数进行说明，能使 C 语言的编译程序在编译时进行有效的类型检查。当调用函数时，若实参的类型与形参的类型不能赋值兼容而进行非法转换，C 编译程序将会发现错误并报错；当实参的个数与形参的个数不同时，编译程序也会报错。

2. 函数说明的位置

一个函数在所有函数的外部，如在被调用之前说明，则在说明后的所有位置上都可以对该函数进行调用。函数说明也可以放在调用函数内的说明部分，如在 main() 函数内部进行说明，则只能在 main() 函数内部才能识别该函数。

小提示

函数调用可以让源代码更美观，而且易读，但要确保函数能返回格式和数字都正确的值。

常见问题

在 C 语言中，调用函数和被调用函数之间的数据使用什么方式进行传递？

调用函数和被调用函数之间的数据传递有 3 种方式：实参与形参之间进行数据传递、通过 return 语句把函数值返回到主调用函数中和通过全局变量。通过全局变量进行传递的值总是在程序运行中最新的值。

真题精选

【例1】以下程序的输出结果是(　　)。

```c
#include <stdio.h>
func(int a,int b)
{ int c;
  c=a+b;
  return c;
}
main()
{ int x=6,r;
  r=func(x,x+=2);
  printf("% d\n",r);
}
```

A. 14　　　　　　B. 15　　　　　　C. 16　　　　　　D. 17

【答案】C

【解析】对于 func() 函数，先求右边 x+=2 参数，它返回 8(x=8)，然后求左边参数，x 为 8。所以输出为 16。

【例2】以下叙述中，正确的是(　　)。

A. C 语言程序总是从第一个定义的函数开始执行

B. 在 C 语言程序中，要调用的函数必须在 main() 函数中定义

C. C 语言程序总是从 main() 函数开始执行

D. C 语言程序中的 main() 函数必须放在程序的开始部分

【答案】C

【解析】一个实用的 C 程序总是由许多函数组成，main() 函数可以放在程序的任何位置。C 语言规定，不能在一个函数内部定义另一个函数。无论源程序包含了多少函数，C 程序总是从 main() 函数开始执行。对于用户定义的函数，一般必须遵循先定义后使用的原则(除了 int 和 char 类型函数之外)。

【例3】若有以下程序：

```c
#include <stdio.h>
void f(int n);
main()
{ void f(int n);
  f(5);
```

```
}
void f(int n)
{   printf("% d\n",n);
}
```
则以下叙述中,不正确的是(   )。

A. 若在主函数中对函数 f( ) 进行说明,则只能在主函数中正确调用函数 f( )
B. 若在主函数前对函数 f( ) 进行说明,则在主函数和其他函数中都可以正确调用 f( )
C. 对于以上程序,编译时系统会报错,提示对 f( ) 函数重复说明
D. 函数 f( ) 无返回值,所以可用 void 将其类型定义为无值型

【答案】C

【解析】C 语言规定,在一个函数中调用另一个函数(即被调用函数)需要具备的条件有:①首先被调用的函数必须是已经存在的函数(是库函数或用户自己定义的函数);②如果使用库函数,一般还应该在本文件开头用 #include 命令;③如果使用自定义函数,而且该函数与调用它的函数在同一个文件中,一般还应该在主调函数中对被调用的函数作声明。

8.5　函数的递归调用

考点6　函数的递归调用

在调用一个函数的过程中又出现直接或间接地调用该函数本身的,称为函数的递归调用。允许函数的递归调用是 C 语言的特点之一。

当采用递归法解决一个问题时,必须符合以下 3 个条件。

(1)可以把要解决的问题转化为一个新的问题。而这个新问题的解决方法仍与原来的解决方法相同,只是所处理的对象有规律地递增或递减。

(2)可以应用这个转化过程使问题得到解决。

(3)必须要有一个明确的结束递归的条件。

当函数自己调用自己时,系统将自动把函数中当前的变量和形参暂时保留起来,在新一轮的调用过程中,系统将为本次调用的函数所用到的变量和形参开辟新的存储单元。因此,递归调用的层次越多,同名变量所占的存储单元也就越多。当本次调用的函数运行结束时,系统将释放一次调用所占的存储单元。当程序执行的流程返回到上一层的调用点时,同时取用进入该层函数中的变量和形参所占用的存储单元中的数据。

真考链接

针对考点6的考查出现在选择题的读程序题中。程序涉及函数的递归调用。考点6属于重点理解、重点掌握的内容,难度偏难。在选择题中的考核概率为90%。在操作题中的考核概率为10%。

小提示

在函数的递归调用过程中,并不是重新复制该函数,只是重新使用新的变量和参数。每次递归调用都要保存旧的参数和变量,使用新的参数和变量,当递归调用返回时,再恢复旧的参数和变量。

在使用函数的递归调用和嵌套调用时,一定要清楚其中的逻辑关系,否则容易造成程序的混乱。

常见问题

如果没有正确的递归结束条件,程序会出现什么问题?

在编写递归函数时,必须建立递归结束条件,使程序能够在满足一定条件时结束递归并逐层返回。如果没有正确的递归结束条件,在调用该函数进入递归过程后,就会无休止地执行下去而不会返回。

真题精选

【例1】以下程序的输出结果是(　　)。
```
#include <stdio.h>
int func(int n)
{  if(n==1)
   return 1;
   else
   return (n*func(n-1));
}
main()
{  int x;
   x=func(3);
   printf("% d\n",x);
}
```
A.5　　　　B.6　　　　C.7　　　　D.8

【答案】B

【解析】func()是递归函数,func(3)=3*func(2)=3*2*func(1)=3*2*1=6。

【例2】以下程序的输出结果是(　　)。
```
#include <stdio.h>
long fun(int n)
{  long s;
   if(n==1||n==2)
        s=2;
   else
        s=n+fun(n-1);
   return s;
}
main()
{  printf("\n% ld",fun(4));
}
```
A.7　　　　B.8　　　　C.9　　　　D.10

【答案】C

【解析】此题考查基本的函数递归调用方法。程序在n=1或n=2时是出口条件,不再递归,否则一直执行s=n+fun(n-1)的操作。展开此求和公式,有s=4+fun(3)=4+3+fun(2)=4+3+2=9。如果调用函数fun()的实参大于等于2,出口n==1的判断就不需要了。

【例3】下列给定程序中,函数fun()的功能是用递归算法计算斐波那契数列中第n项的值。从第1项起,斐波那契数列为1、1、2、3、5、8、13、21、…

例如,若给n输入7,则该项的斐波那契数值为13。

请改正程序中的错误,使它能得出正确的结果。

注意:不要改动main()函数,不得增行或删行,也不得更改程序的结构。

试题程序

```
#include <stdio.h>
long fun(int g)
{  /*****found*****/
   switch(g);
   {  case 0:return 0;
      /*****found*****/
      case 1;case 2:return 1;
   }
   return (fun(g-1)+fun(g-2));
}
void main()
{  long fib;int n;
```

```
        printf("Input n:");                    fib = fun(n);
        scanf("%d",&n);                        printf("fib = %d\n\n",fib);
        printf("n = %d\n",n);              }
```

【答案】(1)switch 语句后去掉分号　(2)case 1:case2:return 1;
【解析】本题考查:switch 语句,其一般形式如下:

```
        switch(表达式){
            case 常量表达式 1:语句 1;
            case 常量表达式 2:语句 2;
            …
            case 常量表达式 n:语句 n;
            default:语句 n+1;
        }
```

其中 switch(表达式)后不应该带有";",同时 case 语句常量后应该是":"。
C 语言中,switch 语句之后不能有分号,并且 case 语句常量后应用的是冒号。

8.6　标识符的作用域和存储类别

考点7　标识符的作用域和存储类别

1. 局部变量和全局变量

局部变量是指在函数内部或复合语句内部定义的变量,局部变量也称为内部变量。函数的形参属于局部变量。

在一个函数内部定义的变量,它们只在本函数范围内有效,即只有本函数才能使用它们,其他函数不能使用这些变量,将这些变量称为"局部变量"。不同函数中可以使用具有相同名字的局部变量,它们代表不同的对象,在内存中占不同的单元,互不干扰。

在函数之外定义的变量称为外部变量,外部变量是全局变量。全局变量可以为本文件中其他函数所共用,它的有效范围从定义变量开始到本文件结束。

2. 变量的存储类别

每一个变量和函数所具有的两个属性是:数据的存储类别和数据类型(在前面已经介绍过)。所谓的存储类别指的是数据在内存中存储的方法,其可分为两类:静态存储类和动态存储类。具体包括自动(auto)、静态(static)、寄存器(register)和外部(extern),共 4 种。

当在函数内部或复合语句内定义变量时,如果没有指定存储类别,或使用了 auto 说明符,系统就认为所定义的变量属于自动类别。
例如:float a;等价于 auto float a;。

当函数体(或复合语句)内部用 static 来说明一个变量时,可以称该变量为静态局部变量。

有时希望函数中的局部变量的值在函数调用结束后不消失而保留原值,即其占用的存储单元不释放,在下一次该函数调用时,该变量已有值,就是上一次函数结束时的值。这时就应该指定该局部变量为"静态局部变量",用关键字 static 进行声明。

> **真考链接**
> 考点 7 涉及的内容是变量的存储类别,一般以选择题的形式出现。此考点属于理解性内容,在选择题中的考核概率为 20%,在操作题中的考核概率为 10%。

真题精选

【例1】以下叙述中,正确的是(　　)。
　　A. 局部变量说明为 static 的存储类,其生存期将得到延长
　　B. 全局变量说明为 static 的存储类,其作用域将被扩大
　　C. 任何存储类的变量在未赋初值时,其值都是不确定的
　　D. 形参可以使用的存储类说明符与局部变量完全相同

【答案】A

【解析】选项 A,局部静态变量的存储空间在程序整个运行期间都不释放,所以比局部动态变量的生存期长。选项 B,全局变量说明为静态存储时,作用域不会扩大。选项 C,局部静态变量未赋初值时,系统编译时会自动赋初值0或空字符。选项 D,在未调用函数时,函数的形参不占内存的存储单元,只有调用时才动态分配存储空间,所以形参不能说明为静态存储,而局部变量可以说明为静态存储。

【例2】在 C 语言中,形参的默认存储类说明符是(　　)。

　　A. auto　　　　　　B. static　　　　　　C. register　　　　　　D. extern

【答案】A

【解析】当在函数内部或复合语句内定义变量时,如果没有指定存储类别,或使用了 auto 说明符,系统就认为所定义的变量属于自动类别。

8.7 综合自测

一、选择题

1. 以下函数值的类型是(　　)。
```
fun ( float x )
{  float y;
   y = 3 * x - 4;
   return y;
}
```
　　A. int　　　　　　B. 不确定　　　　　　C. void　　　　　　D. float

2. 以下程序的输出结果是(　　)。
```
#include <stdio.h>
int a, b;
void fun()
{  a = 100; b = 200; }
main()
{  int a = 5, b = 7;
   fun();
   printf("% d% d\n", a, b);
}
```
　　A. 100200　　　　　　B. 57　　　　　　C. 200100　　　　　　D. 75

3. 以下程序的输出结果是(　　)。
```
#include <stdio.h>
int x = 3;
main()
{  int i;
   for (i = 1; i < x; i ++) incre();
}
incre()
{  static int x = 1;
   x * = x + 1;
   printf("% d", x);
}
```
　　A. 33　　　　　　B. 22　　　　　　C. 26　　　　　　D. 25

4. 以下程序的输出结果是(　　)。
```
#include <stdio.h>
int f(int n)
```

```
{ if(n==1) return 1;
  else return f(n-1)+1;
}
main()
{ int i,j=0;
  for(i=1;i<3;i++)
    j+=f(i);
  printf("%d\n",j);
}
```
A. 4　　　　　　B. 3　　　　　　C. 2　　　　　　D. 1

5. 以下程序的输出结果是(　　)。
```
#include <stdio.h>
int d=1;
fun(int p)
{ int d=5;
  d+=p++;
  printf("%d ",d);
}
main()
{ int a=3;
  fun(a);
  d+=a++;
  printf("%d\n",d);
}
```
A. 8 4　　　　　B. 9 6　　　　　C. 9 4　　　　　D. 8 5

6. 函数调用 strcat(strcpy(str1,str2),str3)的功能是(　　)。
　A. 将字符串 str1 复制到字符串 str2 中后再连接到字符串 str3 之后
　B. 将字符串 str1 连接到字符串 str2 之后再复制到字符串 str3 之后
　C. 将字符串 str2 复制到字符串 str1 中后再将字符串 str3 连接到字符串 str1 之后
　D. 将字符串 str2 连接到字符串 str1 之后再将字符串 str1 复制到字符串 str3 中

7. 有以下程序：
```
int sub(int n)
{ if(n<5) return 0;
  else if(n>12) return 3;
  return 1;
  if(n>5) return 2;
}
main()
{ int a=10;
  printf("%d\n",sub(a));
}
```
该程序的输出结果是(　　)。
A. 0　　　　　　B. 1　　　　　　C. 2　　　　　　D. 3

8. 以下程序的输出结果是(　　)。
```
#include <stdio.h>
int d=1;
fun(int p)
{ static int d=5;
  d+=p;
  printf("%d ",d);
  return(d);
}
```

```
main()
{  int a=3;
   printf("% d\n",fun(a+fun(d)));
}
```
  A. 699   B. 669   C. 61515   D. 6615

9. 在一个源文件中定义的外部变量的作用域为(　　)。
  A. 本文件的全部范围   B. 本程序的全部范围
  C. 本函数的全部范围   D. 从定义该变量的位置开始至本文件结束

10. 以下叙述中,正确的是(　　)。
  A. 全局变量的作用域一定比局部变量的作用域范围大
  B. 静态(static)类别变量的生存期贯穿于整个程序的运行期间
  C. 函数的形参都属于全局变量
  D. 未在定义语句中赋初值的 auto 变量和 static 变量的初值都是随机值

11. 以下对 C 语言函数的描述中,正确的是(　　)。
  A. C 程序由一个或一个以上的函数组成
  B. C 函数既可以嵌套定义又可以递归调用
  C. C 函数必须有返回值,否则不能使用函数
  D. C 程序中调用关系的所有函数必须放在同一个程序文件中

12. C 语言中形参的默认存储类别是(　　)。
  A. 自动(auto) B. 静态(static) C. 寄存器(register) D. 外部(extern)

13. 以下叙述中,不正确的是(　　)。
  A. 在 C 语言中,调用函数时,只能把实参的值传送给形参,形参的值不能传送给实参
  B. 在 C 函数中,最好使用全局变量
  C. 在 C 语言中,形式参数只是局限于所在函数
  D. 在 C 语言中,函数名的存储类别为外部

14. C 语言中函数返回值的类型由(　　)决定。
  A. return 语句中的表达式类型   B. 调用函数的主调函数类型
  C. 调用函数时的临时类型   D. 定义函数时所指定的函数类型

15. C 语言规定,调用一个函数时,实参变量和形参变量之间的数据传递是(　　)。
  A. 地址传递   B. 由实参传给形参,并由形参返回给实参
  C. 值传递   D. 由用户指定传递方式

16. 在 C 语言中(　　)。
  A. 函数的定义可以嵌套,但函数的调用不可以嵌套
  B. 函数的定义和调用均可以嵌套
  C. 函数的定义和调用均不可以嵌套
  D. 函数的定义不可以嵌套,但函数的调用可以嵌套

17. 以下函数调用语句中,含有的实参个数是(　　)。
```
fun(x+y,(e1,e2),fun(xy,d,(a,b)));
```
  A. 3   B. 4   C. 6   D. 8

18. 以下程序的输出结果是(　　)。
```
#include <stdio.h>
fun(int x)
{  static int a=3;
   a+=x;
   return(a);
}
main()
{  int k=2,m=1,n;
   n=fun(k);
   n=fun(m);
   printf("% d",n);
}
```

A. 3　　　　　　　B. 4　　　　　　　C. 6　　　　　　　D. 9

19. 以下程序的输出结果是(　　)。
```
#include <stdio.h>
int func(int a,int b)
{return(a+b);}
main()
{  int x=2,y=5,z=8,r;
   r=func(func(x,y),z);
   printf("% d\n",r);
}
```
A. 12　　　　　　B. 13　　　　　　C. 14　　　　　　D. 15

二、操作题

下列给定程序中,fun( )函数的功能:求以下表达式的值。

s = aa…aa - … - aaa - aa - a

提示:此处 aa…aa 表示 n 个 a,a 和 n 的值在 1～9 之间。

例如,a=3,n=6,则以上表达式为

s = 333333 - 33333 - 3333 - 333 - 33 - 3

其值是 296298。

a 和 n 是 fun( )函数的形参,表达式的值作为函数值传回 main( )函数。

请改正程序中的错误,使它能计算出正确的结果。

注意:不要改动 main( )函数,不得增行或删行,也不得更改程序的结构。

试题程序

```
#include <stdio.h>
long fun (int a,int n)
{  int j;
  /*****found*****/
  long s=0, t=1;
  for (j=0;j<n;j++)
    t=t*10+a;
  s=t;
  for(j=1;j<n;j++)
  { /*****found*****/
    t=t%10
    s=s-t;
  }
  return(s);
}
main ()
{  int a , n;
   printf("\nPlease enter a and n:");
   scanf("% d% d",&a,&n);
   printf("The value of function is% ld\n",fun(a,n));
}
```

第9章

指 针

选择题分析明细表

考 点	考核概率	难易程度
指针变量的定义和引用	20%	★★★
指针变量作为函数参数	30%	★★★★
移动指针	30%	★★
指向数组元素的指针以及通过指针引用数组元素	20%	★★★
用数组名作为函数参数	30%	★★
字符串及字符指针	80%	★★★
用函数指针变量调用函数	20%	★★★

操作题分析明细表

考 点	考核概率	难易程度
指针变量的定义和引用	60%	★★★★
指针变量作为函数参数	10%	★★
移动指针	10%	★★
指向数组元素的指针以及通过指针引用数组元素	20%	★★
字符串及字符指针	40%	★★★

9.1 关于地址和指针

要想搞清楚地址和指针的概念，首先要清楚变量在内存中的存储方式及变量是如何被存取的。

众所周知，程序中定义的某个变量，在编译时系统会给这个变量相应地分配与该变量类型相匹配的内存单元。即按照程序中所定义的变量类型，分配与该变量类型所占相同长度的空间。在内存区中每一个字节都有一个编号，这个编号就是"地址"，它相当于每个变量的房间号。变量的数据就存放在地址所标识的内存单元中，变量中的数据其实就相当于仓库中各个房间存放的货物。如果内存中没有对字节编号，系统将无法对内存进行管理。内存的存储空间是连续的，因此内存中的地址号也是连续的，并且用二进制数表示，为了直观起见，在这里将用十进制数进行描述。

> **真考链接**
> 指针用于存放其他数据的地址。当指针指向变量时，利用指针可以引用该变量；当指针指向数组时，利用指针可以访问数组元素；当指针指向函数时，此时指针变量中存放函数的入口地址，可以通过指针调用该函数；当指针指向结构时，可以用指针引用结构变量的成员。

一般计算机使用的 C 编译系统为整型变量分配 2 个字节，为实型变量分配 4 个字节，为字符型变量分配 1 个字节，为双精度类型变量分配 8 个字节。当某一变量被定义后，其内存中的地址也就确定了。例如：

```
int x,y;
float z;
```

这时，系统为 x 和 y 分配两个字节的存储单元，为 z 分配 4 个字节的存储单元，如图 9.1 所示，图中的数字只是表示字节的地址。每个变量的地址是指该变量所占存储单元的第一字节的地址。在这里，称 x 的地址为 2012，y 的地址为 2015，z 的地址为 2201。

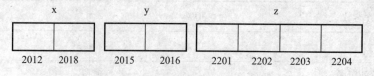

图 9.1 x、y、z 的存储单元分配

一般情况下，在程序中只需定义变量并指出变量名，无须知道每个变量在内存中的具体地址，由 C 编译系统来完成每个变量与其具体地址发生联系的操作。在程序中对变量进行存取操作，实际上也就是对某个变量的地址存储单元进行操作。这种直接按变量的地址存取变量的方式称为"直接存取"方式。

在 C 语言中，还可以用另一种称为"间接存取"的方式来完成对变量进行存取的操作，即将变量的地址存放在另一种类型的变量中，从而通过这种新的变量类型来得到变量的值。按 C 语言规定，可以在程序中定义整型变量、实型变量、字符型变量等，也可以定义这样一种特殊的变量，它是专门用来存放地址的。假设定义了一个变量 p，用来存放整型变量 i 的地址，它的地址被分配为 1010 字节，可以通过下面语句将 i 的地址(1500)存放到 p 变量中：

```
p = &i;
```

这时，p 的值就是 1500，即变量 p 是 i 所占用单元的起始地址。要存取变量 i 的值，也可以用间接的方式，先找到存放"i 的地址"的变量 p，从中取出 i 的地址(1500)，然后到 1500、1501 字节取出 i 值。

由于通过地址能找到所需的变量单元，就可以说：地址"指向"该变量单元。所谓"指向"就是通过地址来体现。在 C 语言中，将地址形象地称为"指针"，意思是通过它能找到以它为地址的内存单元，这里包含有一个方向指向的意思。一个变量的地址称为变量的"指针"。一个专门用来存放另一个变量的地址的变量(即指针)，则称为"指针变量"。

> **小提示**
> 变量的类型不同，其在内存中所占的空间也不一样。

常见问题

在程序中定义了一个变量名,编译时系统给这个变量开辟存储单元,如果要对这个变量进行操作,是否需要知道它在内存中的存储位置呢?

只要在程序中定义了变量并指出变量名,无须知道每个变量在内存中的具体地址,由 C 编译系统来完成每个变量与其具体地址发生联系的操作。在程序中对变量进行存取操作,实际上也就是对某个变量的地址存储单元进行操作。

9.2 变量的指针和指向变量的指针变量

考点1　指针变量的定义和引用

1.指针变量的定义

定义指针变量的一般形式如下:

类型名 *指针变量名1,*指针变量名2,……;

例如:

int *p,*t;

以上定义语句中,p 和 t 都是合法用户标识符,在每个变量前的星号(*)是一个类型说明符,用来标识该变量是指针变量。

为什么指针变量要有"基类型"呢?一个指针变量中存放的是一个存储单元的地址值。这里"一个存储单元"中的"一"所代表的字节数是不同的:对整型而言,它代表两个字节;对实型而言,它就代表4个字节,这就是基类型不同的含义。在以后的章节中将涉及指针的移动,也就是要对地址进行增减运算,这时指针移动的最小单位是1个存储单元,而不是1个字节。因此,对于基类型不同的指针变量,其内容(地址值)增、减1所"跨越"的字节数是不同的。故指针变量必须区分基类型,基类型不同的指针变量之间不能混合使用。

> **真考链接**
>
> 对于考点1,最重要的是注意定义不同类型的指针用于指向相应类型的数据。考点1属于简单识记知识点,在选择题中的考核概率为20%,在操作题中的考核概率为60%。

2.指针变量的引用

指针变量中只能存放地址(指针),将一个整型数据(或任何其他非地址类型的数据)赋给一个指针变量是不允许的。例如:

int *p; /*定义一个指向整型变量的指针*/

p=300 ; /*300 为整数*/

以上语句均是不合法的赋值。

与指针相关的两个运算符是"&"(取地址运算符)和"*"(指针运算符)。

小提示

在定义指针变量时,变量名前面的星号不可省略,若省略了星号说明符,就是将变量 p 和 t 定义为整型变量(int 是类型名)。在这里,变量 p 和 t 是两个指向整型(int 类型)变量的指针,也就是说变量 p 和 t 中只能存放 int 类型变量的地址,这时称 int 是指针变量 p 和 t 的"基类型"。基类型用来指定该指针变量可以指向的变量的类型。

真题精选

【例1】若有说明:int n=2, *p=&n, *q=p;,则以下非法的赋值语句是(　　)。

　　A. p=q;　　　　　　B. *p=q;　　　　　　C. n=*q;　　　　　　D. p=n;

【答案】D

【解析】选项 A 是两个指针变量之间的赋值;而选项 B 是把 q 的值赋给 p 指向的整型变量,虽然不常用,但也是对的;选项 C 是把 q 指向的变量的值赋值给 n,也是没有问题的;而选项 D 中,整型数据和指针型数据之间不能进行赋值运算,所以是错误的。

【例2】若有以下定义和语句:
```
#include<stdio.h>
int a=4,b=3,*p,*q,*w;
p=&a; q=&b; w=q; q=NULL;
```
则以下选项中,错误的语句是(   )。
A. *q=0;   B. w=p;   C. *p=a;   D. *p=*w;

【答案】A

【解析】给一指针赋空值的正确语句是"q=NULL;"或"q='\0';"或"q=0;"。选项B的含义为使指针w指向指针p所指向的存储单元。选项C的含义为使指针p指向变量a所在的存储单元。选项D的含义为将指针w所指的变量值赋给指针p所指的变量。

【例3】若有定义:int x,*pb;,则正确的赋值表达式是(   )。
A. pb=&x   B. pb=x   C. *pb=&x   D. *pb=*x

【答案】A

【解析】本题的定义语句中,在pb的前面有一个"*"号说明符,表示pb是一个指针变量,按规定,在指针变量中只能存放存储单元(即变量)的地址。在定义语句中的类型名int说明了pb的基类型为int,因此pb中只能存放int类型变量的地址,即pb只能指向int类型的变量。已定义x为int类型变量,若其中已存放了整型数,则选项B中的赋值表达式pb=x企图把一个整数放到一个指针变量中,这是不允许的(赋值不兼容)。在C程序中,"&"号是求地址运算符,表达式&x的值是变量x在内存中的地址,而"*"号是间址运算符(与说明语句中的说明符"*"号的含义不同)。在选项C中,若pb已指向了一个整型变量(已放入了某整型变量的地址),则*pb就代表了此整型变量,所以赋值表达式*pb=&x企图把一个地址值放入到一个整型变量中,这是不允许的,地址值不可能转换为一个整数。间址运算符只能用于指针变量。在选项D中,赋值表达式右边出现了*x,把间址运算符"*"号用于一个整型变量是错误的。按定义,pb是一个指针变量,且只能存放int类型变量的地址,表达式&x取int型变量x的地址,表达式pb=&x把x的地址赋给了指针变量pb,所以选项A中的表达式是正确的。应掌握:①指针的定义方法;②指针变量的基类型;③所定义的指针变量中允许存放何种类型变量的地址;④求地址运算符(&)的正确运用;⑤间址运算符(*)的正确运用。若pb的基类型为double,则应掌握*pb出现在赋值号右边的含义是什么,出现在赋值号左边的含义又是什么。

【例4】设有定义:
```
int n,*k=&n;
```
以下语句将利用指针变量k读写变量n中的内容,请将语句补充完整。
```
scanf("%d",【1】);
printf("%d\n",【2】);
```

【答案】【1】k 【2】*k

【解析】在语句"int n,*k=&n;"中,变量k中存放的是n的存储地址,*k表示变量n中的值,scanf()函数需要地址值,而printf函数中的输出项是正常的基本类型,所以答案如上。

【例5】下列给定程序中,函数fun()的功能:实现两个变量值的交换,规定不允许增加语句和表达式。
例如,变量a中的值原为8,b中的值原为3,程序运行后a中的值为3,b中的值为8。
请改正程序中的错误,使它得出正确的结果。
注意:不要改动main()函数,不得增行或删行,也不得更改程序的结构。

试题程序

```
#include <stdlib.h>
#include <conio.h>
#include <stdio.h>
int fun(int *x,int y)
{   int t;
    /******found******/
    t=x;x=y;
    /******found******/
    return(y);
}
void main()
{   int a=3,b=8;
    printf("%d%d\n",a,b);
    b=fun(&a,b);
    printf("%d%d\n",a,b);
}
```

【答案】(1)t = *x; *x = y;
(2)return(t); 或 return t;

【解析】本题考查:指针型变量的使用;通过 return 语句完成函数值的返回。
首先,定义变量 t 作为中间变量,然后进行数据交换,注意参数 x 是指针变量,交换时应使用 *x,最后确定返回值。根据语句 b = fun(&a,b);可以知道返回值将赋给变量 b,而 b 中应存放交换前 *x 中的值,所以函数应返回变量 t。

考点2　指针变量作为函数参数

前面的章节中曾介绍过,函数参数可以是整型、实型、字符型等数据,指针类型数据同样也可以作为函数参数来进行传递。它的作用是将一个变量的地址传送到另一个函数中,参与该函数的运算。

如果想通过函数调用从而得到 n 个要改变的值,可以采用以下方法。
(1)在主调函数中设 n 个变量,分别用 n 个指针变量指向它们。
(2)然后将各个指针变量作为实参,即将这 n 个变量的地址传递给所调用的函数的形参。
(3)通过形参指针变量的改变,从而改变这 n 个变量的值。
(4)主调函数中就可以使用这些改变了值的变量。

> **真考链接**
>
> 考点2的考查频率非常高。属于重点理解、重点掌握的知识点。在选择题中的考核概率为30%。在操作题中,主要在编程题中考查此知识点,要求编写满足要求的程序段,考核概率为10%。

真题精选

【例1】有以下程序:
```
void fun(char *c,int d)
{   *c = *c+1;d + =1;
    printf("%c,%c,",*c,d);
}
main()
{   char a = 'A',b = 'a';
    fun(&b,a); printf("%c,%c\n",a,b);
}
```
程序运行后的输出结果是(　　)。
A. B,a,B,a　　　　　B. a,B,a,B　　　　　C. A,b,A,b　　　　　D. b,B,A,b

【答案】D

【解析】本题考查了函数之间地址值的传递,当形参为指针变量时,实参和形参之间的数据传递是地址传递,可以在被调用函数中对调用函数中的变量进行引用,在被调用函数中直接改变调用函数中的变量的值,所以主函数中的 b 在代到 fun()函数后将要发生变换,而 a 将不发生变换。所以在调用子函数时输出 b 和 B,返回到主函数中输出的是 A 和 b,正确答案是选项 D。

【例2】以下程序的输出结果是(　　)。
```
#include <stdio.h>
void fun(float *a,float *b)
{   float w;
    *a = *a + *a;
    w = *a;
    *a = *b;
    *b = w;
}
main()
{   float x = 2.0, y = 3.0;
    float *px = &x, *py = &y;
    fun(px,py);
    printf("%2.0f,%2.0f\n",x,y);
```

A. 4,3 　　　　　B. 2,3 　　　　　C. 3,4 　　　　　D. 3,2

【答案】C

【解析】主函数中定义了两个 float 变量 x 和 y,以及基类型为 float 的指针变量 px 和 py,并且把 x 和 y 的地址分别赋给了 px 和 py。主函数中调用 fun()函数时,把 px 和 py 作为实参,也就是把变量 x 和 y 的地址传送给形参。函数 fun()为 void 类型,因此函数没有函数值返回。函数的形参 a 和 b 是两个基类型为 float 的指针变量。因此,在 a 和 b 中接受的是主函数中 x 和 y 的地址。在 fun()函数体中,*a 和 *b 将分别引用主函数中 x 和 y 的存储单元。fun()函数中,语句"*a = *a + *a;"的含义是两次取 a 所指对象(主函数的 x)中的值相加,其和为 4.0,赋给 a 所指对象(主函数的 x),因此主函数的 x 被重新赋值,x 的值变成 4.0。fun()函数中后面的 3 条语句,是交换两个变量值的典型算法。先把 a 所指存储单元(主函数的 x)中的值放在临时变量 w 中,然后把 b 所指存储单元(主函数的 y)中的值放在 a 所指存储单元(主函数的 x)中,最后把 w 中的值放入 b 所指存储单元(主函数的 y)中。从而通过 fun()函数,对主函数的 x 和 y 中的值进行交换。交换之前 x 中的值变成 4.0,y 中的值是 3.0,经过交换,x 中的值为 3.0,y 中的值为 4.0。主函数的输出语句中,使用了"%2.0f"的格式说明,表明输出数据占两个字符位置,但".0"的格式规定输出时不含小数点和小数,所以输出结果应是 3,4。总结:本题给出了通过函数对两数进行交换的算法。注意:实参和形参之间仍遵循"按值传送"的规则,交换是通过指针间接进行的。

【例3】以下程序的输出结果是(　　)。
```
#include <stdio.h>
void sub(int x,int y,int *z)
{ *z=y-x;
}
main()
{ int a,b,c;
  sub(10,5,&a); sub(7,a,&b); sub(a,b,&c);
  printf("%d,%d,%d\n",a,b,c);
}
```
A. 5,2,3 　　　　　B. -5,-12,-7 　　　　　C. -5,-12,-17 　　　　　D. 5,-2,-7

【答案】B

【解析】sub()函数为 void 类型,因此无函数返回值。函数的形参中,z 是一个基类型为 int 的指针变量,因此它只能从实参接受一个 int 变量的地址。在 sub()函数体中,语句"*z = y - x;"把形参 y 与 x 的差值放入形参 z 所指的存储单元中。在主函数中,3 次调用 sub()函数。第一次调用时,把 10 和 5 分别传送给形参 x 和 y,把主函数中变量 a(int 类型)的地址传送给了形参 z,所以形参 z 就指向了主函数中的变量 a。在 sub()函数中,语句"*z = y - x;"把 -5 放入 z 所指的存储单元中,如上所述,形参 z 已指向主函数中的变量 a,因此,这时主函数中的变量 a 中就已被赋值 -5。接着返回主函数。第二次调用时,把 7 传送给了形参 x,把 a 中的值(-5)传送给了形参 y,主函数中变量 b(int 类型)的地址传送给了对应形参中的指针变量 z,所以形参 z 就指向了主函数中的变量 b。执行 sub()函数中的语句"*z = y - x;"把 -12 赋给主函数中的变量 b,然后返回主函数。第三次调用时,把 a 中的值(-5)传送给了形参 x,把 b 中的值(-12)传送给了形参 y,而形参指针变量 z 指向了主函数中变量 c。sub()函数中语句"*z = y - x;"把 -12 - (-5)的值放入 z 所指的变量 c 中,因此,c 中就放入了 -7。返回主函数后,输出 a、b、c 的值,因此输出的结果是 -5,-12,-7。

【例4】以下程序的输出结果是(　　)。
```
#include<stdio.h>
sub(int *a,int n, int k)
{ if(k<=n) sub(a,n/2,2*k);
  *a+=k;
}
main()
{ int x=0;
  sub(&x,8,1);
  printf("%d\n",x);
}
```
A. 1 　　　　　B. 8 　　　　　C. 7 　　　　　D. 4

【答案】C

【解析】在main()函数中调用函数sub(&x,8,1)时,实参&x将x的地址传给形参指针a,使指针a指向变量x,在sub()函数中对指针a的操作将影响x。形参n的值为8,k的值为1。由于k<=n,递归调用sub(a,4,2),此时n的值为4,k的值为2,仍满足k<=n;再次递归调用sub(a,2,4),此时n的值为2,k的值为4,不满足k<=n。执行"*a+=k;"使*a的值为4,返回第一次递归调用,再执行"*a+=k;"使*a的值为6,返回第一次调用,再执行"*a+=k;"使*a的值为7,因此变量x的值为7。

【例5】下列给定程序中,函数fun()的功能:将形参n所指变量中,各位上为偶数的数去掉,剩余的数按原来从高位到低位的顺序组成一个新数,并通过形参指针n传回所指变量。

例如,若输入一个数27638496,则新数为739。

请在标号处填入正确的内容,使程序得出正确的结果。

注意:部分源程序给出如下。不得增行或删行,也不得更改程序的结构。

试题程序

```
#include <stdio.h>
void fun(unsigned long *n)
{   unsigned long x = 0, i; int t;
    i = 1;
    while(*n)
    {   t = *n % 【1】;
        if(t% 2 != 【2】)
        {  x = x + t * i; i = i * 10;
        }
        *n = *n /10;
    }
    *n = 【3】;
}
main()
{   unsigned long n = -1;
    while(n > 99999999 || n < 0)
    { printf(" Please input (0 < n < 100000000): "); scanf("% ld",&n); }
    fun(&n);
    printf("\nThe result is: % ld\n",n);
}
```

【答案】【1】10 【2】0 【3】x

【解析】本题考查:求余运算,if语句条件表达式,指针变量作为函数参数。

标号【1】:通过t对10求余,取出该数值的各个位。

标号【2】:通过if条件语句实现奇偶数的判定。如果条件表达式对2求余为0即是偶数,反之是奇数。

标号【3】:最后将剩余的数赋给n指向的元素。

9.3 数组与指针

一个数组包含若干个元素(变量),在定义时被分配了一段连续的内存单元。因此,可以用一个指针变量来指向数组的首地址,通过该首地址就可以依次找到其他数组元素,同样指针变量也可以指向数组中的某一个元素。所谓数组的指针是指数组的起始地址,数组元素的指针是各个数组元素的地址。

考点3 移动指针

移动指针是指当指针变量指向一串连续的存储单元时,对指针变量进行加减运算,或通过赋值运算,使指针变量指向相邻的存储单元。

假定内存中有10个连续的int类型的存储单元,分别用a[0],a[1],…,a[9]表示。此时定义了int类型的指针变量p指向存储单元a[0],则可以通过移动指针变量p来访问a[0]到a[9]的存储单元。例如,p+1指向a[1]存储单元,则*(p+1)为a[1]的值。p+5指向a[5]存储单元,则*(p+5)为a[5]的值。同时可以通过指针变量p来改变其中存储单元的值。例如,经过操作*(p+7)=10后,a[7]存储单元的值被改写为10。

真考链接

针对考点3的考查出现在选择题的读程序题中,要求考生选出相应的运行结果。考点3属重点理解、重点掌握的内容,难度偏大,其在选择题中的考核概率为30%,在操作题中的考核概率为10%。

真题精选

【例1】以下选项中,对基类型相同的指针变量不能进行运算的运算符是(   )。
  A. +   B. -   C. --   D. ++

【答案】A

【解析】在C语言中,当指针变量指向某一连续存储单元时,可以对该指针变量进行++、--运算或加、减某个整数的算术运算,达到移动指针的目的。此外,当两个基类型相同的指针变量都指向某一连续存储区中的存储单元时,如指向同一组中的两个元素,则这两个指针可以相减,得到的差值(取绝对值)表示两个指针之间的元素个数。

【例2】请补充函数fun(),该函数的功能:按"0"~"9"统计一个字符串中的奇数数字字符各自出现的次数,结果保存在数组num中。

注意1:不能使用字符串库函数。

例如,输入"x = 112385713.456 + 0.909 * bc",结果:1 = 3,3 = 2,5 = 2,7 = 1,9 = 2。

注意2:部分源程序给出如下。请勿改动main()函数和其他函数中的任何内容,仅在函数fun()的标号处填入所编写的若干表达式或语句。

试题程序

```
#include <stdlib.h>
#include <stdio.h>
#define N 1000
void fun(char *tt,int num[ ])
{   int i,j;
    int bb[10];
    char *p = tt;
    for(i = 0;i < 10;i ++)
    {   num[i] = 0;
        bb[i] = 0;
    }
    while(【1】)
    {   if(*p > = '0' && *p < = '9')
            【2】;
        p ++;
    }
    for(i = 1,j = 0;i < 10;i = i + 2,j ++)
        【3】;
}

void main()
{   char str[N];
    int num[10],k;
    printf ( " \nPlease enter a char string:");
    gets(str);
    printf("\n**The original string**\n");
    puts(str);
    fun(str,num);
    printf("\n**The number of letter**\n");
    for(k = 0;k < 5;k ++)
    {   printf("\n");
        printf("%d = %d",2*k+1,num[k]);
    }
    printf("\n");
}
```

【答案】【1】*p　【2】bb[*p-'0']++　【3】num[j] = bb[i]

【解析】标号【1】:通过移动指针p来指向字符串tt中的各个字符,当指针p所指的字符为'\0'时,即指向字符串tt的最后一个字符,while循环结束。

标号【2】:将字符串中的数字字符"0"~"9"的个数都保存在数组bb[10]中。*p-'0'实现将数字字符转换成对应的数字。

标号【3】:由于奇数数字字符的个数存于bb[1]、bb[3]、bb[5]、bb[7]、bb[9]中,所以for循环的目的是将这些元素分别赋给num[0]、num[1]、num[2]、num[3]、num[4]。

考点4　指向数组元素的指针及通过指针引用数组元素

1. 指向数组元素的指针

C语言规定数组名代表数组的首地址,也就是数组中第0号元素的地址。有以下语句:
```
int c[10] = {0};
int *p;
p = c;
```

则语句 p = c;与语句 p = &c[0];是等价的。
定义指向数组元素的指针变量的方法,与定义指向变量的指针变量相同。
例如:
int c[10],*p;
p = &c[5];
指针变量 p 指向了数组 c 中下标为 5 的那个元素,即 p 用来保存 c[5] 的地址。

2. 通过指针引用数组元素

按 C 语言的规定:如果指针变量 p 已指向数组中的一个元素,则 p+1 指向同一数组中的下一个元素(而不是将 p 的值简单加 1),这里的加 1 是指增加一个长度单位(与数组基类型所占存储单元相同)。例如,数组元素是浮点型,每个元素占 4 个字节,则 p+1 意味着使 p 的值(是一个地址)加 4 个字节,以使它指向下一个元素。

> **真考链接**
>
> 考点 4 属于重点理解、重点掌握的知识点,其在选择题中是必考内容。在操作题中,针对考点 4 的考查以修改题和编程题的形式出现,考核概率为 20%。涉及字符或数组的处理时,应该首先想到采用指针处理,因为用指针处理这类问题简洁方便。

> **小提示**
>
> 定义一个指针指向数组,只需将数组第一个元素的地址赋给指针变量即可。
>
> 数组 c 不代表整个数组。上述"p = c;"的作用是把数组 c 的首地址赋值给指针变量 p,而不是把数组 c 中各元素的值赋给 p。
>
> 将 ++ 和 -- 运算符用于指针变量是十分有效的,可以使用指针变量自动向前或向后移动,指向下一个或上一个数组元素。不过要小心使用,否则会导致内存错误。

真题精选

【例1】若有定义语句:double x[5] = {1.0,2.0,3.0,4.0,5.0}, *p = x,则错误引用 x 数组元素的是(   )。
　　A. *p　　　　　　B. x[5]　　　　　　C. *(p+1)　　　　　　D. *x

【答案】B

【解析】x[5]说明数组 x 有 5 个元素。下标范围为 0~4,选项 B 中 x[5]超过了下标范围,故引用错误。

【例2】由 N 个有序整数组成的数列已放在一维数组中。下列给定程序中,函数 fun() 的功能是利用折半查找法查找整数 m 在数组中的位置。若找到,返回其下标值;否则,返回 -1。

折半查找的基本算法是:每次查找前先确定数组中待查的范围 low 和 high(low<high),然后用 m 与中间位置(mid)元素的值进行比较。如果 m 的值大于中间位置元素的值,则下一次的查找范围落在中间位置之后的元素中;反之,下一次的查找范围落在中间位置之前的元素中,直到 low≥high,查找结束。

请改正程序中的错误,使它能得出正确的结果。

注意:不要改动 main() 函数,不得增行或删行,也不得更改程序的结构。

试题程序

```
#include <stdio.h>
#define N 10
/******found******/
void fun(int a[], int m)
{ int low=0,high=N-1,mid;
  while(low < =high)
  { mid = (low+high)/2;
    if(m<a[mid])
       high=mid-1;
    /******found******/
    else If(m > a[mid])
       low=mid+1;
    else return(mid);
  }
  return(-1);
}
main()
{ int i,a[N]={-3,4,7,9,13,45,67,89,100,180},k,m;
  printf("a 数组中的数据如下:");
  for(i=0;i<N;i++) printf("% d",a[i]);
  printf("Enter m: "); scanf("% d",&m);
  k=fun(a,m);
  if(k>=0) printf("m=% d,index=% d\n",m,k);
```

else printf("Not be found!\n");   }

【答案】(1) int fun(int a[],int m) 或 fun(int a[],int m)

(2) else if(m>a[mid])

【解析】本题考查：折半查找算法；函数定义；if...else语句。

(1)fun(int a[],int m)函数的返回值为int类型，所以定义函数时，函数的返回类型不能是void，而是int类型。这里int可以省略，若省略函数类型标识符，系统将默认为int型。

(2)else If(m > a[mid])中，关键字if需要区分大小写，大写是错误的。

考点5　用数组名作为函数参数

数组名可以用作函数的形参和实参。当数组名作为参数被传递时，若形参数组中各元素发生了变化，则原实参数组各元素的值也随之变化。因为数组名作为实参时，在调用函数时是把数组的首地址传送给形参，因此实参数组与形参数组共占一段内存单元。而如果用数组元素作为实参的情况就与用变量作为实参时一样，是"值传递"方式，单向传递，即使形参数组元素值发生了变化，原实参数组元素的值也不会受到影响。

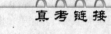

真考链接

难度适中，属于重点掌握知识点，在选择题中的考核概率为30%。

再来看一下用变量名作为函数参数和用数组名作为函数参数作比较的情况，如表9.1所示。

表9.1　　　　　　　　　　　　　　函数参数与数组名参数的比较

实参类型	要求形参的类型	传递的信息	通过函数调用参数改变实参的值
变量名	变量名	变量的值	不可以
数组名	数组名或指针变量	数组的起始地址	可以

 常见问题

对数组元素的访问，采用下标方式和指针方式有何异同？

采用下标方式和指针方式是等价的，但从C语言系统内部处理机制上讲，指针方式效率更高。需要注意的是，指针方式不如下标方式直观。下标方式可以直截了当地看出要访问的是数组中的哪个元素；而对于指向数组的指针变量，进行运算以后，指针变量的值改变了，其当前指向的是哪一个数组元素不再一目了然。

 真题精选

下述程序在数组中同时查找最大元素下标和最小元素下标，分别存放在main()函数的变量max和min中，请填空。

试题程序

```
#include <stdio.h>
void find(int *a,int n,int *max,int *min)
{ int i;
  *max = *min = 0;
  for(i=1;i<n;i++)
    if(a[i]>a[*max])
      _____;
    else
      if(a[i]<a[*min])
        _____;
}
main()
{ int a[] = {5,8,7,6,2,7,3};
  int max,min;
  find(_____);
  printf("\n%d,%d",max,min);
}
```

【答案】 *max = i　*min = i　a,7,&max,&min 或 &a[0],7,&max,&min

【解析】初始时，函数find()中的指针变量max和min指向的单元都存放下标0，表示a[0]是临时的最大值和最小值。需要更新时，*max=i，*min=i，因为*max和*min才代表下标变量。函数调用时，传递数组实际地址、数组长度及存放最大、最小下标值的地址。说明：此典型的简单算法经常出现在考试题目中，为此，应该熟悉一些离散数据处理的算法，如排序、查找等。这些程序一般不能脱离循环结构，经常在函数之间传递数组或指针。

9.4　字符串与指针

考点6　字符串及字符指针

1.字符串的表示形式

(1)用字符数组存放一个字符串,然后输出该字符串。

例如:

char str[ ] = "I am a student.";
printf("% s\n",str);

(2)用字符指针指向一个字符串。

可以不定义数组,而定义一个字符指针,用字符指针指向字符串中的字符。

例如:

char *str = "I am a student.";
/*定义str为指针变量,并指向字符串的首地址*/
printf("% s\n",str);

> **真考链接**
>
> 在选择题中针对考点6的考查主要以读程序题为主。此知识点属于简单识记内容,在选择题中的考核概率为80%。要求针对字符串做出相应处理的题目较多,考生首先要想到的办法就是采用字符指针,这样写出的代码简单,不易出错。

在这里没有使用字符数组,而是在程序中定义了一个字符指针变量str,并使该指针变量指向一个字符串的首地址。C语言对字符串常量是按字符数组进行处理的,在内存中开辟了一个字符数组来存放字符串常量。程序在定义字符指针变量str时,把字符串的首地址赋给str。str只能指向一个字符变量或其他字符类型数据,不能同时指向多个字符数据,更不能理解为把字符串中的全部字符存放到str中(指针变量只能存放地址)。在输出时,利用字符型指针str的移动来控制输出,直至遇到字符串结束标识'\0'为止。

显然,用%s可以控制对一个字符串进行整体的输入/输出。对字符串中字符的存取,与操作其他数组的方法相同,既可以用下标方式,又可以用指针方式。

2.字符串指针作函数参数

将一个字符串从一个函数传递到另一个函数,可以用地址传递的办法,即用字符数组名作为参数或用指向字符串的指针变量作为参数进行传递。

> **小提示**
>
> 如果将一个字符串赋给一个指针变量,那是代表将字符串的第一个字符的地址赋给指针变量。
>
> 通过字符数组名或字符指针变量可以一次性输出的只有字符数组(即字符串),而对于一个数值型的数组,是不能用数组名输出它的全部元素的,只能借助于循环逐个输出元素。
>
> 当字符指针变量作为实参时,对应的形参是字符指针变量。字符数组名也可以作为实参传递,但数组名本身是一个地址,因此,对应的形参也是一个字符指针变量。

真题精选

若有以下定义:

char s[100] = "string";

则下述函数调用中,(　　)是错误的。

A. strlen(strcpy(s, "Hello"))　　B. strcat(s,strcpy(s1, "s"));　　C. puts(puts("Tom"))　　D. ! strcmp("",s)

【答案】C

【解析】本题说明了字符串操作类函数的返回指针特性。一些典型的字符串操作函数返回值是字符指针,如strcpy(s1,s2)和strcat(s1,s2),这两个函数都返回s1的值。因此,选项A、选项B正确。选项D中的连续两个""组成空字符串,调用正确。选项C中的错误来自函数puts(),该函数的返回值是整数而不是字符串,因此,外层的函数调用使用了错误的实参数。

9.5 指向函数的指针及返回指针值的函数

考点7 用函数指针变量调用函数

已经知道,可以用指针变量指向整型变量、字符型变量、字符串、数组,同样指针变量也可以指向一个函数。编译时,一个函数将被分配给一个入口地址,这个入口地址就称为该函数的指针。因此,可以通过使用一个指向函数的指针变量调用此函数。

说明:

(1)指向函数的指针变量的一般定义形式如下:

数据类型(*指针变量名)();

例如:int(*s)();,"数据类型"指该函数返回值的类型。

> **真考链接**
>
> 考点7在选择题中主要以读程序题的形式出现。此考点难度偏上,属于重点掌握知识点,在选择题中的考核概率为20%。

(2)(*s)()表示定义了一个指向函数的指针变量,但目前它不是固定指向哪一个函数,而只是表示定义了这样一个类型的变量,它的作用是专门用来存放函数的入口地址。在程序中实现把某一个函数的地址赋给它,它就指向该函数,这样它的值也就确定了。在一个程序中,一个指针变量可以先后指向不同的函数,也就是说指向函数的指针变量和普通指针变量一样,可以多次使用。

(3)在给函数指针变量赋值时,只需给出函数名而不必给出参数。例如:

s=fun;/*fun为已有定义的有参函数*/

因为是将函数入口地址赋给s,不涉及参数的问题,不能写成:

s=fun(a,b);

(4)用函数指针变量调用函数时,只需将(*s)代替函数名即可(s为已经定义过的指向函数的指针变量名),在(*s)之后的括号中根据需要写上实参。

(5)对指向函数的指针变量,有些运算,如++s、--s、s+3等都是没有意义的。

> **小提示**
>
> 　　在C语言中,()的优先级比*高,因此,在定义指向函数的指针变量时,"*指针变量名"外面必须有圆括号。
> 　　和变量的指针一样,函数的指针也必须赋初值,才能指向具体的函数。由于函数名代表了该函数的入口地址,因此,一个简单的方法是:直接用函数名为函数指针变量赋值。

真题精选

有以下程序:
```
int fa(int x)
{ return x*x;
}
int fb(int x)
{ return x*x*x;
}
int f(int (*f1)(),int (*f2)(),int x)
{
    return f2(x)-f1(x);
}
main()
{ int i;
```

```
  i = f(fa,fb,2);
  printf("% d\n",i);
}
```
程序运行后的输出结果是( )。
A. -4   B. 1   C. 4   D. 8
【答案】C
【解析】本题考点是函数之间的参数传递。只要注意在被调用函数中的形参是指针类型还是基类型即可。

9.6 综合自测

一、选择题

1. 在说明语句"int *f();"中,标识符 f 代表的是(   )。
   A. 一个用于指向整型数据的指针变量   B. 一个用于指向一维数组的行指针
   C. 一个用于指向函数的指针变量   D. 一个返回值为指针型的函数名

2. 以下程序的输出结果是(   )。
   ```
   #include <stdio.h>
   #include <string.h>
   main()
   { char *p = "abcde\0fghjik\0";
     printf("% d\n",strlen(p));
   }
   ```
   A. 12   B. 15   C. 6   D. 5

3. 设有以下语句,则不是对 a 数组元素的正确引用的是(   ),其中 $0 \leq i < 10$。
   int a[10] = {0,1,2,3,4,5,6,7,8,9}, *p=a;
   A. a[p-a]   B. *(&a[i])   C. p[i]   D. *(*(a+i))

4. 以下程序段的输出结果是(   )。
   ```
   int *var,ab;
   ab=100;var=&ab;ab=*var+10;
   printf("% d\n",*var);
   ```
   A. 110   B. 100   C. 0   D. 出现错误

5. 设有以下的程序段:
   ```
   char str[] = "Hello";
   char *ptr;
   ptr = str;
   ```
   执行上面的程序段后,*(ptr+5)的值为(   )。
   A. 'o'   B. '\0'   C. 不确定的值   D. 'o'的地址

6. 若有以下定义和语句:
   ```
   #include<stdio.h>
   int a=4,b=3,*p,*q,*w;
   p=&a;q=&b;w=q;q=NULL;
   ```
   则以下选项中错误的语句是(   )。
   A. *q=0;   B. w=p;   C. *p=a;   D. *p=*w;

7. 下面函数的功能是(   )。
   ```
   sss(s, t)
   char *s, *t;
   {  while((*s)&&(*t)&&(*t++ == *s++));
      return(*s-*t);
   ```

}
　　A. 求字符串的长度　　　　　　　　　　B. 比较两个字符串的大小
　　C. 将字符串 s 复制到字符串 t 中　　　　D. 将字符串 s 接续到字符串 t 中
8. 有以下程序：
```
#include <stdlib.h>
#include <stdio.h>
main()
{ char *p, *q;
  p=(char *)malloc(sizeof(char)*20);q=p;
  scanf("%s%s",p,q);printf("%s%s\n",p,q);
}
```
若从键盘输入：abc def<回车>，则输出结果是(　　)。
　　A. def def　　　　B. abc def　　　　C. abc d　　　　D. d d
9. 若有以下说明和定义：
```
typedef int * INTEGER;
INTEGER p, *q;
```
以下叙述正确的是(　　)。
　　A. p 是 int 型变量　　　　　　　　　　B. p 是基类型为 int 的指针变量
　　C. q 是基类型为 int 的指针变量　　　　D. 程序中可用 INTEGER 代替 int 类型名
10. 说明语句 int *(*p)();的含义是(　　)。
　　A. p 是一个指向 int 型数组的指针
　　B. p 是指针变量，它构成了指针数组
　　C. p 是一个指向函数的指针，该函数的返回值是一个整型
　　D. p 是一个指向函数的指针，该函数的返回值是一个指向整型的指针
11. 已知 char *p, *q;，正确的语句是(　　)。
　　A. p*=3;　　　　B. p/=q;　　　　C. p+=3;　　　　D. p+=q;
12. 已知 int i, x[3][4];，则不能将 x[1][1] 的值赋给变量 i 的语句是(　　)。
　　A. i=*(*(x+1)+1);　　B. i=x[1][1];　　C. i=*(*(x+1));　　D. i=*(x[1]+1);
13. 下列程序的输出结果是(　　)。
```
#include <stdio.h>
int b=2;
int func(int *a)
{ b+=*a; return (b);
}
main()
{ int a=2, res=2;
  res+=func(&a);
  printf("%d\n",res);
}
```
　　A. 4　　　　　　B. 6　　　　　　C. 8　　　　　　D. 10
14. 有以下程序段：
```
int *p, a=10, b=1;
p=&a;a=*p+b;
```
执行该程序段后，a 的值为(　　)。
　　A. 12　　　　　　B. 11　　　　　　C. 10　　　　　　D. 编译出错
15. 对于基类型相同的两个指针变量之间，不能进行的运算是(　　)。
　　A. <　　　　　　B. =　　　　　　C. +　　　　　　D. -
16. 以下程序的输出结果是(　　)。
```
#include <stdio.h>
main()
```

```
{ char ch[2][5]={"6937","8254"},*p[2];
  int i,j,s=0;
  for(i=0;i<2;i++) p[i]=ch[i];
  for(i=0;i<2;i++)
      for(j=0;p[i][j]>'\0';j+=2)
          s=10*s+p[i][j]-'0';
  printf("%d\n",s);
}
```
A. 69825　　　　　B. 63825　　　　　C. 6385　　　　　D. 693825

17. 当调用函数时,实参是一个数组名,则向函数传递的是(　　)。
　　A. 数组的长度　　　　　　　　　　B. 数组的首地址
　　C. 数组每一个元素的地址　　　　　D. 数组每个元素中的值
18. 若有说明语句:int a,b,c,*d=&c;,则能正确从键盘读入3个整数分别赋给变量a、b、c的语句是(　　)。
　　A. scanf("%d%d%d",&a,&b,d);　　　B. scanf("%d%d%d",&a,&b,&d);
　　C. scanf("%d%d%d",a,b,d);　　　　 D. scanf("%d%d%d",a,b,*d);
19. 若定义:int a=511,*b=&a;,则 printf("%d\n",*b);的输出结果为(　　)。
　　A. 无确定值　　　B. a 的地址　　　C. 512　　　　　D. 511

二、操作题

1. 下列给定程序中,函数 fun( )的功能:在形参 s 所指字符串中的每个数字字符之后插入一个*号。例如,形参 s 所指的字符串为 def35adh3kjsdf7,执行后结果为 def3*5*adh3*kjsdf7*。
请在标号处填入正确的内容,使程序得出正确的结果。
注意:部分源程序给出如下。不得增行或删行,也不得更改程序的结构。

试 题 程 序

```
#include <stdio.h>
void fun(char *s)
{ int i,j,n;
  for (i=0;s[i]!='\0';i++)
    if (s[i]>='0'【1】s[i]<='9')
    { n=0;
      while (s[i+1+n]!=【2】)
        n++;
      for (j=i+n+1;j>i;j--)
        s[j+1]=【3】;
      s[j+1]='*';
                              i=i+1;
                            }
                          }
                        main ()
                        { char s[60]="ba3a54cd23a";
                          printf("\nThe original string is: %s\n",s);
                          fun(s);
                          printf("\nThe result is: %s\n",s);
                        }
```

2. 下列给定程序中,函数 fun( )的功能:将 s 所指字符串中出现的与 t1 所指字符串相同的子串全部替换为 t2 所指字符串,所形成的新串放在 w 所指的数组中。要求 t1 和 t2 所指字符串的长度相同。
例如,当 s 所指字符串中的内容为"abcdabfab",t1 所指子串中的内容为"ab",t2 所指子串中的内容为"99"时,在 w 所指的数组中的内容应为"99cd99f99"。
请改正程序中的错误,使它能得出正确的结果。
注意:不要改动 main( )函数,不得增行或删行,也不得更改程序的结构。

试 题 程 序

```
#include <stdlib.h>
#include <conio.h>
#include <stdio.h>
#include <string.h>
void fun (char *s,char *t1, char *t2,
char *w)
{ char *p,*r,*a;
  strcpy(w,s);
  while (*w)
                              { p=w;r=t1;
                                /*****found*****/
                                while (r)
                                  if (*r==*p) {r++;p++;}
                                  else break;
                                if (*r=='\0')
                                { a=w;r=t2;
                                  while (*r)
                                  /*****found*****/
```

```c
        { *a = *r;a ++ ;r ++ }
          w + = strlen(t2);
        }
      else w ++ ;
    }
}
void main()
{   char s[100],t1[100],t2[100],w[100];
    printf("\nPlease enter string S:");
    scanf("% s",s);
    printf("\nPlease enter substring t1:");
    scanf("% s",t1);
    printf ( " \ nPlease enter substring t2:");
    scanf("% s",t2);
    if (strlen(t1) == strlen(t2))
    {   fun (s,t1,t2,w);
        printf("\nThe result is:% s\n",w);
    }
    else printf("Error:strlen(t2)\n");
}
```

第10章

编译预处理和动态存储分配

选择题分析明细表

考 点	考核概率	难易程度
不带参数的宏定义	60%	★★★
带参数的宏定义	70%	★
文件包含	10%	★★
malloc( )函数	40%	★
free( )函数	10%	★

操作题分析明细表

考 点	考核概率	难易程度
malloc( )函数	10%	★
free( )函数	10%	★

10.1 宏定义

考点1 不带参数的宏定义

不带参数的宏定义命令行形式如下：
#define 宏名 替换文本 或 #define 宏名
在 define 宏名和宏替换文本之间要用空格隔开。
说明：宏名一般习惯用大写字母表示，宏替换的过程实质上是原样替换的过程。宏定义可以减少程序中重复输写某些字符串的工作量。
注意：可以用 #undef 命令终止宏定义的作用域。
例如：
```
#define PI 3.14      --
main()               ↑
{                    PI 的作用域
}                    ↓
#undef PI            --
```
在进行宏定义时，可以引用已定义的宏名，例如：
```
#define R 15.5
#define PI 3.14
#define L 2*PI*R
```

> **真考链接**
>
> 此知识点简单，属于重点理解、重点掌握的知识点。该知识点在选择题中的考核概率为60%。

> **小提示**
>
> 使用宏定义过的常量，只要在定义常量处改变常量的值，则此常量在整个程序中的值都换成最新的值。
> 宏定义是用宏名代替一个字符串，也就是作简单的置换，不作语法检查。宏定义不是 C 语句，不必在行末加分号。
> #define 命令出现在程序中函数的外面，宏名的有效范围为定义命令之后到本源文件结束，可以用#undef 命令终止宏定义的作用域。

真题精选

【例1】以下函数的功能是通过键盘输入数据，为数组中的所有元素赋值。在下划线处应填入的是(   )。
```
#define N 10
void arrin(int x[N])
{   int i=0;while(i<N)
    scanf("%d",_____);
}
```
A. x+i   B. &x[i+1]   C. x+(i++)   D. &x[++i]

【答案】C

【解析】本题考查了宏替换的知识，同时考查了自加的知识。因为要通过键盘输入数据，为数组中的所有元素赋值，所以下标要从 0 开始到 9，只有选项 C 可以满足。

【例2】下面是对宏定义的描述，不正确的是(   )。
A. 宏不存在类型问题，宏名无类型，它的参数也无类型
B. 宏替换不占用运行时间
C. 宏替换时先求出实参表达式的值，然后代入形参运算求值

D. 其实，宏替换只不过是字符替代而已

【答案】C

【解析】本例涉及宏替换的基本概念及与函数的简单比较，题目中的选项也确实是需要了解的一般知识。在本例中，宏替换的实质恰如选项 D 所言，是字符替代，因此，不会有什么类型，当然，就更不可能进行计算（选项 C 错误）。带参数的宏与函数相比，宏在程序编译之前已经将代码替换到程序内，执行时不会产生类似于函数调用的问题，可以说不占运行时间。

考点2　带参数的宏定义

带参数的宏定义的一般形式如下：

#define 宏名(参数表) 字符串

宏定义不只进行简单的字符串替换，还要进行参数替换，例如：

#define MV(x,y) ((x)*(y))

...

a = MV(5,2); /* 引用带参数的宏名 */

b = 6/MV(a+3,a);

真考链接

此知识点简单，属重点理解、重点掌握的内容。该知识点在选择题中的考核概率为70%。

以上宏定义命令行中，MV(x,y) 称为"宏"，其中 MV 是一个用户标识符，称为宏名。宏名和左括号"("必须紧挨着，它们之间不能留有空格。其后圆括号中由称为形参的标识符组成，并且可以有多个形参，各参数之间用逗号隔开，"替换文本"中通常应该包含有形参。

执行过程：如果程序中有带实参的宏，则按#define 命令行中指定的字符串从左到右进行替换。如果字符串中包含宏中的形参（如 x,y），则将程序语句中相应的实参（可以是常量、变量或表达式）代替形参。如果宏定义中的字符串中的字符不是参数字符（如（x*y）中的"*"号），则保留。这样就形成了替换的字符串。

带参数的宏和函数之间有一定类似之处，在引用函数时也是在函数右边的括号内写实参，也要求实参与形参数目相等，但两者是不同的，主要表现在以下几方面。

(1) 函数调用时，要求实参、形参类型相匹配，但在宏替换中，对参数没有类型的要求。

(2) 函数调用时，先求出实参表达式的值，然后代入形参，而使用带参数的宏只是进行简单的字符串替换。

(3) 函数调用是在程序运行时处理的，要分配临时的内存单元，还要占用一系列的处理时间。宏替换在编译预处理时完成，因此，宏替换不占运行时间，不被分配内存单元，不进行值的传递，也没有"返回值"的概念。

(4) 使用宏的次数较多时，宏展开后源程序变长，而函数调用不会。

小提示

与不带参数的宏定义相同，同一个宏名不能重复定义。在替换带参数的宏名时，圆括号必不可少。

真题精选

【例1】有以下程序：

```
#define N 2
#define M N+1
#define NUM (M+1)*M/2
#include <stdio.h>
main()
{   int i;
    for(i =1;i < =NUM;i ++);
    printf("% d\n",i);
}
```

for 循环执行的次数是(　　)。

A. 5　　　　　　　B. 6　　　　　　　C. 8　　　　　　　D. 9

【答案】C

【解析】程序中 for 循环的执行次数取决于 NUM 的值，因此正确地计算 NUM 的值是关键。在 (M+1)*M/2 中替换 M，替换后为 (N+1+1)*N+1/2；然后替换 N 为 (2+1+1)*2+1/2。这时可以根据其中的数字进行计算，得到

4*2+1/2,计算的最后结果是8。

总结:切不可直接把值代入。例如,认为 M 的值是 3,于是认为 NUM 是(3+1)*3/2,而得出错误的结果6。

【例2】以下程序的输出结果为(　　)。

```
#include <stdio.h>
#define SQR(x) x*x
main()
{
    int a,k=3;
    a=++SQR(k+1);
    printf("% d\n",a);
}
```

A.6　　　　　　　B.10　　　　　　　C.8　　　　　　　D.9

【答案】D

【解析】此题程序中定义了一个带参数的宏名为SQR,当程序中遇到此宏名进行展开时,则应使用定义时的字符串 x*x 进行替换。替换的原则是:遇到形参x,则以实参k+1代替,其他字符不变。所以,SQR(k+1)经宏展开后成为字符串 k+1*k+1 。整个赋值语句的形式变为 a=++k+1*k+1;,k的值为3。若按从左到右的顺序运算,k先自增1,变为4,则 a=4+1*4+1=9 。

10.2　文 件 包 含

考点3　文件包含

所谓文件包含,是指在一个文件中包含另一个文件的全部内容。C 语言中用 #include 命令行来实现文件包含的功能。形式如下:

#include" 文件名" 或 #include <文件名>

在预编译时,预编译程序将用指定文件中的内容来替换此命令行。如果文件名用双引号括起来,则系统先在当前源程序所在的目录内查找指定的包含文件,如果找不到,再按照系统指定的标准方式到有关目录中去寻找。如果文件名用尖括号括起来,系统将直接按照指定的标准方式到有关目录中去寻找。

真考链接

考点3属于重点理解内容,在选择题中的考核概率为10%。

说明:

(1)#include 命令行通常书写在所用文件的最开始部分,所以有时也把包含文件称作"头文件"。头文件名可以由用户指定,其后缀不一定用".h";

(2)当包含文件被修改后,对包含该文件的源程序必须重新进行编译连接,这样才会使修改后的文件生效;

(3)在一个包含文件中还可以包含另外的文件;

(4)在一个程序中可以有多个 #include 命令行。

小提示

如果程序在编译过程中出现"程序中包含未定义的变量",则首先应考虑到在头文件是否包含了程序必需的文件。

常见问题

在包含文件中一般都是什么内容?

一般包含一些公用的#define 命令行、外部说明或对(库)函数的原型说明,如常见的标准输入/输出头文件 stdio.h 就包含这些内容。

真题精选

【例1】以下叙述中,正确的是( )。
  A. 用#include 包含的头文件的后缀不可以是".a"
  B. 若一些源程序中包含某个头文件,当该头文件有错误时,只需对该头文件进行修改,包含此头文件的所有源程序不必重新进行编译
  C. 宏命令行可以看作是一行C语句
  D. C编译中的预处理是在编译之前进行的

【答案】D

【解析】#include 命令行中,头文件只要是文本文件,文件名的后缀可以是任意合法的后缀名,可以用".a"作为后缀名。当源程序中包含头文件时,可以对其中所包含的头文件进行修改,但修改后必须对该源程序重新进行编译。宏命令行不是C语句。C编译中的预处理是在编译之前进行的。

【例2】程序中头文件 type1.h 的内容是:
```
#define N 5
#define M1 N*3
/*程序如下:*/
#include "stdio.h"
#include "type1.h"
#define M2 N*2
main()
{ int i;
  i = M1 + M2;
  printf("% d\n",i);
}
```
程序编译后运行的输出结果是( )。
  A. 10   B. 20   C. 25   D. 30

【答案】C

【解析】本题考查了两个知识点:一个是宏替换(不带参数和带参数的都考查了);另一个是头文件包含。需要注意的是,宏替换是先原样替换,然后再判断运算的优先级,本题难度不大,通过正常的运算可得到的答案是25。

10.3 关于动态存储的函数

众所周知,构成链表结构的每一个节点,是在需要时由系统自动分配存储的,即在需要时才开辟一个节点的存储单元。C语言编译系统是如何动态地开辟和释放存储单元的呢?在C语言的库函数中有以下有关函数。

考点4　malloc()函数

ANSI C 标准规定 malloc() 函数返回值的类型为 void *。
函数的调用形式如下:
malloc(size)
其中,size 的类型为 unsigned int。
功能:malloc() 函数用来分配 size 个字节的存储区,返回一个指向存储区首地址的基类型为 void 的地址。若没有足够的内存单元供分配,则函数返回空(NULL)。
在 ANSI C 中,malloc() 函数返回的地址为 void *(无值型),所以在调用

真考链接

考点4偏难,属于重点理解内容。在选择题中的考核概率为40%。在操作题中,主要以修改题的形式进行考查,考核概率为10%。

函数时,必须利用强制类型转换将其转换成所需的类型。此处的 * 号不可少。

由动态分配得到的存储单元没有名字,只能靠指针变量来引用它。一旦指针改变指向,原存储单元及所存数据都将无法再引用。通过调用 malloc( ) 函数所分配的动态存储单元中没有确定的初值。

一般情况下,若不能确定数据类型所占字节数,可以使用 sizeof 运算符来求得。这是一种常用的形式,它由系统来计算指定类型的字节数。

 真题精选

【例1】有以下程序:
```
#include <stdio.h>
#include <stdlib.h>
int fun(int n)
{  int *p;
   p = (int *)malloc(sizeof(int));
   *p = n;
   return *p;
}
main()
{  int a;
   a = fun(10);
   printf("% d\n", a + fun(a));
}
```
程序的运行结果是(   )。
A. 0   B. 10   C. 20   D. 出错

【答案】C

【解析】分配内存空间函数 malloc( ) 的调用形式:(类型说明符 *)malloc(size);。其功能是在内存的动态存储区中分配一块长度为"size"字节的连续区域,函数的返回值为该区域的首地址。"类型说明符"表示把该区域用于何种数据类型。

【例2】下列给定程序中已建立一个带头节点的单向链表,链表中的各节点按节点数据域中的数据递增有序链接。函数 fun( ) 的功能:把形参 x 的值放入一个新节点并插入链表中,使插入后各节点数据域中的数据仍保持递增有序。请在标号处填入正确的内容,使程序得出正确的结果。

注意:部分源程序给出如下。不得增行或删行,也不得更改程序的结构。

试 题 程 序

```
#include <stdio.h>
#include <stdlib.h>
#define N 8
typedef struct list
{  int data;
   struct list *next;
} SLIST;
void fun( SLIST *h, int x)
{  SLIST *p, *q, *s;
   s = (SLIST *)malloc(sizeof(SLIST));
   s->data =【1】;
   q = h;
   p = h->next;
   while(p! = NULL && x > p->data) {
      q =【2】;
      p = p->next;
   }
   s->next = p;
   q->next =【3】;
}
SLIST *creatlist(int *a)
{  SLIST *h,*p,*q;int i;
   h = p = (SLIST *)malloc(sizeof(SLIST));
   for(i = 0; i < N; i ++)
   {  q = (SLIST *)malloc(sizeof(SLIST));
      q->data = a[i]; p->next = q; p = q;
   }
   p->next = NULL;
   return h;
}
```

```
void outlist(SLIST *h)                    {  SLIST *head;int x;
{   SLIST *p;                                int a[N]={11,12,15,18,19,22,25,29};
    p=h->next;                               head=creatlist(a);
    if (p==NULL)                             printf("\nThe list before inserting:\
    printf("\nThe list is NULL! \n");     n");
    else                                     outlist(head);
    {  printf("\nHead");                     printf("\nEnter a number : ");
       do { printf(" ->% d",p->data);        scanf("% d",&x);
       p=p->next; } while(p! =NULL);         fun(head,x);
       printf(" ->End\n");                   printf("\nThe list after inserting:\
    }                                     n");
}                                            outlist(head);
main()                                    }
```

【答案】【1】x 【2】p 【3】s

【解析】本题考查：malloc()函数,链表的基本操作。了解链表的基本思想和相关算法,理解有关链表插入及删除时指针移动的先后顺序问题,注意指针的保存和归位。

标号【1】:将形参x赋值给节点的数据域。

标号【2】和标号【3】:将新的节点和原有链表中的节点进行比较。

考点5 free()函数

函数原型如下:
    void free(void *p);

该函数的功能是释放由p所指向的那段内存空间,使这段存储空间能为他用。p是最近一次调用malloc()或calloc()函数时返回的值。

注意:free()函数无返回值。

真考链接

考点5偏难,属于重点理解的内容,其考核概率为10%。在操作题中,主要以修改题的形式进行考查,考核概率为10%。

 常见问题

为什么对于曾经使用动态存储来进行分配的指针变量,要在程序结束前,全部用free()函数释放?

因为在程序结束前,全部用free()函数释放可以节约内存,同时要保证内存的安全管理。

 真题精选

以下程序的输出结果是(   )。
```
#include <stdio.h>
void fut(int **s,int p[2][3])
{ **s=p[1][1]; }
main()
{   int a[2][3]={1,3,5,7,9,11},*p;
    p=(int *)malloc(sizeof(int));
    fut(&p, a);
    printf("% d\n",*p);
    free(p);
}
```
A.1   B.7   C.9   D.11

【答案】C

【解析】函数fut()中,形参s是一个指向指针的指针,它接受一个基类型为int的指针的地址;p是一个行指针,它可以指向一个二维数组的起始行,此二维数组每行只能有 3 个元素。在 fut()函数的语句"**s=p[1][1];"中,可知 p[1][1]的值为 9。在主函数中,定义 p 是一个基类型为 int 的指针,通过调用 malloc()函数,在内存中分配了一个 int 类型的存储单元,并把其地址赋给了 p,使它指向此存储单元。调用语句"fut(&p,a);",把指针 p 的地址传给了形参 s,使 s 指向了指针 p。在 fut()函数中,语句"**s=p[1][1];"赋值号的左边,s 中放的是主函数中指针 p 的地址,**s 则代表主函数中指针 p 所指动态分配的存储单元;"**s=p[1][1];"就是把 9 赋给此动态存储单元。主函数中 printf 的输出项是*p,即输出 p 所指动态存储单元中的值,输出结果为 9。总结:malloc()函数是在程序运行、调用该函数时,在内存开辟指定字节的存储单元。malloc()函数返回一个 void 类型的地址值,因此,若要把此地址赋给基类型为 int 的指针 pi 就必须进行强制类型转换,如 pi=(int *)malloc(sizeof(int)),而不能直接写成 pi=malloc(sizeof(int))。同理,若要把此地址赋给基类型为 double 的指针 pd,就应当写成 pd=(double *)malloc(sizeof(double))。强制类型转换时不能把"*"号丢掉,如把调用语句写成(int)malloc(sizeof(int)),以至要求把指针类型转换为整型,这是不允许的。

10.4 综合自测

一、选择题

1. 对下面程序段,正确的判断是( )。
   ```
   #define A 3
   #define B(a) ((A+1)*a)
   x=3*(A+B(7));
   ```
   A. 程序错误,不许嵌套宏定义　　　　　　　　B. x=93
   C. x=21　　　　　　　　　　　　　　　　　　D. 程序错误,宏定义不许有参数

2. 以下程序的输出结果为( )。
   ```
   #include <stdio.h>
   #define F(y) 3.84+y
   #define PR(a) printf("% d",(int)(a))
   #define PRINT(a) PR(a);putchar('\n')
   main()
   { int x=2;
     PRINT(F(3)*x);
   }
   ```
   A. 8　　　　　　B. 9　　　　　　C. 10　　　　　　D. 11

3. 以下说法中,正确的是( )。
   A. #define 和 printf 都是 C 语句　　　　　　B. #define 是 C 语句,而 printf 不是
   C. printf 是 C 语句,但#define 不是　　　　　D. #define 和 printf 都不是 C 语句

4. 以下程序的输出结果是( )。
   ```
   #define f(x) x*x
   #include <stdio.h>
   main()
   { int a=6,b=2,c;
     c=f(a)/f(b);
     printf("% d\n",c);
   }
   ```
   A. 9　　　　　　B. 6　　　　　　C. 36　　　　　　D. 18

5. 以下程序运行后,输出的结果是( )。
   ```
   #define PT 5.5
   #define S(x) PT*x*x
   #include <stdio.h>
   ```

```
main()
{ int a=1,b=2;
  printf("%4.1f\n",S(a+b));
}
```
A. 49.5　　　　　B. 9.5　　　　　C. 22.0　　　　　D. 45.0

6. 下列程序执行后的输出结果是(　　)。
```
#define MA(x) x*(x-1)
#include <stdio.h>
main()
{ int a=1,b=2;printf("%d\n",MA(1+a+b));
}
```
A. 6　　　　　B. 8　　　　　C. 10　　　　　D. 12

7. 有以下程序：
```
#define N 2
#define M N+1
#define NUM 2*M+1
main()
{ int i;
  for(i=1;i<=NUM;i++) printf("%d\n",i);
}
```
该程序中的 for 循环执行的次数是(　　)。
A. 5　　　　　B. 6　　　　　C. 7　　　　　D. 8

8. 程序中头文件 type1.h 的内容是：
```
#define N 5
#define M1 N*3
```
程序如下：
```
#include "type1.h"
#define M2 N*2
main()
{ int i;
  i=M1+M2;printf("%d\n",i);
}
```
程序编译后运行的输出结果是(　　)。
A. 10　　　　　B. 20　　　　　C. 25　　　　　D. 30

9. 以下正确的描述为(　　)。
A. 每个C语言程序必须在开头使用预处理命令#include <stdio.h>
B. 预处理命令必须位于C源程序的首部
C. 在C语言中预处理命令都以"#"开头
D. C语言的预处理命令只能实现宏定义和条件编译的功能

10. 从下列选项中选择不会引起二义性的宏定义是(　　)。
A. #define POWER(x) x*x　　　　　B. #define POWER(x) (x)*(x)
C. #define POWER(x) (x*x)　　　　D. #define POWER(x) ((x)*(x))

11. 设有以下宏定义：
```
#define N 3
#define Y(n) ((N+1)*n)
```
则执行语句"z=2*(N+Y(5+1));"后,z的值为(　　)。
A. 出错　　　　　B. 42　　　　　C. 48　　　　　D. 54

12. 若有宏定义#define MOD(x,y) x%y,则执行以下语句后的输出为(　　)。
```
int z, a=15,b=100;
z=MOD(b,a);
```

```
    printf("% d\n",z ++);
```
A. 11   B. 10   C. 6   D. 宏定义不合法

13. 以下程序的输出结果是(   )。
```
#include <stdio.h>
int a[3][3] = {1,2,3,4,5,6,7,8,9},*p;
f(int *s, int p[][3])
{ *s = p[1][1]; }
main()
{ p = (int *)malloc(sizeof(int));
    f(p,a);
    printf("% d \n",*p);
    free(p);
}
```
A. 1   B. 4   C. 7   D. 5

二、操作题

下列给定程序中,函数 fun( )的功能:将形参 s 所指字符串中的所有字母字符按顺序前移,其他字符按顺序后移,处理后将新字符串的首地址作为函数值返回。

例如,若 s 所指字符串为 asd123fgh543df,处理后新字符串为 asdfghdf123543。

请在标号处填入正确的内容,使程序得出正确的结果。

注意:部分源程序给出如下。不得增行或删行,也不得更改程序的结构。

试题程序

```
#include <stdio.h>
#include <stdlib.h>
#include <string.h>
char *fun(char *s)
{ int i, j, k, n; char *p, *t;
    n = strlen(s) +1;
    t = (char *)malloc(n * sizeof(char));
    p = (char *)malloc(n * sizeof(char));
    j = 0; k = 0;
    for(i = 0; i < n; i ++)
    { if(((s[i] > ='a')&&(s[i] < ='z')) ||
((s[i] > ='A')&&(s[i] < ='Z'))) {
            t[j] =【1】; j ++;}
        else
            { p[k] = s[i]; k ++; }
    }
    for(i = 0; i <【2】; i ++) t[j + i] = p[i];
    t[j + k] =【3】;
    return t;
}
main()
{ char s[80];
    printf("Please input: "); scanf("% s",s);
    printf("\nThe result is: % s\n",fun(s));
}
```

第11章

结构体和共用体

选择题分析明细表

考 点	考核概率	难易程度
用 typedef 说明一种新类型名	30%	★★
结构体类型的变量、数组和指针变量的定义	20%	★★
指向结构体变量的指针	20%	★★
链表	60%	★★★
建立单向链表	10%	★★★★
顺序访问链表中各节点的数据域	10%	★★★★
在链表中插入和删除节点	30%	★★★★
共用体类型的定义和引用	30%	★★

操作题分析明细表

考 点	考核概率	难易程度
用 typedef 说明一种新类型名	10%	★★
链表	25%	★★
建立单向链表	15%	★★
顺序访问链表中各节点的数据域	15%	★★
在链表中插入和删除节点	20%	★★

11.1 用 typedef 说明一种新类型名

考点1 用 typedef 说明一种新类型名

C 语言可以用 typedef 说明一种新类型名。说明新类型名的语句一般形式如下：

typedef 类型名 标识符；

其中，"类型名"一定是在此语句之前已有定义的类型标识符。"标识符"是一个用户定义标识符，用来标识新的类型名。typedef 语句的作用仅仅是用"标识符"来代表已存在的"类型名"，并没有产生新的数据类型，因此，原有的类型名依然有效。

声明一个新类型名的具体步骤如下。

(1) 先按定义变量的方法写出定义的主体(如 float a;)。
(2) 将变量名换成新类型名(如将 a 换成 FLO)。
(3) 在最左边加上关键字 typedef(如 typedef float FLO;)。
(4) 然后可以用新类型名去定义其他的变量(如 FLO b;)。

> **真考链接**
>
> 考点1属于简单识记、重点理解的内容。在选择题中的考核概率为 30%。此考点在操作题中的考核概率为 10%。

小提示

typedef 语句的作用仅仅是用"标识符"来代表已经存在的"类型名"，并未产生新的数据类型。原有类型名依然有效，这样做可以满足一些特殊情况的需要。

常见问题

typedef long LONG 是什么意思？

该语句把一个用户命名的标识符 LONG 说明为一个 long 类型的类型名。使用 typedef 语句说明之后，就可以用标识符 LONG 来定义长整型变量了。

真题精选

以下程序的输出结果是(　　)。
```
#include <stdio.h>
typedef union {
    long x[2];
    int y[4];
    char z[8];
} MYTYPE;
MYTYPE them;
main()
{ printf("% d\n",sizeof(them));
}
```
A.32　　　　　　　　B.16　　　　　　　　C.8　　　　　　　　D.24

【答案】C

【解析】程序说明了一个共用体类型 MYTYPE 并定义了 them 为 MYTYPE 类型的共用体变量。程序要求输出变量 them 所占的字节数。共用体中包含3个成员，而每个成员所占的字节数都是8，共用体变量所占内存字节数与其成员中占字节数最多的那个成员相等。

11.2 结构体类型、结构体变量的定义和引用

考点2　结构体类型的变量、数组和指针变量的定义

一共有4种方式定义结构体类型的变量、数组和指针变量。
(1)紧跟在结构体类型说明之后进行定义。
例如：
```
struct student
{   char name[12];
    char sex;
    int num;
} std,array[10],*p;
```

真考链接

考点2属于重点理解、重点掌握内容。在选择题中的考核概率为20%。此知识点常常会结合其他知识点进行综合考查，考核方式多以选择题的形式出现。

此处，在说明结构体类型 struct student 的同时，定义了一个结构体变量 std，具有10个元素的结构体数组 array 和基类型为结构体类型的指针变量 p。

具有这一结构体类型的变量中只能存放一组数据(即一个学生的记录)。结构体变量中的各成员在内存中的存储是按说明中的顺序依次排列的。

如果要存放多个学生的数据，就要使用结构体类型的数组。以上定义的数组 array 就可以存放10个学生的档案。此时首先是作为数组，它的每一个元素都是一个 struct student 类型的变量，所以仍然符合数组元素属同一数据类型这一原则。

以上定义的指针变量 p 可以指向具有 struct student 类型的存储单元，但目前还没有具体的指向。

(2)在说明一个无名结构体类型的同时直接进行定义。
例如：以上定义的结构体中可以把 student 略去，写成：
```
struct
{
    ...
} std,array[10],*p;
```
这种方式与前一种的区别仅仅是省去了结构体标识名。通常用在不需要再次定义此类型结构体变量的情况。

(3)先说明结构体类型，再单独进行变量定义。
例如：
```
struct student
{
    ...
};
struct student std,array[10],*p;
```
此处先说明了结构体类型 struct student，再由一条单独的语句定义了变量 std、数组 array 和指针变量 p。

(4)使用 typedef 说明一个结构体类型名，再用新类型名来定义变量。
例如：
```
typedef struct
{   char name[12];
    char sex;
    int num;
} ST;
ST std,array[10],*p;
```
此时，ST 是一个具体的结构体类型名，它能够唯一地标识这种结构体类型。因此，可以直接用它来定义变量，如同使用 int 等基本类型一样，此时是不能写关键字 struct 的。

小提示

对于某个具体的结构体类型,成员的数量必须固定,这一点与数组相同;但该结构体中各个成员的类型可以不同,这是结构体与数组的重要区别。

不能只写 struct 而不写结构体标识名 student,因为 struct 不像 int、char 可以唯一地标识一种数据类型。作为构造类型,属于 struct 类型的结构体可以有任意多种具体的"模式",因此,struct 必须与结构体标识名共同来说明不同的结构体类型。也不能只写结构体标识名 student 而省掉 struct,因为 student 不是类型标识符,只有关键字 struct 和 student 一起才能唯一地确定以上所说明的结构体类型。

常见问题

类型和变量有什么区别?

类型和变量是两个不同的概念,使用时应注意区别。只能对变量赋值、存取和运算,而不能对一个类型进行赋值、存取或运算。可以单独使用结构体中的成员,它与普通变量的作用相同。

真题精选

【例1】以下程序的运行结果是(   )。
```
#include "stdio.h"
main()
{ struct date {
  int year,month,day;
  } today;
  printf("% d\n",sizeof(struct date));
}
```
A. 6   B. 8   C. 10   D. 12

【答案】A

【解析】结构体变量的长度是其内部成员总长度之和,本题中,struct date 中包含 year、month、day 这 3 个整型变量。一个整型变量所占的字节数为 2。注意结构体和共用体的差别,这是本题容易混淆的地方。

【例2】若有以下结构体定义:
```
struct example {
    int x;
    int y;
    } v1;
```
则(   )是正确的引用或定义。

A. example. x = 10;   B. example v2; v2. x = 10;
C. struct v2; v2. x = 10;   D. struct example v2 = {10};

【答案】D

【解析】此题考查基本的结构体定义和引用方法。选项 A 的错误是通过结构体名引用结构体成员,选项 B 的错误是将结构体名作为类型名使用,选项 C 的错误是将关键字 struct 作为类型名使用,选项 D 是定义变量 v2 并对其初始化的语句,初始值只有前一部分,这是允许的。

【例3】有以下程序:
```
#include <stdio.h>
main()
{ struct cmplx{ int x; int y; } cnum[2]={1,3,2,7};
  printf("% d\n",cnum[0].y/cnum[0].x*cnum[1].x);
}
```
则正确的输出结果为(   )。

A. 0   B. 1   C. 3   D. 6

【答案】D

【解析】程序定义了一个名为 cnum 的含有两个元素的结构体类型数组,结构体类型为 struct cmplx,cnum 的每个元素含有两个成员。在定义 cnum 的同时给它的元素赋初值,cnum[0].x 的初值是 1,cnum[0].y 的初值是 3,cnum[1].x 的初值是 2,cnum[1].y 的初值是 7。因此,printf 输出项中的表达式可代入为 3/1*2,输出结果是 6。总结:对结构体变量(或数组)赋初值时,C 编译程序按每个成员在内存中排列的顺序,一一对应赋予初值表中的值。

【例4】设有以下定义:
```
struct sk
{   int a;
    float b;
} data;
int *p;
```
若要使 p 指向 data 中的 a 域,正确的赋值语句是(   )。
A. p = &a;   B. p = data.a;   C. p = &data.a;   D. *p = data.a;

【答案】C

【解析】结构体变量的引用方法有 3 种:①结构体变量名.成员名;②指针变量名->成员名;③(*指针变量名).成员名。因为 p 是指针变量,所以应将地址值赋给 p。

【例5】某学生的记录由学号、8 门课程成绩和平均分组成,学号和 8 门课程的成绩已在主函数中给出,请编写函数 fun(),其功能是求出该学生的平均分,并放入记录的 ave 成员中。

例如,学生的成绩是 85.5、76、69.5、85、91、72、64.5、87.5,则他的平均分应为 78.875。

注意:部分源程序给出如下。

请勿改动主函数 main() 和其他函数中的任何内容,仅在函数 fun() 的大括号中填入你编写的若干语句。

试题程序

```
#include <stdio.h>
#define N 8
typedef struct {
    char num[10];
    double s[N];
    double ave;
} STREC;
void fun(STREC *a)
{
}
void main()
{   STREC s = {"GA005 ",85.5,76,69.5,85,
91,72,64.5,87.5};
    int i;
    fun(&s);
    printf("The %s's student data:\n", s.num);
    for(i = 0;i < N;i ++)
    printf("%4.1f\n",s.s[i]);
    printf("\nave = %7.3f\n", s.ave);
}
```

【答案】
```
void fun(STREC *a)
{   int i;
    a->ave = 0.0;
    for(i = 0;i < N;i ++)
        a->ave = a->ave + a->s[i];
        /*求各门课程成绩的总和*/
    a->ave = a->ave/N;/*求平均分*/
}
```

【解析】本题考查:结构体类型成员运算,指向结构体类型的指针变量作函数参数。本题考查自定义形参的相关知识点,程序流程是这样的:在 fun() 函数中求出平均分后,返回到主函数时平均分也要代回,所以只能定义一个指针类型的形参 STREC *a。此时,引用成员的方式可以使用指向运算符,即 a->ave 和 a->s[i],当然也可用 (*a).ave 和 (*a).s[i]。

11.3 指向结构体类型数据的指针

考点3　指向结构体变量的指针

看下面的例子：
```c
#include <string.h>
#include <stdio.h>
main()
{   struct objects{
        char name[20];
        int size;
        char color[10];
        float weight;
        float height;
    };
    struct objects obj1;
    struct objects *p;
    p = &obj1;
    strcpy(obj1.name,"pen");
    obj1.size =10;
    strcpy(obj1.color,"black");
    obj1.weight =50.5;
    obj1.height =18.5;
    printf("name:% s\nsize:% d\ncolor:% s\nweight:% f\nheight:% f\n",obj1.name,obj1.size,obj1.color,obj1.weight,obj1.height);
    printf("name:% s\nsize:% d\ncolor:% s\nweight:% f\nheight:% f\n",(*p).name,(*p).size,(*p).color,(*p).weight,(*p).height);
}
```

> **真考链接**
>
> 考点3难度适中，属于重点理解内容。在选择题中的考核概率为20%。考核方式多以读程序题写运行结果的形式出现。

这里声明了一个 struct objects 类型，并且定义了一个该类型的变量 obj1，又定义了一个指向 struct objects 类型的数据指针 p，并且将 p 指向 obj1，接下来是对各成员赋值。第一个 printf 语句用"."的方式将 obj1 成员的值输出。第二个 printf 语句用（*p）的方式将 obj1 成员的值输出，因为成员运算符"."的优先级高于"*"运算符，所以（*p）两侧的圆括号不能省略。以上两个 printf 函数语句的输出结果是相同的。

可用 p→name 来代替（*p）.name,其中"→"称为指向运算符，它由两部分组成："-"减号和">"大于号，它们之间不能有空格，所以"结构体变量.成员名"、"（*结构体指针变量名）.成员名"和"结构体指针变量名→成员名"这3种形式是等价的。

> **小提示**
>
> 一个结构体变量的指针就是用来指向该结构体类型的存储单元，并指向结构体变量所占据的内存段的首地址。

真题精选

以下程序的输出是(　　)。
```c
#include <stdio.h>
main()
```

```
{   struct s1{ int x; int y; };
    struct s1 a = {1,3};
    struct s1 *b = &a;
    b->x = 10;
    printf("% d % d\n", a.x, a.y);
}
```
A. 13   B. 103   C. 310   D. 31

【答案】B
【解析】b为指向结构a的指针,通过->运算符改变了a成员x的值为10,所以输出103。

11.4 链　　表

考点4　链　表

链表是一种常见的重要的数据结构,它是动态地进行存储单元分配的一种结构。图11.1所示是一种简单的链表。

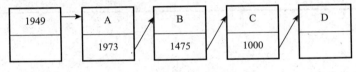

图11.1　链表示意图

真考链接

考点4属于重点理解、重点掌握内容。在选择题中的考核概率为60%。操作题中常常考查链表的建立、插入和删除。在操作题中的考核概率为25%。

从图11.1所示的链表示意图可以看出,链表中的各元素在内存中不一定是连续存放的。要找链表中某一元素,必须先找到上一个元素,根据该元素提供的下一元素的地址才能找到下一个元素。所以,如果没有头指针(head),则整个链表便无法访问。另外,这种链表的数据结构,必须利用指针变量才能实现,即一个节点中应包含一个指针变量,用它存放下一节点的地址。当然也可以不通过指针变量,用其他方式也可以构建简单链表,请参考有关数据结构的教材。

下面通过一个例子来说明如何建立和输出一个简单链表。

```
#include <string.h>
#include <stdio.h>
struct node
{   int data;
    struct node *next;
};
typedef struct node NODETYPE;
main()
{   NODETYPE s1,s2,s3,*begin,*p;
    s1.data =100; /*给变量中的data域赋值*/
    s2.data =200;
    s3.data =300;
    begin = &s1;
    s1.next = &s2;       /*使s1的域next指向s2*/
    s2.next = &s3;
    s3.next = NULL;
    p = begin; /*移动p,使之依次指向s1、s2、s3,输出它们data域中的值*/
```

```
        while(p)
        {  printf("% d",p->data);
           p=p->next; /* p顺序后移 */
        }
        printf("\n");
}
```

main()函数中定义的变量 s1、s2、s3 都是结构体变量,它们都含有 data 和 next 两个成员。变量 begin 和 p 是指向 NODE-TYPE 结构体类型的指针变量,它们与结构体变量 s1、s2、s3 中的成员变量 next 类型相同。执行赋值语句后,begin 中存放 s1 变量的地址,变量 s1 的成员 s1.next 中存放变量 s2 的地址……最后一个变量 s3 的成员 s3.next 置成 NULL,从而把同一类型的结构体变量 s1、s2、s3"链接"到一起,形成"链表"。

在此例中,链接到一起的每个节点(结构体变量 s1、s2、s3)都是通过定义,由系统在内存中开辟了固定的存储单元(不一定连续)。在程序执行的过程中,不可能人为地再产生新的存储单元,也不可能人为地使已开辟的存储单元消失。从这一角度出发,可称这种链表为"静态链表"。在实际中,使用更广泛的一种是"动态链表"。

> **小提示**
>
> 当链表最后一个节点的指针域不再存放地址时,就置成 NULL 值,标志着链表的结束,链表的每个节点只有一个指针域,每个指针域存放下一个节点的地址。
>
> 每一个链表都用一个"头指针"变量来指向链表的开始,称为 head 指针。在 head 指针中存放了链表第一个节点的地址。

真题精选

下列给定程序中,函数 fun() 的功能:计算一个带头节点的单向链表中各节点的数据域中数值之和,结果作为函数值返回。

请在标号处填入正确的内容,使程序得出正确的结果。

注意:部分源程序给出如下。不得增行或删行,也不得更改程序的结构。

试 题 程 序

```c
#include <stdio.h>
#include <stdlib.h>
#define N 8
typedef struct list
{ int data;
  struct list *next;
} SLIST;
SLIST *creatlist(int *);
void outlist(SLIST *);
int fun( SLIST *h)
{  SLIST *p;int s=0;
   p=h->next;
   while(p)
   {  s+=p->【1】;
      p=p->【2】;
   }
   return s;
}
main()
{  SLIST *head;
   int a[N]={12,87,45,32,91,16,20,48};
   head=creatlist(a); outlist(head);
   printf("\nsum=% d\n", fun(【3】));
}
SLIST *creatlist(int a[])
{  SLIST *h,*p,*q;int i;
   h=p=(SLIST *) malloc (sizeof(SLIST));
   for(i=0; i<N; i++)
   {  q=(SLIST *) malloc (sizeof(SLIST));
      q->data=a[i]; p->next=q; p=q;
   }
   p->next=NULL;
   return h;
}
void outlist(SLIST *h)
{  SLIST *p;
```

```
            p = h->next;                                              p = p->next;
            if (p==NULL)                                          }
                printf("The list is NULL! \n");                while(p!=NULL);
            else                                                      printf(" ->End\n");
            {   printf("\nHead ");                               }
                do                                             }
                {   printf(" ->% d", p->data);
```

【答案】【1】data 【2】next 【3】head
【解析】本题考查：链表数据结构，节点的表示方法；掌握链表数据结构的基本思想。

本题考查的是链表的数据结构，需利用指针变量才能实现，一个节点中应包含一个指针变量，用来存放下一个节点的地址。

建立单向链表的一般步骤是：建立头指针→建立第一个节点→头指针指向第一个节点→建立第二个节点→第一个节点的指针指向第二个节点→……→最后一个节点的指针指向 NULL。

标号【1】：变量 s 用来累加各节点的数据域，因此该处应为 data。

标号【2】：每次循环结束时，指针 p 指向下一个节点，即 p = p->next；。

标号【3】：由被调用函数的形参列表可知，此处应为指针类型变量，因为要对链表的数据域求和，所以将链表的头指针传给被调用函数。

考点5　建立单向链表

单向链表中，每个节点应该由两个成员组成：一个是数据成员；另一个是指向自身结构的指针类型成员。

节点的类型定义如下：
```
struct slist
{   int data;
    struct slist * next;
};
typedef struct slist SLIST;
```

真考链接

考点5难度适中，属于需重点掌握的内容。在选择题中的考核概率为10%。操作题中对此知识点的考查常在程序填空题中出现，考核概率为15%。

(1)建立单向链表的主要操作步骤如下。
①读取数据。
②生成新节点。
③将数据存入节点的成员变量中。
④将新节点插入链表中。重复上述操作直至输入结束。
(2)顺序访问链表中各节点的数据域。
(3)在单向链表中插入节点。在单向链表中插入节点，首先要确定插入的位置。当插入节点插在指针所指的节点之前，称为"前插"，当插入节点插在指针所指的节点之后，称为"后插"。

当进行"前插"操作时，需要3个工作指针（假设为 s1、s2 和 s3）。用 s1 来指向新开辟的节点；用 s2 指向插入的位置；用 s3 指向 s2 的前驱节点（由于是单向链表，没有指针 s3，就无法通过 s2 去指向它所指的前驱节点）。

(4)删除单向链表中的节点。为了删除单向链表中的某个节点，首先要找到待删节点的前驱节点，然后将此前驱节点的指针域指向待删节点的后继节点，最后释放被删节点所占存储空间即可。

真题精选

【例1】以下函数 creat( )用来建立一个带头节点的单向链表，新产生的节点总是插在链表的末尾，节点数据域中的数值从键盘输入，以字符"?"作为输入结束标识。单向链表的头指针作为函数值返回。请填空。

试题程序

```
#include <stdio.h>                                        struct list *next;
struct list                                           };
{   char data;                                        struct list * creat( )
```

```
{ struct list *h, *p, *q;              q->next = p;
  char ch;                              q = p;
  h = _____malloc(sizeof(_____));       ch = getchar();
  p = q = h;                          }
  ch = getchar();                     p->next = '\0';
  while(ch! = '?')                    return _____;
  { p = _____malloc(sizeof(_____));  }
    p->data = ch;
```

【答案】(struct list *)　struct list　(struct list *)　struct lis　h

【解析】前4个空处要求填入的内容是相同的,都是为了开辟一个链表节点的动态存储单元。由说明语句可知,节点的类型为struct list,因此在第一空处和第三空处应填指针强制类型转换(struct list *),在第二空处和第四空处应填节点的类型名struct list。函数的最后应当把所建链表的头指针作为函数值返回。在函数中,链表的头节点放在h中,所以在第五空处应填h。

【例2】下列给定程序中已建立了一个带头节点的单向链表,在main()函数中将多次调用fun()函数,每调用一次,输出链表尾部节点中的数据,并释放该节点,使链表缩短。

请在标号处填入正确的内容,使程序得出正确的结果。

注意:部分源程序给出如下。不得增行或删行,也不得更改程序的结构。

试题程序

```
#include <stdio.h>
#include <stdlib.h>
#define N 8
typedef struct list
{ int data;
  struct list *next;
} SLIST;
void fun( SLIST *p)
{ SLIST *t, *s;
  t = p->next; s = p;
  while(t->next ! = NULL)
  { s = t;
    t = t->【1】;
  }
  printf(" % d ",【2】);
  s->next = NULL;
  free(【3】);
}
SLIST *creatlist(int *a)
{ SLIST *h, *p, *q; int i;
  h = p = (SLIST *) malloc (sizeof
(SLIST));
  for(i = 0; i < N; i++)
  { q = (SLIST *) malloc (sizeof
(SLIST));
    q->data = a[i]; p->next = q; p = q;
  }
  p->next = NULL;
  return h;
}

void outlist(SLIST *h)
{ SLIST *p;
  p = h->next;
  if (p == NULL)
    printf("\nThe list is NULL! \n");
  else
  { printf("\nHead");
    do { printf(" ->% d",p->data);
      p = p->next; } while(p! = NULL);
    printf(" ->End\n");
  }
}
main()
{ SLIST *head;
  int a[N] = {11,12,15,18,19,22,25,29};
  head = creatlist(a);
  printf("\nOutput from head:\n");
  outlist(head);
  printf("\nOutput from tail: \n");
  while (head->next ! = NULL){
    fun(head);
    printf("\n\n");
    printf("\nOutput from head again :\n");
    outlist(head);
  }
}
```

【答案】【1】next 【2】t->data 【3】t

【解析】本题考查:malloc 函数、free 函数、链表数据结构、节点的表示方法,掌握链表数据结构的基本思想;释放内存空间函数 free。

标号【1】:因为是链表操作,所以要使 t 逐一往后移动,语句为 t = t->next;。

标号【2】:输出链表节点的数据域,即 t->data。

标号【3】:使用 free() 函数将 t 所指向的内存空间释放。释放内存空间函数 free() 的调用形式为:free(void * p);。功能:释放 p 所指向的一块内存空间,p 是一个任意类型的指针变量,它指向被释放区域的首地址。被释放区应该是由 malloc() 或 calloc() 函数所分配的区域。

考点6 顺序访问链表中各节点的数据域

所谓"访问",可以理解为读取各节点的数据域中的值进行各种运算,修改各节点的数据域中的值等一系列的操作。

输出单向链表各节点数据域中内容的算法比较简单,只需利用一个工作指针(p),从头到尾依次指向链表中的每个节点,当指针指向某个节点时,就输出该节点数据域中的内容,直到遇到链表结束标识为止。如果是空链表,就只输出提示信息并返回调用函数。

> **真考链接**
>
> 考点6难度偏大,属于需重点理解的内容。在选择题中的考核概率为10%。操作题中对此知识点的考查常在程序修改题中出现,考核概率为15%。

函数如下:

```
void printlist(NODETYPE * head)
{ NODETYPE * p;
  p = head->next;          /*指向头节点后的第一个节点*/
  if(p == '\0')            /*链表为空时*/
     printf("Linklist is null\n");
  else                     /*链表不为空时*/
  { printf("head");
    do
    { printf(" ->%d",p->data);   /*输出当前节点数据域中的值*/
      p = p->next;               /*指向下一个节点*/
    }while(p! = '\0');           /*未到链表尾,继续循环下去*/
  }
  printf(" ->end\n");
}
```

真题精选

下列给定程序中,函数 fun() 的功能是:在带头节点的单向链表中,查找数据域中值为 ch 的节点。找到后通过函数值返回该节点在链表中所处的顺序号;若不存在值为 ch 的节点,函数返回 0 值。

请在标号处填入正确的内容,使程序得出正确的结果。

注意:部分源程序给出如下。不得增行或删行,也不得更改程序的结构。

试题程序

```
#include <stdio.h>
#include <stdlib.h>
#define N 8
typedef struct list
{ int data;
  struct list * next;
} SLIST;
SLIST * creatlist(char *);
void outlist(SLIST *);
int fun( SLIST *h, char ch)
{ SLIST *p;int n = 0;
  p = h->next;
  while(p! =【1】)
  { n++;
    if (p->data == ch) return【2】;
    else p = p->next;
  }
  return 0;
}
main()
```

```
{ SLIST *head; int k; char ch;
  char a[N] = {'m','p','g','a','w','x','r','d'};
  head = creatlist(a);
  outlist(head);
  printf("Enter a letter:");
  scanf("%c",&ch);
  k = fun(【3】);
  if (k==0)  printf("\nNot found!\n");
  else
      printf("The sequence number is :%d\n",k);
}
SLIST *creatlist(char *a)
{ SLIST *h,*p,*q;  int i;
  h = p = (SLIST *) malloc (sizeof(SLIST));
  for(i=0; i<N; i++)
    { q = (SLIST *) malloc (sizeof(SLIST));
      q->data = a[i]; p->next = q; p = q;
    }
  p->next = 0;
  return h;
}
void outlist(SLIST *h)
{ SLIST *p;
  p = h->next;
  if (p==NULL)
      printf("\nThe list is NULL!\n");
  else
  { printf("\nHead");
    do
    { printf("->%c", p->data);
      p = p->next;
    } while(p!=NULL);
    printf("->End\n");
  }
}
```

【答案】【1】NULL 【2】n 【3】head,ch

【解析】本题考查：链表相关知识；while 循环语句；函数返回值。

标号【1】：while 循环语句判断是否到达链表结尾，链表结尾节点指针域是 NULL。

标号【2】：若找到指定字符，则通过 return 语句将该节点在链表中的顺序号返回给 main() 函数。

标号【3】：函数调用语句，其形式是：函数名(实际参数表)，因此根据函数定义语句填入 head,ch。

考点7　在链表中插入和删除节点

1. 在链表中插入节点

在单向链表中插入节点，首先要确定插入的位置。插入节点在指针 p 所指的节点之前称为"前插"，插入节点在指针 p 所指的节点之后称为"后插"。"前插"操作中各指针的指向如图 11.2 所示。

当进行前插操作时，需要 3 个工作指针：用 s 指向新开辟的节点，用 p 指向插入的位置，用 q 指向要插入的前驱节点。

> **真考链接**
> 考点7属于重点理解、重点掌握的内容。在选择题中的考核概率为 30%。操作题中对此知识的考查常在编程题中出现，考核概率为 20%。

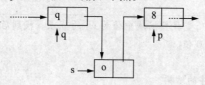

图 11.2 "前插"操作中各指针的指向

2. 删除链表中的节点

为了删除单向链表中的某个节点，首先要找到待删除的节点的前驱节点(即当前要删除节点的前面一个节点)，然后将此前驱节点的指针域指向待删除节点的后继节点(即当前要删除节点的下一个节点)，最后释放被删除节点所占的存储空间即可。

 常见问题

动态链表中，节点有何特点？

在动态链表中，每个节点元素均没有自己的名字，只能靠指针维系节点元素之间的连续关系。一旦某个元素的指针"断开"，后续元素就再也无法找寻。

真题精选

下列给定程序中已建立了一个带头节点的单向链表,请向链表中插入一个整数,使插入后的链表仍然有序。
请在标号处填入正确的内容,使程序得出正确的结果。
注意:部分源程序给出如下。不得增行或删行,也不得更改程序的结构。

试题程序

```
#include <stdio.h>
#include <stdlib.h>
#define N 8
typedef struct list
{  int data;
   struct list *next;
} SLIST;
void fun(SLIST *P,int m)
{  SLIST *t,*s;
   s=(SLIST *)malloc (sizeof(SLIST));
   S->data = 【1】 ;
   t=p->next;
   while(t!=NULL&&t->data<m)
   {p=t;t= 【2】 ;}
     【3】
}
SLIST *creatlist(int *a)
{  SLIST *h,*p,*q;int i;
   h = p = (SLIST *) malloc (sizeof(SLIST));
   for(i=0; i<N; i++)
   {  q = (SLIST *) malloc (sizeof(SLIST));
      q->data=a[i]; p->next=q; p=q;
   }
   p->next=0;
   return h;
}

void outlist(SLIST *h)
{  SLIST *p;
   p=h->next;
   if (p==NULL)
      printf("\nThe list is NULL!\n");
   else
   {  printf("\nHead");
      do
      {  printf(" ->% d",p->data);
         p=p->next;
      } while(p!=NULL);
      printf(" ->End\n");
   }
}
main()
{  SLIST *head;
   int a[N] = {11,12,15,18,19,22,25,29},n;
   head=creatlist(a);
   printf("\nThe list before inpreeing:\n");
   outlist(head);
   printf ("Intput a integer:");
   scanf("% d",&n);
   printf("\n The list afeer inputting:\n");
   fun(head,n);
   outlist(head);
}
```

【答案】【1】m 【2】t->next 【3】s->next=t;p->next=s;
【解析】标号【1】:申请一个节点空间,并将形参m中的值存入新节点的数据域中。
标号【2】:使用循环语句遍历链表,查找待插入的位置,指针p和t依次向后移动。
标号【3】:将新节点插入链表中,插入时先将节点s的指针域指向t,再将节点p的指针域指向s。

11.5 共用体

共用体的类型说明和变量的定义方式与结构体的类型说明和变量的定义方式完全相同。所不同的是,结构体中的成员各自占有自己的存储空间,而共用体的变量中的所有成员占有同一个存储空间。可以把一个整型变量、一个字符型变量、一个实型变量放在同一个地址开始的内存单元中,这3个变量在内存中所占的字节数不同,但都从同一个起始地址开始存放,也就是使用覆盖技术,几个变量相互覆盖。

考点8　共用体类型的定义和引用

（1）共用体类型的说明。一般地，共用体类型说明的形式为：
union 共用体标识名
{
　　类型名1 共用体成员名1；
　　类型名2 共用体成员名2；
　　…
　　类型名n 共用体成员名n；
};

真考链接

考点8属于简单识记知识点。在选择题中的考核概率为30%。

例如：
union un_1
{　int i;
　　float x;
　　char ch;
};

说明：union是关键字，是共用体类型的标志。un_1是共用体标识名，"共用体标识名"和"共用体成员名"都是由用户定义的标识符。

另外，共用体标识名是可选项，在说明中可以不出现。共用体中的成员可以是简单变量，也可以是数组、指针、结构体和共用体（结构体的成员也可以是共用体）。

（2）共用体变量的定义。共用体变量的定义也和结构体一样，可以采用4种方式。

注意：

①共用体变量在定义的同时只能用第一个成员的类型的值进行初始化。

②共用体类型变量的定义，在形式上与结构体非常一致，但它们是有本质区别的：结构体中的每个成员分别占有独立的存储空间，因此结构体变量所占内存字节数是其成员所占字节数的总和；而共用体变量中的所有成员共享一段公共存储区，所以共用体变量所占内存字节数与其成员中占字节数最多的那个成员相等。

③正是因为共用体变量中的所有成员共享同一存储空间，因此变量中的所有成员的首地址相同，而且变量的地址也就是该变量成员的地址。

共用体变量中每个成员的引用方式与结构体完全相同，可以使用以下3种形式之一：

①共用体变量名.成员名；

②指针变量名 -> 成员名；

③(*指针变量名).成员名。

共用体中的成员变量同样可参与其所属类型允许的任何操作，但在访问共用体成员时应注意：共用体变量中起作用的是最近一次存入的成员变量的值，原有成员变量的值将被覆盖。

 真题精选

【例1】以下程序的执行结果是(　　)。

```
#include <stdio.h>
union un
{ int i;
  char c[2];
}
main()
{ union un x;
  x.c[0]=10;
  x.c[1]=1;
  printf("\n% d",x.i);
}
```

A. 266　　　　　B. 11　　　　　C. 265　　　　　D. 138

【答案】A

【解析】此题考查共用体类型的特征。int 类型变量 i 和字符数组 c 共用两个字节的存储单元,通常 c[0]位于低字节,c[1]位于高字节。因此,x.i = x.c[1] * 256 + x.c[0] = 266,故选项 A 正确。

【例2】以下程序的输出结果是(　　)。
```
union myun
{   struct
    { int x, y, z; } u;
    int k;
} a;
main()
{   a.u.x = 4; a.u.y = 5; a.u.z = 6;
    a.k = 0;
    printf("% d\n",a.u.x);
}
```
A. 4　　　　　B. 5　　　　　C. 6　　　　　D. 0

【答案】D

【解析】共用体变量中起作用的成员是最后一次存放的成员,在存入一个新的成员后原有的成员就失去作用。在本题中,当对 a.u.y 成员赋值时,a.u.x 的值就不存在了;当对 a.u.z 成员赋值时,a.u.y 的值就不存在了。

【例3】已知字符 0 的 ASCII 代码值的十进制数是 48,有以下程序:
```
#include <stdio.h>
main()
{   union {
        int i[2];
        long k;
        char c[4];
    } r, * s = &r;
    s -> i[0] = 0x39; s -> i[1] = 0x38;
    printf("% x\n",s -> c[0]);
}
```
其输出结果是(　　)。
A. 39　　　　　B. 9　　　　　C. 38　　　　　D. 8

【答案】A

【解析】在共用体变量中,所有成员共用存储空间。因此变量 r 中,成员 i[0]和成员 c[0]、c[1]共用 2 字节的存储空间,c[0]和 c[1]都占 1 字节。因此,c[0]与 i[0]的低 8 位共用 1 字节,而 c[1]与 i[0]的高 8 位共用 1 字节。程序以十六进制数的形式输出 s -> c[0]的值,因此只需求出在 i[0]的低 8 位中的值即可。程序有赋值语句:s -> i[0] = 0x39; s -> i[1] = 0x38;,根据以上分析,只需关心 s -> i[0] = 0x39;的赋值即可。因为 c[0]与 i[0]的低 8 位共用 1 字节,所以 s -> c[0]的十六进制数就是 39。

11.6　综合自测

一、选择题

1. 在 16 位的 PC 上使用 C 语言,若有以下定义:
```
struct data
{   int i;
    char ch;
    double f;
```

} b;
   则结构体变量 b 占用内存的字节数是(   )。
   A. 1   B. 2   C. 8   D. 11
2. 设有以下说明和定义语句,则下面表达式中值为 3 的是(   )。
   struct s
   { int i;
     struct s *i2;
   };
   static struct s a[3] = {1, &a[1], 2, &a[2], 3, &a[0]};
   static struct s *ptr;
   ptr = &a[1];
   A. ptr→i++   B. ptr++→I   C. *ptr→i   D. ++ptr→i
3. 有以下程序：
   main()
   { union {
         unsigned int n;
         unsigned char c;
     } u1;
     u1.c = 'A';
     printf("%c\n", u1.n);
   }
   执行后输出结果是(   )。
   A. 产生语法错误   B. 随机值   C. A   D. 65
4. 设有以下说明语句：
   struct stu
   { int a;
     float b;
   } stutype;
   则下面的叙述,正确的是(   )。
   A. struct 是结构体类型名   B. struct stu 是用户定义的结构体变量名
   C. stutype 是用户定义的结构体变量名   D. a 和 b 都是结构体变量名
5. 以下程序输出的结果是(   )。
   #include <stdio.h>
   typedef union
   { long i;
     int k[5];
     char c;
   } DATE;
   struct date
   { int cat;
     DATE cow;
     double dog;
   } too;
   DATE max;
   main()
   { printf("%d\n", sizeof(struct date) + sizeof(max));
   }
   A. 25   B. 30   C. 18   D. 8
6. 以下对结构体变量 stu1 中成员 age 的非法引用是(   )。
   struct student

```
{   int age;
    int num;
}stu1, *p;
p = &stu1;
```
   A. stu1.age　　　　　B. student.age　　　　C. p -> age　　　　D. (*p).age

7. 下列程序中,结构体变量 a 所占内存字节数是( )。
```
union U
{   char st[4];
    int i;
    long l;
};
struct A
{   int c;
    union U u;
}a;
```
   A. 4　　　　　　　　B. 5　　　　　　　　　C. 6　　　　　　　　D. 8

8. 设有以下说明语句:
```
struct ex {
    int x ;float y;char z ;
} example;
```
   则下面的叙述中,不正确的是( )。
   A. struct 是结构体类型的关键字
   B. example 是结构体类型名
   C. x,y,z 都是结构体成员名
   D. structex 是结构体类型名

9. 若有下面的说明和定义:
```
struct test {
    int m1; char m2;float m3;
    union uu {
        char u1[5];
        int u2[2];
    } ua;
} myaa;
```
   则 sizeof(struct test) 的值是( )。
   A. 12　　　　　　　　B. 16　　　　　　　　C. 14　　　　　　　　D. 9

10. 已知:
```
union
{   int i;
    char c;
    float a;
} test;
```
   则 sizeof(test) 的值是( )。
   A. 4　　　　　　　　B. 5　　　　　　　　　C. 6　　　　　　　　D. 7

11. 以下对 C 语言中联合类型数据的正确叙述是( )。
   A. 一旦定义了一个联合变量后,即可引用该变量或该变量中的任意成员
   B. 一个联合变量中可以同时存放其所有成员
   C. 一个联合变量中不能同时存放其所有成员
   D. 联合类型数据可以出现在结构体类型定义中,但结构体类型数据不能出现在联合类型定义中

二、操作题

1. 下列给定程序是建立一个带头节点的单向链表,并用随机函数为各节点赋值。函数 fun() 的功能是将单向链表节点(不包括头节点)数据域为偶数的值累加起来,并作为函数值返回。
   请改正函数 fun() 中的错误,使它能得出正确的结果。

注意：不要改动main( )函数，不得增行或删行，也不得更改程序的结构。

试题程序

```
#include <stdio.h>
#include <conio.h>
#include <stdlib.h>
typedef struct aa
{   int data;
    struct aa *next;
} NODE;
int fun(NODE *h)
{   int sum=0;
    NODE *p;
    p=h->next;
    /*****found*****/
    while (p->next)
    {   if (p->data%2==0)
        sum+=p->data;
        /*****found*****/
        p=h->next;
    }
    return sum;
}
NODE *creatlink(int n)
{   NODE *h, *p, *s;
    int i;
    h=p=(NODE *)malloc(sizeof(NODE));
    for (i=1;i<n;i++)
    {   s=(NODE *)malloc(sizeof(NODE));
        s->data=rand()%16;
        s->next=p->next;
        p->next=s;
        p=p->next;
    }
    p->next=NULL;
    return h;
}
outlink(NODE *h)
{   NODE *p;
    p=h->next;
    printf("\n\nTHE LIST:\n\n HEAD");
    while (p)
    {   printf(" ->%d",p->data);
        p=p->next;
    }
    printf("\n");
}
main ()
{   NODE *head;
    int sum;
    head=creatlink(10);
    outlink (head);
    sum=fun (head);
    printf("\nSUM=%d",sum);
}
```

2. 下列给定程序中已建立了一个带头节点的单向链表，链表中的各节点按数据域递增有序链接。函数fun( )的功能是删除链表中数据域值相同的节点，使之只保留一个。

请在标号处填入正确的内容，使程序得出正确的结果。

注意：部分源程序给出如下。不得增行或删行，也不得更改程序的结构。

试题程序

```
#include <stdio.h>
#include <stdlib.h>
#define N 8
typedef struct list
{   int data;
    struct list *next;
} SLIST;
void fun( SLIST *h)
{   SLIST *p, *q;
    p=h->next;
    if (p!=NULL)
    {   q=p->next;
        while(q!=NULL)
        {   if (p->data==q->data)
            {   p->next=q->next;
                free(【1】);
                q=p->【2】;
            }
            else
            {   p=q;
                q=q->【3】;
            }
        }
    }
}
SLIST *creatlist(int *a)
{   SLIST *h,*p,*q;
    int i;
```

```c
    h = p = (SLIST *) malloc (sizeof
(SLIST));
    for(i = 0; i < N; i ++)
    {   q = (SLIST *) malloc (sizeof
(SLIST));
        q -> data = a[i]; p -> next = q; p = q;
    }
    p -> next = 0;
    return h;
}
void outlist(SLIST *h)
{   SLIST *p;
    p = h -> next;
    if (p == NULL)
       printf("\nThe list is NULL! \n");
    else
    {   printf("\nHead");
        do
        {   printf(" -> % d",p -> data); p = p -> next;
        } while(p! = NULL);
        printf(" -> End\n");
    }
}
main()
{   SLIST *head;
    int a[N] = {1,2,2,3,4,4,4,5};
    head = creatlist(a);
    printf("\nThe list before deleting :\n");
    outlist(head);
    fun(head);
    printf("\nThe list after deleting :\n");
    outlist(head);
}
```

第12章

文 件

选择题分析明细表

考 点	考核概率	难易程度
文件的概念和文件指针	20%	★★
fopen( )函数和fclose( )函数	60%	★★★★
fputc( )函数和fgetc( )函数	10%	★★
fread( )函数和fwrite( )函数	30%	★★★
fscanf( )函数和fprintf( )函数	40%	★★★
fgets( )函数和fputs( )函数	20%	★

操作题分析明细表

考 点	考核概率	难易程度
fopen( )函数和fclose( )函数	10%	★★★
fputc( )函数和fgetc( )函数	5%	★
fread( )函数和fwrite( )函数	10%	★★★
fscanf( )函数和fprintf( )函数	10%	★★★
fgets( )函数和fputs( )函数	5%	★
fseek( )函数的随机读写	5%	★

12.1 C语言文件的概念

考点1 文件的概念和文件指针

1. 文件的概念

在C语言中,对于输入、输出的数据都按"数据流"的形式来处理。输出时,系统不添加任何信息;输入时,逐一读入数据,直至遇到EOF或文件结束标识。C程序中的输入、输出文件,都以数据流的形式存储在介质上。

> **真考链接**
> 考点1较简单,属于重点理解、重点掌握的知识点,在选择题中的考核概率为20%。

对文件的输入、输出方式也称"存取方式"。在C语言中,有两种对文件的存取方式:顺序存取和直接存取。

顺序存取文件的特点:每当"打开"这类文件进行读或写操作时,总是从文件的开头到结尾按顺序地读或写;要读第 n 个字节时,先要读取前 $n-1$ 个字节,而不能一开始就读到第 n 个字节,要写第 n 个字节时,先要写前 $n-1$ 个字节。

直接存取文件又称随机存取文件,其特点是可以通过调用C语言的库函数去指定开始读(写)的字节号,然后直接对此位置上的数据进行读(写)操作。

数据存放在介质上的形式分为文本形式和二进制形式,因此可以按数据的存放形式分为文本文件和二进制文件。这两种文件既可以采用顺序方式,又可以采用直接(随机)方式进行存取。

文本文件的特点:当输出时,数据按面值转换成一串字符,每个字符以字符的ASCII码值存储到文件中,一个字符占一个字节。

当用printf()函数进行输出时就进行了这样的转换,只是在内部处理过程中,指定了输出文件为终端屏幕。反之,当输入时,又把指定的一串字符按类型转换成数据,并存入内存。例如,当调用scanf()函数进行输入时就进行了这种转换,只是在内部处理过程中,指定了输入文件为终端键盘。

当数据按照二进制形式直接输出到文件中时,数据不经过任何转换,按计算机内的存储形式直接存放到磁盘上。也就是说,对于字符型数据,每个字符占一个字节,对于int类型数据,每个数据占两个字节,当从二进制文件中读入数据时,不必经过任何转换,而直接将读入的数据存入变量所占内存空间中。在二进制文件中,因为不存在转换的操作,从而提高了对文件输入、输出的速度。

注意:不能将二进制数据直接输出到终端屏幕,也不能从键盘输入二进制数据。

在对文件进行输入或输出时,系统将为输入或输出文件开辟缓冲区。"缓冲区"是系统在内存中为各文件开辟的一片存储区。当对某文件进行输出时,系统首先把输出的数据填入为该文件开辟的缓冲区内,当缓冲区被填满时,就把缓冲区中的内容一次性地输出到对应文件中。当从某文件输入数据时,首先将从输入文件中输入的一批数据放入该文件的内存缓冲区中,输入语句将从该缓冲区中依次读取数据;当该缓冲区中的数据被读完时,再从输入文件中输入一批数据放入缓冲区。这样可以很好地提高读取效率。

2. 文件指针

文件指针是指向一个结构体类型的指针变量,这个结构体中包含有缓冲区的地址、在缓冲区中当前存取的字符位置、对文件是"读"还是"写"、是否出错、是否已经遇到文件结束标识等信息。编程时不必去了解其中的细节,所有一切都在stdio.h头文件中进行了定义。称此结构体类型名为FILE,可以用此类型名来定义文件指针。

定义文件类型指针变量的一般形式如下:

FILE * 指针变量名;

例如:

FILE * fp;

fp被定义为指向文件类型的指针变量,称为文件指针。

小提示

在C语言中，文件是一个字节流或二进制流，也就是说，对于输入、输出的数据都按"数据流"的形式进行处理。输出时，系统不添加任何信息；输入时，逐一读入数据，直至遇到文件的结束标识。

顺序存取文件的特点是：每当"打开"文件进行读或写操作时，总是从文件的开头开始，从头到尾顺序地读或写。

常见问题

直接存取文件的特点是什么？

可以通过C语言的库函数去指定开始读(写)的字节号，然后直接对此位置上的数据进行读(写)操作。

真题精选

若fp是指向某文件的指针，且已读到文件的末尾，则表达式feof(fp)的返回值是(　　)。

A. EOF　　　　　　　B. -1　　　　　　　C. 非零值　　　　　　　D. NULL

【答案】C

【解析】因为fp的值就是1，故选项A和选项B皆不是正确答案。当文件读到末尾时，feof(fp)为非零值，否则为0。

12.2 文件的打开与关闭

对文件进行读、写操作时，首先要解决的问题是如何把程序中读写的文件与磁盘上的实际数据文件联系起来，接着就应该"打开"文件，在使用结束之后关闭文件。

考点2　fopen()函数和fclose()函数

1. fopen()函数

在C语言中，在对文件进行各种具体的操作之前，首先要"打开文件"，把程序中要读、写的文件与磁盘上实际的数据文件联系起来。此时需要调用C语言提供的库函数fopen()"打开"文件来实现这些联系。

fopen()函数的一般调用形式如下：

　　fopen(文件名,文件使用方式);

函数返回一个指向FILE类型的指针。若函数调用成功，则返回一个FILE类型的指针，赋给文件指针变量fp，从而把指针fp与文件联系起来，在此调用之后，指针fp就指向了文件。

> **真考链接**
>
> 考点2难度适中，属重点掌握内容。在选择题中的考核概率为60%。在操作题中的考核概率为10%。

无论采用哪种使用方式，当打开文件时出现了错误，fopen()函数都将返回NULL。最常用的文件使用方式及其含义如下。

(1)"r"：为读而打开文本文件。当指定这种方式时，对打开的文件只能进行"读"操作。若指定的文件不存在，则会出错。另外，比如去读一个不允许读的文件时，也会出错。

(2)"rb"：为读而打开一个二进制文件。其余功能与"r"相同。

(3)"w"：为写而打开文本文件。这时，如果指定的文件不存在，系统将用在fopen调用中指定的文件名建立一个新文件；如果指定的文件已存在，则将从文件的起始位置开始写，文件中原有的内容将全部消失。

(4)"wb"：为写而打开一个二进制文件。其余功能与"w"相似，但从指定位置开始写。

(5)"a"：为在文件后面添加数据而打开文本文件。这时，如果指定的文件不存在，系统将用在fopen调用中指定的文件名建立一个新文件；如果指定的文件已存在，则文件中原有的内容将保存，新的数据写在原有内容之后。

(6)"ab"：为在文件后面添加数据而打开一个二进制文件。其余功能与"a"相同。

(7)"r+":为读和写而打开文本文件。采用这种方式时,指定的文件应当已经存在。既可以对文件进行读操作,也可对文件进行写操作,在读和写操作之间不必关闭文件。只是对于文本文件来说,读和写总是从文件的起始位置开始。在写新的数据时,只覆盖新数据所占的空间,其后的旧数据并不丢失。

(8)"rb+":为读和写而打开一个二进制文件。功能与"r+"相同。只是在读和写时,可以由位置函数设置读和写的起始位置,也就是说不一定从文件的起始位置开始读和写。

(9)"w+":首先建立一个新文件,进行写操作,随后可以从头开始读。如果指定的文件已存在,则原有的内容将全部消失。

(10)"wb+":功能与"w+"相同,只是在随后的读和写时,可以由位置函数设置读和写的起始位置。

(11)"a+":功能与"a"相同,只是在文件尾部添加新的数据之后,可以从头开始读。

(12)"ab+":功能与"a+"相同,只是在文件尾部添加新的数据之后,可以由位置函数设置读的起始位置。

注意:这些指针是常量,而不是变量,因此不能重新赋值。

2. fclose( )函数

在C语言中,对文件的读(写)等具体操作完成之后,必须将它关闭。关闭文件可调用库函数fclose来实现。

一般地,fclose( )函数的调用形式如下:

fclose(文件指针)

若对文件的操作方式为"读"方式,则经以上函数调用之后,要使文件指针与文件脱离联系,可以重新分配文件指针去指向其他文件。若对文件的操作方式为"写"方式,则系统首先把该文件缓冲区中的剩余数据全部输出到文件中,然后使文件指针与文件脱离联系。由此可见,在完成对文件的操作之后,应当关闭文件,否则文件缓冲区中的剩余数据就会丢失。

当执行关闭操作后,成功则函数返回0,否则返回非0。

> **小提示**
>
> 打开文件时设定的文件使用方式与后面对该文件的实际使用方式不一致时,会导致系统产生错误。
>
> 在C语言中,当开始运行一个C程序时,系统将会自动打开3个文件,分别是标准输入文件、标准输出文件和标准出错文件,并规定相应的文件指针为 stdin、stdout、stderr,它们已在 stdio.h 头文件中进行了说明。通常,stdin 和键盘连接、rtdout 和 rtderr 与终端屏幕连接。

常见问题

调用 fopen( )函数时,文件的使用方式为"rb+",则此函数有何功能?

此函数为读和写而打开一个二进制文件。功能与"r+"相同。只是在读和写时,可以由位置函数设置读和写的起始位置,也就是说不一定从文件的起始位置开始读和写。

真题精选

【例1】下述关于C语言文件操作的结论中,(　　)是正确的。

A. 对文件操作必须先关闭文件

B. 对文件操作必须先打开文件

C. 对文件操作顺序无要求

D. 对文件操作前必须先测试文件是否存在,然后再打开文件

【答案】B

【解析】本题考查文件操作的一般规则。对文件进行读写操作之前必须先打开文件,打开文件意味着将文件与一个指针相连,然后才能通过指针操作文件。通过打开文件也可以测试文件是否存在,例如,若文件不存在,则打开此文件时文件指针的值为0。况且,若为新创建文件,而打开文件进行写操作时,源文件根本不存在,此时更不必测试文件是否存在。总之,文件操作前并不是必须先测试文件是否存在,然后再打开文件。

【例2】如果需要打开一个已经存在的非空文件"FILE"进行修改,正确的打开语句是(　　)。

A. fp = fopen("FILE", "r");   B. fp = fopen("FILE", "ab+");

C. fp = fopen("FILE", "w+");   D. fp = fopen("FILE", "r+");

【答案】D

【解析】此题考查文件打开方式对文件操作的影响。由于对打开文件进行修改,可见选项A是错误的,因为用此种方式打

开时,只能读,不能写,当然无法修改。选项B是以追加方式"ab+"打开文件进行读写的。以这种方式打开时,新写入的数据只能追加在文件原有内容之后,但可以读出以前的数据。换言之,以"ab+"或"a+"方式打开文件后,对于写操作,文件指针只能定位在文件的原有内容之后,但对于读操作,文件指针可以定位在全文件范围内,可见,按此种方式打开文件不能实现文件内容的修改。选项C以"w+"方式打开文件,此时,源文件中已存在的内容都被清除。但新写入文件的数据可以被再次读出或再次写入,故也不能实现对文件的修改。只有以"r+"方式打开文件时,才允许将文件原来数据读出,也允许在某些位置上再写入,从而实现对文件的修改。

【例3】下列给定程序中,函数fun()的功能:将自然数1~10及其平方根写到名为myfile3.txt的文本文件中,然后再按顺序读出显示在屏幕上。

请在程序标号处填入正确的内容,使程序得出正确的结果。

注意:部分源程序给出如下。

不得增行或删行,也不得更改程序的结构。

试题程序

```
#include <math.h>
#include <stdio.h>
int fun(char * fname )
{   FILE *fp;int i,n;float x;
    if((fp = fopen(fname, "w")) ==NULL)
    return 0;
    for(i =1;i < =10;i ++)
        fprintf(【1】,"% d % f \n", i, sqrt
((double)i));
    printf("\nSucceed!!\n");
    【2】;
    printf("\nThe data in file :\n");
    if((fp = fopen(【3】,"r")) ==NULL)
    return 0;
    fscanf(fp,"% d% f",&n,&x);
    while(! feof(fp))
    {   printf("% d % f\n",n,x);
        fscanf(fp,"% d% f",&n,&x);
    }
    fclose(fp);
    return 1;
}
main()
{   char fname[] = "myfile3.txt";
    fun(fname);
}
```

【答案】【1】fp 【2】fclose(fp) 【3】fname

【解析】本题考查文件的相关操作。fprintf()函数与printf()函数功能相似,区别在于fprintf()函数的对象不是键盘和显示器,而是磁盘文件;文件打开函数fopen()和关闭函数fclose()的使用。

标号【1】:fprintf()函数的形式是:fprintf(文件指针,格式字符串,输出列表);,所以填入文件指针fp。

标号【2】:文件一旦使用完毕,应使用关闭函数fclose()将文件关闭,以避免发生文件数据丢失等错误。

标号【3】:fopen()函数用来打开一个文件,其一般形式为:文件指针名=fopen(文件名,使用文件方式);,因此应填入文件名fname。

12.3 文件的读、写

考点3　fputc()函数和fgetc()函数

1. 调用fput()函数输出一个字符

putc()(或fputc())函数的调用形式如下:

putc(ch,fp);

其中,ch是待输出的某个字符,它可以是一个字符常量,也允许是一个字符变量;fp是文件指针。putc(ch,fp)的功能是将字符ch写到文件指针fp所指的文件中去。当输出成功,putc()函数返回所输出的字符;如果输出失败,则返回一个EOF值。EOF是在stdio.h库函数文件中定义的符号常量,其值等于-1。

真考链接

考点3较简单,属于重点理解内容。在选择题中的考核概率为10%。在操作题中的考核概率为5%。

fputc()函数的调用形式和函数的功能与 putc()函数完全一样。

2. 调用 fgetc() 函数输入一个字符

getc()函数的调用形式如下：

ch = getc(fp);

其中 fp 是文件指针。函数的功能是从 fp 指定的文件中读入一个字符，并把它作为函数值返回。ch = getc(fp)的功能是把从文件中读入的一个字符赋给变量 ch。

fgetc()函数的调用形式和函数的功能与 getc()函数完全相同。

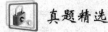真题精选

【例1】以下程序用于把从终端输入的字符输出到名为 abc. txt 的文件中，直到从终端读入字符#号时结束输入和输出操作，但程序有错。

```
#include <stdio.h>
main()
{ FILE * fout; char ch;
  fout = fopen('abc.txt','w');
  ch = fgetc(stdin);
  while(ch! = '#')
  { fputc(ch,fout);
    ch = fgetc(stdin);
  }
  fclose(fout);
}
```

出错的原因是(   )。

A. 函数 fopen()调用形式错误
B. 输入文件没有关闭
C. 函数 fgetc()调用形式错误
D. 文件指针 stdin 没有定义

【答案】A

【解析】本题没有什么复杂的算法，主要考查基本语法，本题函数 fopen()调用形式有错误。

【例2】以下程序用来统计文件中字符的个数。请填空。

```
#include <stdio.h>
main()
{ FILE * fp;long num = 0;
  if((fp = fopen("fname.dat"_____)) == NULL)
    printf("Open error \n "); exit(0);
  while_____
  {_____;
    num ++;
  }
  printf("num = % ld \n ", --num);
  fclose(fp);
}
```

【答案】"r" (! feof(fp)) fgetc(fp)

【解析】按题目要求，程序要从文件中输入字符，因此在第一个空处应填"r"。程序使文件指针 fp 指向输入文件，因此在 while 后面应填(! feof(fp))。从文件中输入字符应该调用 fgetc()函数，因为只是统计文件中字符的个数，而没有对输入的字符进行处理，所以在第三个空处应填 fgetc(fp)。

【例3】以下 C 程序将磁盘中的一个文件复制到另一个文件中，两个文件名在命令行中给出(假定文件名无误)。请填空。

```
#include <stdio.h>
main(int argc, char * argv[ ])
{ FILE * f1, * f2;char ch;
  if(argc < _____)
```

```
        {printf("命令行参数错!\n");exit(0);}
        f1 = fopen(argv[1], "r");
        f2 = fopen(argv[2], "w");
        while(_____)fputc(fgetc(f1),_____);
        _____;
        _____;
}
```

【答案】3 !feof(f1) f2 fclose(f1) fclose(f2)

【解析】(1)因为要把一个文件复制到另一个文件中,因此需要打开两个文件。从程序来看,从中读取数据的文件名是放在argv[1]中的,并由文件指针f1指向;进行写操作的文件名是放在argv[2]中,并由文件指针f2指向。所以在命令行中至少要有3个字符串,第一个是本程序的执行文件名,第二个是输入文件名,第三个是输出文件名;字符串的个数放在main()函数的第一参数中,在此是argc中,因此argc的值不能小于3,所以在第一个空处应填"3"。

(2)读操作和写操作是同时在while循环中完成的。当f1所指文件遇到文件结束标识时,应退出循环,所以在第二个空处填"!feof(f1)"。因为文件未结束时函数feof(f1)的值为0,应该在其前面加求反运算符"!",使文件未结束时循环继续。

(3)fgetc函数是从f1所指文件中读取一个字符,并作为函数值返回。函数fputc(c,fp)是把c中的字符输出到fp所指的文件中。目前,在fputc(fgetc(f1),_____)中,字符直接由函数fgetc(f1)从文件中得到,所以,在第三个空处应填输出文件指针"f2"。

(4)当退出程序时应当关闭已打开的文件,因此在第四空和第五空处应分别填写"fclose(f1)"和"fclose(f2)"。注意:不要忽略文件关闭操作,此操作将把输入和输出缓冲区(在内存)中的数据继续处理完毕,然后才使文件指针与文件脱离关系,否则将会丢失应当处理的数据。

【例4】下列给定程序的功能:调用函数fun(),将指定源文件中的内容复制到指定的目标文件中,复制成功时函数返回1,失败时返回0。在复制的过程中,把复制的内容输出到屏幕。主函数中源文件名放在变量sfname中,目标文件名放在变量tfname中。

请在标号处填入正确的内容,使程序得出正确的结果。

注意:部分源程序给出如下。不得增行或删行,也不得更改程序的结构。

试题程序

```
#include <stdio.h>
#include <stdlib.h>
int fun(char *source, char *target)
{ FILE *fs,*ft;char ch;
  if((fs = fopen(source,【1】)) == NULL)
return 0;
  if((ft = fopen(target, "w")) == NULL)
return 0;
  printf("\nThe data in file :\n");
  ch = fgetc(fs);
  while(!feof(【2】))
  { putchar(ch);
    fputc(ch,【3】);
    ch = fgetc(fs);
  }
  fclose(fs); fclose(ft);
  printf("\n\n");
  return 1;
}
main()
{ char sfname[20] = "myfile1",tfname[20] = "myfile2";
  FILE *myf; int i; char c;
  myf = fopen(sfname,"w");
  printf("\nThe original data :\n");
  for(i =1; i<30; i ++)
  { c = 'A' + rand()% 25;
    fprintf(myf,"% c",c); printf("% c",c);
  }
  fclose(myf);printf("\n\n");
  if (fun(sfname, tfname))
  printf("Succeed!");
  else printf("Fail!");
}
```

【答案】【1】"r" 【2】source 【3】target

【解析】标号【1】:填"r"表示让source读出文件。

标号【2】:判断source文件是否读完。

标号【3】:向target文件写内容。

考点4　fread()函数和fwrite()函数

当要求一次性读写一组数据时,如一个实数或一个结构体变量的值,就可以使用fread()函数和fwrite()函数,它们的一般调用形式:

fread(buffer,size,count,fp);
fwrite(buffer,size,count,fp);

其中,buffer代表的是一个指针;size代表的是要读写的字节数;count用来指定每读写一次,输入或输出数据块的个数(每个数据块具有size个字节);fp是文件指针。

> **真考链接**
>
> 考点4难度适中,属于重点掌握内容。在选择题中的考核概率为30%。在操作题中,主要在修改题中进行考查,考核概率为10%。

真题精选

有以下程序:
```
#include <stdio.h>
main()
{ FILE *pf;
  char *s1 = "China", *s2 = "Beijing";
  pf = fopen("abc.dat", "wb+");
  fwrite(s2, 7, 1, pf);
  fwrite(s1, 3, 1, pf);
  fclose(pf);
}
```
以上程序运行后,abc.dat文件的内容是(　　)。
A. China　　　　B. Beijing　　　　C. BeijingChi　　　　D. BeijingChina

【答案】C

【解析】本题考查fread()和fwrite()函数的使用。fwrite(s2,7,1,pf);语句向文件写入字符串s2,fwrite(s1,3,1,pf);语句向文件写入s1的前3位,最终文件abc.dat的内容是BeijingChi。

考点5　fscanf()函数和fprintf()函数

fscanf()函数和fprintf()函数都是格式化的读写函数,与scanf()和printf()函数作用相似,但fscanf()函数和fprintf()函数读写对象是磁盘文件上的数据。它们的一般形式如下:

fscanf(文件指针,格式字符串,输入列表);
fprintf(文件指针,格式字符串,输出列表);

> **真考链接**
>
> 考点5属于重点理解、重点掌握的内容,在选择题中的考核概率为40%。在操作题中,主要放到编程题中进行考查,考核概率为10%。

真题精选

【例1】下列程序的输出结果是(　　)。
```
#include <stdio.h>
main()
{ FILE *fp; int i, k=0, n=0;
  fp = fopen("d1.dat","w");
  for(i=1; i<4;i++) fprintf(fp, "%d",i);
  fclose(fp);
  fp = fopen("d1.dat","r");
  fscanf(fp, "%d%d", &k, &n);
  printf("%d%d\n", k, n);
  fclose(fp);
}
```
A. 12　　　　B. 1230　　　　C. 123　　　　D. 00

【答案】B

【解析】fscanf 从磁盘上读取 ASCII 字符,给 k 和 n 赋值。在进行 fp = fopen("d1.dat","w")操作时,向文件写字符,由 fprintf()将 1,2,3 写入磁盘,再由磁盘符将 123 传给 k,且将 0 传给 n。在文件写操作时,两个数之间应用空格隔开,而在本题中,没有用空格隔开,所以 123 视为一个数。

【例2】有以下程序:

```
#include <stdio.h>
main()
{  FILE *fp;int i=20,j=50,k,n;
   fp=fopen("d1.dat","w");
   fprintf(fp,"%d\n",i);
   fprintf(fp,"%d\n",j);
   fclose(fp);
   fp=fopen("d1.dat","r");
   fscanf(fp,"%d%d",&k,&n);
   printf("%d %d\n",k,n);
   fclose(fp);
}
```

程序运行后的输出结果是(　　)。

A. 20 30　　　B. 20 50　　　C. 30 50　　　D. 30 20

【答案】B

【解析】本题首先通过函数 fprintf()将变量 i、j 的值输出到已打开的 d1.dat 文件中,再由函数 fscanf()从 d1.dat 中读取 i、j 的值到 k、n。

【例3】下列给定程序中,函数 fun()的功能:对 N 名学生的学习成绩,按从高到低的顺序找出前 $m(m \leq 10)$ 名学生来,并将这些学生数据存放在一个动态分配的连续存储区中,此存储区的首地址作为函数值返回。

请改正程序中的错误,使它能得出正确的结果。

注意:不要改动 main()函数,不得增行或删行,也不得更改程序的结构。

试题程序

```
#include <stdlib.h>
#include <conio.h>
#include <string.h>
#include <stdio.h>
#include <malloc.h>
#define N 10
typedef struct ss
{  char num[10];
   int s;
} STU;
STU *fun(STU a[], int m)
{  STU b[N],*t;
   int i,j,k;
   /*****found*****/
   *t=calloc(m,sizeof(STU));
   for(i=0;i<N;i++)
     b[i]=a[i];
   for(k=0;k<m;k++)
   {  for (i=j=0;i<N;i++)
        if(b[i].s>b[j].s)
          j=i;
      /*****found*****/
      t[k].num=b[j].num;
      t[k].s=b[j].s;
      b[j].s=0;
   }
   return t;
}
outresult(STU a[],FILE *pf)
{  int i;
   for(i=0;i<N;i++)
     fprintf(pf,"No=%s Mark=%d\n",a[i].num, a[i].s);
   fprintf(pf,"\n\n");
}
void main()
{  STU a[N]={{"A01",81},{"A02",89},
   {"A03",66},{"A04",87},{"A05",77},
   {"A06",90},{"A07",79},{"A08",61},
   {"A09",80},{"A10",71}};
   STU *pOrder;
   int i,m;
   printf("*****THE RESULT*****\n");
   outresult(a,stdout);
   printf("\nGive the number of the students who have better score:");
   scanf("%d",&m);
   while(m>10)
   {  printf("\nGive the number of the
```

```
students who have better score:");          printf("The top:\n");
    scanf("% d",&m);                         for(i = 0;i < m;i ++)
}                                               printf("% s % d\n",pOrder[i].num,
pOrder = fun(a,m);                       pOrder[i].s);
printf(" * * * * THE RESULT * * * * \      free(pOrder);
n");                                     }
```

【答案】(1)t = calloc(m,sizeof(STU)); (2)t[k] = b[j];

【解析】calloc 应用于分配内存空间。调用形式为（类型说明符 *）calloc(n,size)，功能：在内存动态存储区中分配 n 块长度为"size"字节的连续区域,函数的返回值为该区域的首地址,(类型说明符 *)用于强制类型转换。calloc() 函数与 malloc() 函数的区别在于 calloc() 函数一次可以分配 n 块区域。例如,ps = (struct stu *) calloc(2,sizeof(struct stu));,其中的 sizeof(struct stu)是求 stu 的结构长度。因此该语句的意思是:按 stu 的长度分配两块连续区域,强制转换为 stu 类型,并把其首地址赋予指针变量 ps。在本例中不用考虑那么复杂,根据定义类型 STU b[N], *t,就可以看出 *t = calloc(m,sizeof(STU))中的错误。t[k].num = b[j].num 的错误旨在考查对结构体概念的掌握和灵活应用程度。

考点6 fgets()函数和fputs()函数

1. fgets()函数

fgets()函数用来从文件中读入字符串。fgets()函数的调用形式如下：
   fgets(str,n,fp);

其中,fp 是文件指针;str 是存放字符串的起始地址;n 是一个 int 类型变量。函数的功能是从 fp 所指文件中读入 n-1 个字符放入以 str 为起始地址的空间内。如果在未读完 n-1 个字符时,已经读到一个换行符或一个 EOF（文件结束标识）,则结束本次读操作,读入的字符串中最后包含读到的换行符。因此,确切地说,调用 fgets()函数时,最多只能读入 n-1 个字符。读入结束后,系统将自动在最后加'\0',并以 str 作为函数值返回。

真考链接

考点6较简单,属于重点理解的内容。在选择题中的考核概率为20%。在操作题中,主要在改错题中出现,考核概率为5%。

2. fputs()函数

fputs()函数用来把字符串输出到文件中。fputs()函数的调用形式如下：
   fputs(str,fp);

其中,fp 是文件指针;str 是待输出的字符串,可以是字符串常量、指向字符串的指针或存放字符串的字符数组名等。用此函数进行输出时,字符串中最后的'\0'并不输出,也不自动加"\n"。输出成功,则函数值为正整数,否则为 -1(EOF)。

❓ 常见问题

调用 fputs()函数输出字符串时应注意什么问题?

根据 fputs()函数的操作特点,在调用函数输出字符串时,文件中各字符串将首尾相接,它们之间将不存在任何间隔符。为了便于读入,在输出字符串时,应当注意人为地加入诸如"\n"这样的字符串。

 真题精选

【例1】标准函数 fgets(s,n,f)的功能是(   )。
   A. 从 f 所指的文件中读取长度为 n 的字符串存入指针 s 所指的内存
   B. 从 f 所指的文件中读取长度不超过 n-1 的字符串存入指针 s 所指的内存
   C. 从 f 所指的文件中读取 n 个字符串存入指针 s 所指的内存
   D. 从 f 所指的文件中读取长度为 n-1 的字符串存入指针 s 所指的内存

【答案】B

【解析】fgets(s,n,f)函数的功能是从 f 所指文件中读入 n-1 个字符放入以 s 为起始地址的空间内;如果未读满 n-1 个字符时已读到了一个换行符或 EOF,则结束本次读入。因此确切地说,调用 fgets()函数最多只能读入 n-1 个字符。

【例2】下列给定程序的功能是从键盘输入若干行字符串（每行不超过 80 个字符）,写入文件 myfile4.txt 中,用 -1 作字符串输入结束的标志,然后将文件的内容显示在屏幕上。文件的读写分别由函数 ReadText 和 WriteText 实现。

请在标号处填入正确的内容,使程序得出正确的结果。

注意:部分源程序给出如下。不得增行或删行,也不得更改程序的结构。

试题程序

```
#include <stdio.h>
#include <string.h>
#include <stdlib.h>
void WriteText(FILE *);
void ReadText(FILE *);
main()
{ FILE *fp;
  if((fp = fopen("myfile4.txt","w")) ==
NULL) { printf(" open fail!!\n"); exit
(0);}
  WriteText(fp);
  fclose(fp);
  if((fp = fopen("myfile4.txt","r")) ==
NULL) { printf(" open fail!!\n"); exit
(0);}
  ReadText(fp);
  fclose(fp);
}
void WriteText(FILE【1】)
{ char str[81];
  printf("\nEnter string with -1 to end
:\n");
  gets(str);
  while(strcmp(str,"-1")!=0) {
    fputs(【2】,fw); fputs("\n",fw);
    gets(str);
  }
}
void ReadText(FILE * fr)
{ char str[81];
  printf ("\nRead file and output to
screen :\n");
  fgets(str,81,fr);
  while(!feof(fr)) {
    printf("%s",【3】);
    fgets(str,81,fr);
  }
}
```

【答案】【1】* fw 【2】str 【3】str

【解析】本题考查:函数定义及文件指针。fputs()函数的功能是向指定的文件写入一个字符串,其调用形式为:fputs(字符串,文件指针)。

标号【1】:定义函数,函数的形参是一个文件类型的指针。

标号【2】:此处考查 fputs()函数的形式,应填入 str。

标号【3】:依据 printf()函数的格式,输出字符串内容,即 printf("%s",str)。

12.4 文件的定位

"文件位置指针"和"文件指针"是两个完全不同的概念。文件指针是在程序中定义的 FILE 类型的变量,通过 fopen()函数,把文件指针和某个文件建立联系。C 语言程序通过文件指针实现对文件的各种操作。文件位置指针只是一个形象化的概念,下面将用文件位置指针来表示当前读或写的数据在文件中的位置。当打开文件时,可以认为文件位置指针总是指向文件的开头,即第一个数据之前。当文件位置指针指向文件末尾时,表示文件结束。

考点7 fseek()函数和随机读写

如果控制好文件的位置指针,就可以对流式文件进行顺序读写和随机读写。fseek()函数的功能就是移动文件位置指针到指定的位置,其一般的调用形式为:

fseek(文件指针,位移量,起始点)

其中起始点的标识符和对应数字见表12.1。

真考链接

考点 7 偏难,属于重点理解的内容,在操作题中以填空题的形式出现,考核概率为5%。

表 12.1 位移量的表示方法及含义

标识符	数 字	代表的起始地址
SEEK_SET	0	文件开始
SEEK_END	2	文件末尾
SEEK_CUR	1	文件当前位置

"位移量"指以"起始点"为基点,向前移动的字节数。C 语言要求位移量是 long 型数据,并规定在数字的末尾加一个字母 L。

常见问题

"文件位置指针"和"文件指针"这两个概念有何区别?

文件指针是在程序中定义的 FILE 类型的变量,通过 fopen( )函数,把文件指针和某个文件建立联系。文件位置指针只是一个形象化的概念,用文件位置指针来表示当前读或写的数据在文件中的位置。当打开文件时,可以认为文件位置指针总是指向文件的开头。当文件位置指针指向文件末尾时,表示文件结束。

真题精选

程序通过定义学生结构体变量,存储学生的学号、姓名和 3 门课的成绩。所有学生数据均以二进制方式输出到 student.dat 文件中。函数 fun( )的功能:从文件中找出指定学号的学生数据,读入此学生数据,对该学生的分数进行修改,使每门课的分数加 3 分,修改后重写文件中学生的数据,即用该学生的新数据覆盖原数据,其他学生数据指定不变;若找不到,则不做任何操作。

请在标号处填入正确的内容,使程序得出正确的结果。

注意:部分源程序给出如下。不得增行或删行,也不得更改程序的结构。

试 题 程 序

```
#include <stdio.h>
#define N 5
typedef struct student {
    long sno;
    char name[10];
    float score[3];
} STU;
void fun(char * filename, long sno)
{   FILE * fp;
    STU n; int i;
    fp = fopen(filename,"rb + ");
    while (!feof(【1】))
    {   fread(&n, sizeof(STU), 1, fp);
        if (n.sno【2】sno) break;
    }
    if (!feof(fp))
    {   for (i = 0; i < 3; i ++) n.score[i] + = 3;
        fseek(【3】, - (long) sizeof(STU), SEEK_CUR);
        fwrite(&n, sizeof(STU), 1, fp);
    }
    fclose(fp);
}
main()
{   STU t[N] = { {10001,"MaChao", 91, 92, 77 }, {10002," CaoKai ", 75, 60, 88 }, {10003,"LiSi", 85, 70, 78},{10004,"FangFang", 90, 82, 87 }, {10005," ZhangSan", 95, 80, 88}}, ss[N];
    int i,j;FILE * fp;
    fp = fopen("student.dat", "wb");
    fwrite(t, sizeof(STU), N, fp);
    fclose(fp);
    printf("\nThe original data :\n");
    fp = fopen("student.dat", "rb");
    fread(ss, sizeof(STU), N, fp);
    fclose(fp);
    for (j = 0; j < N; j ++)
    {   printf ( " \ nNo: % ld Name: % - 8sScores: ",ss[j].sno, ss[j].name);
        for (i = 0; i < 3; i ++) printf("% 6.2f ", ss[j].score[i]);
        printf("\n");
    }
    fun("student.dat", 10003);
```

```
        fp = fopen("student.dat", "rb");
        fread(ss, sizeof(STU), N, fp); fclose
(fp);
        printf("\nThe data after modifing :\
n");
        for (j = 0; j < N; j ++)
        {   printf ( " \ nNo: % ld Name: % -
8sScores: ",ss[j].sno, ss[j].name);
            for (i = 0; i < 3; i ++) printf("% 6.
2f ", ss[j].score[i]);
            printf("\n");
        }
}
```

【答案】【1】fp 【2】== 【3】fp
【解析】本题考查:文件结束检测函数 feof;if 语句条件表达式;fseek 函数。
　　标号【1】:while 循环语句的循环条件是判断文件是否结束,配合 feof()函数来完成,其一般形式为:feof(文件指针)。
　　标号【2】:根据题目要求确定 if 语句条件表达式的内容,满足条件后跳出循环。
　　标号【3】:文件定位函数 fseek(),调用形式为 fseek(文件指针,位移量,起始点),此处文件指针是 fp。

12.5　综合自测

一、选择题

1. C 语言中系统的标准输出文件是指(　　)。
   A. 显示器　　　B. 键盘　　　C. 软盘　　　D. 硬盘
2. 若 fp 是指向某文件的指针,且未读到文件的末尾,则表达式 feof(fp)的返回值是(　　)。
   A. EOF　　　B. 1　　　C. 0　　　D. 非零值
3. 已知一个文件中存放了若干学生的档案记录,其数据结构如下:
   struct st
   {   char num[10];
       int age;
       float score[5];
   };
   定义一个数组:struct st a[10];
   假定文件已正确打开,不能正确地从文件中读入 10 名学生数据到数组中的是(　　)。
   A. fread(a,sizeof(struct st),10,fp);
   B. for(i = 0;i < 10;i ++) fread(a[i],sizeof(struct st),1,fp);
   C. for(i = 0;i < 10;i ++) fread(a + i,sizeof(struct st),1,fp);
   D. for(i = 0;i < 10;i + =2) fread(a + i,sizeof(struct st),2,fp);
4. 如果需要打开一个已经存在的非空文件"FILE"并向文件末尾添加数据,正确的打开语句是(　　)。
   A. fp = fopen("FILE", "r");　　　　B. fp = fopen("FILE", "r +");
   C. fp = fopen("FILE", "w +");　　　D. fp = fopen("FILE","a +");
5. 若以下程序所生成的可执行文件名为 file1.exe,当输入以下命令执行该程序时:
   FILE1 CHINA BEIJING SHANGHAI
   程序的输出结果是(　　)。
   main(int argc,char * argv[])
   { while(argc -->0)
       ++argv;printf("% s ",* argv);
   }
   A. CHINA BEIJING SHANGHAI　　　B. FILE1 CHINA BEIJING
   C. C B S　　　　　　　　　　　　D. F C B

6. 在高级语言中,对文件操作的一般步骤是(   )。
   A. 打开文件 → 操作文件 → 关闭文件   B. 操作文件 → 修改文件 → 关闭文件
   C. 读写文件 → 打开文件 → 关闭文件   D. 读文件 → 写文件 → 关闭文件
7. C语言可以处理的文件类型是(   )。
   A. 文本文件和数据文件   B. 文本文件和二进制文件
   C. 数据文件和二进制文件   D. 以上答案都不完全
8. 以下叙述中,错误的是(   )。
   A. 二进制文件打开后可以先读文件的末尾,而顺序文件不可以
   B. 在程序结束时,应当用函数 fclose( )关闭已打开的文件
   C. 在利用函数 fread( )从二进制文件中读数据时,可以用数组名给数组中所有元素读入数据
   D. 不可以用 FILE 定义指向二进制文件的文件指针
9. 函数调用语句 fseek(fp,10L,2);的含义是(   )。
   A. 将文件位置指针移动到距离文件开头 10 个字节处
   B. 将文件位置指针从当前位置向文件末尾方向移动 10 个字节
   C. 将文件位置指针从当前位置向文件开头方向移动 10 个字节
   D. 将文件位置指针从文件末尾处向文件开头方向移动 10 个字节
10. 若要用 fopen( )函数打开一个新的二进制文件,该文件要既能读也能写,则打开方式是(   )。
    A."ab +"   B."wb +"   C."rb +"   D."ab"
11. 有以下程序(提示:程序中"fseek(fp, -2L * sizeof(int), SEEK_END);"语句的作用是使位置指针从文件末尾向前移 2 * sizeof(int)个字节):
    ```
    #include <stdio.h>
    main()
    {   FILE * fp;int i,a[4] = {1,2,3,4},b;
        fp = fopen("data.dat","wb");
        for(i = 0;i < 4;i ++)fwrite(&a[i],sizeof(int),1,fp);
        fclose(fp);
        fp = fopen("data.dat","rb");
        fseek(fp, -2L * sizeof(int),SEEK_END.);
        fread(&b,sizeof(int),1,fp);/* 从文件中读取 sizeof(int)个字节的数据到变量 b */
        fclose(fp);
        printf("% d\n",b);
    }
    ```
    执行后输出的结果是(   )。
    A. 2   B. 1   C. 4   D. 3
12. 若要以"a +"方式打开一个已存在的文件,则以下叙述正确的是(   )。
    A. 文件打开时,原有文件内容不被删除,位置指针移动到文件末尾,可做添加和读操作
    B. 文件打开时,原有文件内容不被删除,位置指针移动到文件开头,可做重写和读操作
    C. 文件打开时,原有文件内容被删除,只可做写操作
    D. 以上各种说法都不正确
13. fscanf( )函数的正确调用形式是(   )。
    A. fscanf(文件指针,格式字符串,输出列表);
    B. fscanf(格式字符串,输出列表,文件指针);
    C. fscanf(格式字符串,文件指针,输出列表);
    D. fscanf(文件指针,格式字符串,输入列表);
14. 函数 ftell(fp)的作用是(   )。
    A. 得到流式文件中的当前位置   B. 移动流式文件的位置指针
    C. 初始化流式文件的位置指针   D. 以上答案均正确
15. fgetc( )函数的作用是从指定文件读入一个字符,该文件的打开方式必须是(   )。
    A. 只写   B. 追加
    C. 读或读写   D. 选项 B 和选项 C 都正确

16. 在执行fopen()函数时,ferror()函数的初值是(   )。
    A. TURE   B. -1   C. 1   D. 0

二、操作题
　　下列给定程序的功能是调用fun()函数建立班级通讯录。通讯录中记录每位学生的编号、姓名和电话号码。班级人数和学生信息从键盘读入,每个人的信息作为一个数据块写到名为myfile5.dat的二进制文件中。请在标号处填入正确的内容,使程序得出正确的结果。
注意:不得增行或删行,也不得更改程序的结构。

试题程序

```
#include <stdio.h>
#define N 5
typedef struct
{ int num;
  char name[10];
  char tel[10];
} STYPE;
void check();
/ * * * * * found * * * * * /
int fun(【1】 * std)
{ / * * * * * found * * * * * /
  【2】 * fp; int i;
  if((fp = fopen("myfile5.dat","wb")) =
= NULL) return(0);
  printf("\nOutput data to file !\n");
  for(i = 0; i < N; i ++)
    / * * * * * found * * * * * /
    fwrite(&std[i], sizeof(STYPE), 1,
【3】);
  fclose(fp);
  return (1);
}
main()
{STYPE s[10] =
     { {1," aaaaa "," 111111 "}, {1," bbbbb ","
222222 "}, {1," ccccc "," 333333 "}, {1,"
ddddd ","  444444 "}, {1,"  eeeee ","
555555 "}}; int k = fun(s);
  if (k ==1)
  { printf("Succeed!"); check(); }
  else printf("Fail!");
}
void check()
{ FILE * fp; int i;
  STYPE s[10];
  if((fp = fopen("myfile5.dat","rb")) =
= NULL)
  { printf("Fail !!\n"); exit(0); }
  printf(" \nRead file and output to
screen :\n");
  printf("\n numnametel\n");
  for(i = 0; i < N; i ++)
  { fread(&s[i], sizeof(STYPE), 1, fp);
    printf("% 6d% s% s\n",s[i].num,s
[i].name,s[i].tel);
  }
  fclose(fp);
}
```

第13章

操作题高频考点精讲

操作题分析明细表

考　点	考核概率	难易程度
C 程序结构特点	10%	★★
常量与变量	30%	★★★★★
运算符及表达式	50%	★★★
强制类型转换	10%	★★
格式输入与输出	100%	★★★★★
条件与分支(if,switch)	10%	★★
循环	100%	★★★★★
函数的定义、调用及参数传递	60%	★★★★
迭代算法和递归算法	10%	★★★
指针变量的定义	60%	★★★★
函数之间的地址传递	10%	★★★
一维数组	40%	★★★
排序算法	10%	★★★★★
二维数组	20%	★★★★
字符串的表示	80%	★★★★
指向字符串的指针	30%	★★★
字符串处理函数	30%	★★★★
结构体变量的定义与表示方法	10%	★★★
链表	25%	★★★★
命名类型	35%	★★★
宏定义	25%	★★★★
文件的打开与关闭	20%	★★
文件的读写	25%	★★
文件检测函数	30%	★★

13.1　C程序设计基础

考点1　C程序结构特点

(1)一个C源程序有且仅有一个main()函数,程序执行总是从main()函数开始;
(2)函数体必须用大括号({})括起来;
(3)每个执行语句都必须以分号(;)结尾,预处理命令、函数头和大括号(})之后不加分号;
(4)区分大小写。

题型剖析:该知识常在改错题中考查,如句末缺少分号、括号不匹配、运算符或关键字书写错误等。做题前先运行程序,即很快找到语法错误。

考点2　常量与变量

1. 整型数据

(1)整型常量:即整常数,包括十进制整数(如123、-456、0)、八进制整数(以0开头,如0123,即$(123)_8$)、十六进制整数(以0x开头,如0x123,即$(123)_{16}$)。

(2)整型变量:可分为有符号基本整型([signed] int)、无符号基本整型(unsigned [int])、有符号短整型([signed] short [int])、无符号短整型(unsigned short [int])、有符号长整型([signed] long [int])和无符号长整型(unsigned long [int])。

2. 实型数据

(1)实型常量:也称浮点型,有两种表示形式,十进制小数形式(如.123、123.、123.0)和指数形式(如123.456e3 表示 123.456×10^3)。

(2)实型变量:可分为单精度型(float)、双精度型(double)和长双精度型(long double)。

3. 字符型数据

(1)字符常量:用单引号括起来的一个字符,如'a'、'\0'。
(2)字符变量:用来存储单个字符。
(3)字符串常量:由一对双引号括起来的字符序列,如"hello"、"123456"。字符串常量占用的内存字节数等于字符串中字符数加1,最后一个字节存放字符"\0"(ASCII 码为0),即字符串结束标识。

4. 变量的初始化

定义的变量在使用之前,需要赋给一个确定的初值,否则会出现冗余数据直接参与运算的情况。初始化有两种方法:(1)先定义然后初始化,如 int a; a = 5;;(2)在定义时直接初始化,如 int a = 5;。在遇到循环时,循环变量需要先定义,然后才能在循环结构中应用。

题型剖析:字符串和字符串结束标识(\0)是常考查的内容,在填空题和改错题中都时有出现,并且编程题中经常要对字符串进行操作,因此在编程题中出现的概率也很高。

常见的考查形式有两种。

(1)判断是否到达字符串的结尾,即判断当前字符是否为"\0"。

例如,要遍历字符串s,使用整型变量n存放下标,那么判断当前字符是否为"\0",可表示为while(s[n]! = '\0'){…}。

注意:也可以使用指针实现,若指针p指向某一个字符,则为while(*p! = '\0'){…}。

(2)对字符串操作结束后,添加字符串结束标志(\0)。

例如,下标n为字符串中最后一个字符的下标,要添加结束标识,可以表示为s[n++] = '\0'。

注意:也可以用指针实现,若指针p指向最后一个字符,则为*(p++) = '\0'。

考点3　运算符及表达式

(1)算术运算符:圆括号、求正(+)、求负(-)、乘(*)、除(/)、求余(%)、加(+)、减(-)。
(2)复合赋值运算符: += 、-= 、*= 、/= 和%= 。

(3) 自加、自减运算符:i++表示i参加运算后再加1,++i表示i加1后再参加运算,i--和--i同理。
(4) 逻辑运算符:&&(逻辑与)、||(逻辑或)、!(逻辑非)。
优先级的大小:! > && > ||。
应用逻辑运算符可以组成复杂的逻辑关系表达式。判断一个量是否为真的依据是其值是否为0,为0,则为假,否则为真。
题型剖析:这一部分知识常在编程题中考查,表达式的应用是否正确直接决定了一个算法是否有效。填空题和改错题中也经常要求根据上下文的算法来补全特定位置的一个表达式。
(1) 应该强调的是部分运算符的优先级问题,如涉及逻辑关系表达式的语句,如果想表达两个或关系的与,应严格地应用括号(exp1||exp2)&&(exp3||exp4),而 exp1||exp2&&exp3||exp4 表示的是3个表达式的多元或关系。
(2) 整数除法的问题,一个整数去除另外一个整数,那么得到的结果是一个整数,这个整数是结果的整数部分,小数部分会被忽略掉,而且不是使用四舍五入的规则。比如3/2结果是1.5,但是如果返回一个整数的时候,结果是1。这类情况通常在比较长的综合计算表达式中被忽视,造成整体运算的错误,所以在特定的时候,需要注意整数除法。相应的解决方法是设置数据类型为浮点型。
(3) 除法运算符"/"和求余运算符"%"的区别。典型题目是求得一个多位整数各个位上的数值。
例如,要得到三位数456的个位、十位和百位数值。
个位数:456%10 = 6
十位数:456/10%10 = 45%10 = 5
百位数:456/100 = 4
(4) 自加、自减运算符的特点及区别。
f(i++):表示i在参与f运算之后自加1。
f(++i):表示i在参与f运算之前自加1。
(5) 赋值号"="与等号"=="的区别,容易在语句中由于疏忽而混淆。例如,if(a=5)是错误的,因为在条件语句中不会出现赋值号。

考点4　强制类型转换

利用强制类型转换运算符,可以将一个表达式转换成所需类型,其一般形式如下:
(类型名)(表达式)
例如,(char)(x+y)表示将(x+y)的值强制转换为字符型。
题型剖析:该知识点常在填空题和改错题中出现,典型题目是求两个整数相除的值。
例如,int i;double f;,需要将整数i的倒数赋值给f。这里直接使用 f=1/i 是错误的,因为我们知道两个整数相除的结果也是一个整数,f中存放的是1与i相除结果的整数部分。解决的方法有两种:
● 强制类型转换,f=(double)1/i;
● 在赋值运算中进行类型转换,将运算符左侧的整数变为浮点型数,f=1.0/i。

13.2　C语言的基本结构

考点5　格式输入与输出

1. printf( )用于格式化输出数据
格式:printf(格式控制,输出列表);
其中,格式控制是用""引起来的部分,它包括两种信息:格式转换说明和原样输出的字符。输出列表是需要输出的一些数据,可以是常量、变量或表达式。
```
printf("Hello World!!");        /* 原样输出字符串 Hello World!! */
printf("%5d",123);              /* 输出□□123,即123前面还有两个空格,5表示格式输出长度 */
printf("%2d",123);              /* 输出123,即如果格式长度不足,则按实际长度输出 */
printf("%c",c);                 /* 输出字符型变量c,其中c一定被赋值过 */
```

```
printf("% s","string");        /* 输出字符串 string*/
printf("% f",a);               /* 输出单精度数 a*/
printf("% 2.2",1.2);           /* 输出"□1.20",即前面一个空格,小数点后两位有效数字*/
```

2. scanf( )用于格式化输入数据

格式:scanf(格式控制,地址列表);

其中,格式控制与 printf( )函数相同,只是没有位数的设置。

值得注意的是,格式化输入字符的时候,空格也是被当作一个字符输入的,所以连续输入多个字符的时候,中间一定不能添加空格,例如:

```
#include<stdio.h>
void main(){
  char a,b,c;
  scanf("% c% c% c",&a,&b,&c);
  /* 容易忽略的地方是输入时候的空格以及这里的取地址符*/
  scanf("% c % c % c",&a,&b,&c);
}
```

可以看到,如果在格式控制中添加空格,那么连续输入字符的时候添加空格就是合法的。

3. putchar( )用于向终端输出一个字符

格式:putchar( );

```
putchar('a');                  /* 将字符 a 输出在屏幕上*/
putchar(65);                   /* 将ASCII 码为 65 的字符输出在屏幕上*/
char a ='c';putchar(a);        /* 将字符型变量 a 的值输出在屏幕上*/
```

4. getchar( )用于从终端获得一个字符

格式:getchar( );

题型剖析: 输入/输出是基本知识点,其他的功能往往通过输入/输出来体现。考点主要有以下3个方面。

(1)格式控制,根据输出列表判断格式控制的形式。

(2)输出列表,根据题目要求不同,输出不同结果。

(3)地址列表,根据题目要求,输入不同的数据。

该知识点通常会在填空题和改错题中出现。填空题中会要求根据格式控制、输出列表或地址列表的部分内容补充另外部分的内容,从而符合语法要求。而改错题则是要求判断格式控制、输出列表、地址列表之间的对应关系是否正确,如小数点后有效位数的保留情况,小数点之前整数位数预留情况,输入输出的格式中空格的作用,等等。

另外,应用 scanf( )函数接收终端输入的时候,带入的待赋值变量参数一定要加上取址符号"&",以传值引用的方式调用,否则,可能出现未初始化,或者计算错误等问题。

考点6 条件与分支(if,switch)

1. if 语句

if 条件语句可以有两种形式:if(exp){}或者 if(exp){} else{}。在嵌套结构中,else 只与其前面最近的且未匹配的 if 匹配,或者,在嵌套结构中直接应用{}将 if...else 搭配关系表示清楚。

例如:
```
int a=0;
if(1) a=3;
if(0) a=4;
else a=5;
```
得到的答案是5,而下面的代码:
```
int a = 0;
if(1){
    a=3;
    if(0) a=4;
}
else a = 5;
```

得到的答案是3。

if语句的另外一种表达方法是三目运算符,即(exp1)? exp2:exp3;,等价于 if(exp1)exp2;else exp3;,同样的三目表达式也可以嵌套。

2. switch 语句

分支语句 switch 是支持多分支的选择语句,用来实现多分支选择结构。

格式:

```
switch(exp){
case constexp1:exp1;
case constexp2:exp2;
...
default: expn;
}
```

如果想在执行某条 case 语句后直接跳出分支判断,则在 exp 后面添加 break 即可。每个 case 的值应该不同,否则会出现冲突。

题型剖析:if 语句作为条件判断必不可少的语句,考查广泛分布在填空题、改错题、编程题中,尤以编程题中居多。考查方式主要有如下。

(1) if 语句的表达式,一般根据题目要求填入判断的条件,如 if(_____)。语句的表达式有很多种,可以是简单的算术表达式、逻辑表达式,也可以是带有指针、数组等变量的表达式。

(2) if 语句体,根据题目要求填入判断后应执行的语句,如 if(a == 0){_____}。

(3) if 的嵌套形式,应该注意 if 语句的配对,在填空题中可以考查根据嵌套形式写出结果,也可以在改错题中判断所应用的嵌套形式中某个条件是否正确,是否满足算法的判断要求。

switch 语句的考查主要涉及填空题中语句的书写形式。一般根据题目要求填入表达式,如 switch(____),或选择条件及执行语句,如 case _____:_____;,或考查 break 语句。

考点7 循 环

1. 常用的循环语句

```
while(exp) {}           /* 当 exp 为真时,执行语句 */
do{}while(exp);         /* 先执行语句,然后判断 exp 是否为真,若为真则继续执行 */
for(exp1;exp2;exp3){}   /* 应用 exp1 初始化,满足条件 exp2 则执行,变化为 exp3 */
```

其中{}表示要执行的语句块。

循环是可以嵌套的,其实质是对应语句块的嵌套,也就是{}的配对。

考试中,循环的考查方式往往是给出一段程序,然后让考生填写循环表达式。循环表达式包括循环变量的初始化,循环变量的取值范围以及循环的结束条件等。

2. 跳出循环的语句(continue,break)

continue:表示跳过本次循环,而直接继续执行下一次循环。

break:表示跳出整个循环体,直接执行该循环的后继语句。

题型剖析:

(1) while 语句中条件表达式的考查。一般根据题目要求填入循环条件,如 while(_____)。while 与 if 语句的表达式一样有很多种,可以是简单的算术表达式、逻辑表达式,也可以是带有指针、数组等变量的表达式。

(2) while 结构语句的考查,根据题目要求填入循环执行语句,如 while(a>5&&a<10){_____}。

(3) do...while 循环是经常考查的知识点,其考查形式如下。

①循环条件。即 while 语句的表达式的考查,与 while 语句考查形式基本相同。

②循环体。根据题目要求填写,基本与 while 循环体语句的考查形式相同。但是要注意 do...while 循环先执行循环体,再进行循环判断,而 while 循环是先进行循环判断,再执行循环体。

③与迭代算法一起考查,如求级数,或者求阶乘。

(4) for 语句是 C 语言中最常用的循环体语句。

①考查循环起始条件,继续条件,循环变量,如 for(____;____;____)。

②for 语句的执行语句部分的考查,根据题目要求写出循环执行语句,如 for(i=0;i<100;i++){____;____}。

(5) 循环嵌套多出现在复杂的算法中,常见的考查形式有以下两种。

①循环嵌套的形式:6 种基本嵌套形式。

②for 循环的嵌套,执行的过程,内循环的执行以及循环语句的结束条件。

13.3 函 数

考点8　函数的定义、调用及参数传递

1. 函数的定义

函数定义的格式如下：

```
类型标识符 函数名([形参列表]){
          声明部分
          语句部分
          }
```

2. 函数参数和返回值

函数的参数分为形式参数和实际参数。在定义函数时，函数名后面括号中的变量称为形式参数（简称"形参"）；在主调函数中，函数名后面括号中的参数（可以是一个表达式）称为实际参数（简称"实参"）。形式参数与实际参数应该类型相同且个数相等。

函数的返回值是通过函数调用使主调函数能得到一个确定的值。返回值的类型应与函数类型标识符相同。

3. 函数的调用

函数调用的格式如下：

函数名（实参列表）

函数调用的方式如下。

（1）函数语句：把函数调用作为一条语句，此时该函数不要求有返回值，只需要执行一定的操作。

（2）函数表达式：函数出现在一个表达式中，称为函数表达式。因为要参与表达式的计算，所以要求函数有对应数据类型的返回值。

（3）函数参数：函数调用作为一个函数的实参。

4. 参数的传递

值传递的格式如下：

*　　函数名（实参列表）*

引用传递的格式如下：

*　　函数名（& 参数,…）*

它们的区别：在值传递时，参数在函数执行过程中所产生的变化不被记录，即形式参数中值的变化不会影响实际参数的值，而在引用传递时，则恰好相反。

题型剖析：

1. 函数的定义在上机考试中比较简单，其考查形式如下。

（1）函数类型的考查，要求根据主调函数的调用形式，写出被调用函数的类型标识符，如＿＿fun(int a)。其类型可以是基本类型，也可以是用户自定义类型。要确定函数的类型，只需要确定函数应返回的类型即可，如果函数不返回值，则为 void 型。

（2）参数类型的考查，要求根据实参类型填写被调函数的形参类型，如 int fun(int a,＿＿c)。这里要记住形参与实参一一对应。

2. 函数的参数和返回值属于必考知识点，函数调用时经常需要返回值，所以要特别注意。

（1）函数的形参和实参，该考点考查形式比较灵活，除了在定义时其个数和类型要一一对应外，还要根据具体程序确定变量的名称。

（2）函数返回值，根据函数调用后要返回主调函数的值填写返回值变量名，如 return ＿＿。

考点9　迭代算法和递归算法

迭代算法：使用计算机解决问题的一种基本方法，它利用计算机运算速度快、适合做重复性操作的特点，让计算机对一组指令（或一定步骤）进行重复执行，在每次执行这组指令（或这些步骤）时，都从变量的原值推出一个新值。迭代算法常用来求方程的近似根。

递归算法：在调用一个函数的过程中直接或间接调用其函数本身的方法，称为函数的递归调用。最常用的递归调用有：

求 n!、遍历树等。

题型剖析：求 n!、Fibonacci 数列、递归输出回文等是递归算法的典型应用，在填空题、改错题、编程题中均有出现，具体考查形式不固定，多是对算法中关键步骤的考查。

例：求 10!。

```
#include<stdio.h>
long fun(int n)
{  if(n>1)  return(n*fun(n-1));
   return 1;
}
main()
{printf("10!=%ld\n",fun(10));}
```

13.4 指　　针

考点10　指针变量的定义

一个变量的地址称为该变量的"指针"。如果有一个变量专门用来存放地址，那么这个变量就是指针变量，即存放变量地址的变量是指针变量。

指针定义的格式如下：

　　基类型 * 指针变量名；

例如：

```
float * a;    /* a是指向float型变量的指针变量*/
char * b;     /* b是指向char型变量的指针变量*/
```

变量的前面加上符号 &（如 &a），表示变量的地址，所以可以将 &a 赋值给一个指针。例如：

```
#include<stdio.h>
void main(){
    int a = 0;
    int *i = &a;
}
```

注意：(1)虽然在定义时，用 int *i 定义了一个指向 int 类型变量的指针，但是该指针的变量名仍然是 i；(2)定义指针时要在 * 前面声明指针的类型；(3)对指针赋值时，指针的类型应与其指向的值的类型一致；(4)对于 *p=a 来说，p 和 &a 表示变量 a 的地址，*p 和 a 表示变量 a 的值；(5)p++ 表示地址加 1，(*p)++ 表示指针指向的数据加 1。

题型剖析：指针是 C 语言的重要工具，也是考试的重点，其考查形式如下。

(1)指针变量的声明，特别要注意声明时候的 * 号。

(2)指针变量的赋值，指针变量存储的是地址，因此在考试时要注意变量的值与地址的区别。

考点11　函数之间的地址传递

在函数一章已经讲述过，传递值不修改原参数的值，但是如果原参数是一个指针，就可以修改指针指向的内存地址中所存放的数据。例如：

```
#include<stdio.h>
void change(int *);
void main(){
    int a = 0;
    int *p = &a;
    change(p);
    printf("%d\n",a);
}
void change(int *p){
    (*p)++;
}
```

输出结果为 1。

题型剖析：函数之间的地址传递在填空题和改错题中均有出现，考查形式如下。

(1)根据函数的实参，确定指针形参的类型，例如：

```
int *p3,*p4;
swap(p3,p4);
void swap(int *p1,*p2)     /* 实参与形参的类型要一致*/
```

(2)根据函数的形参，确定实参的变量名。

13.5 数　　组

考点12　一维数组

1. 定义方法

一维数组的定义格式如下：

类型说明符 数组名［常量表达式］；

其中，类型说明符是指数组元素的数据类型；常量表达式是一个整型值，指定数组元素的个数，即数组的长度，数组的长度必须用［］括起来；常量表达式可以是常量或符号常量，不能包含变量。例如：

```
int array[5];          /* 定义了一个数组元素类型为整型,长度为5的数组*/
```

注意：数组的元素下标从0开始，即该数组元素分别为：a[0]、a[1]、a[2]、a[3]、a[4]，这也是数组元素的访问方法。

2. 一维数组的初始化

一般采用在定义的时候为数组赋值。例如：

```
int array[5] = {0,1,2,3,4};    /* 分别赋值0,1,2,3,4*/
int array[5] = {0,1,2};        /* 前面3个元素赋值0,1,2,后面2个元素默认为0*/
int array[5] = {0};            /* 给所有5个元素均赋值为0*/
int array[ ] = {0,1,2,3,4};    /* 定义并初始化了一个长度为5的整型数组*/
```

3. 一维数组元素的输入与输出

如果需要逐个输入或输出数组元素，则均会使用循环语句实现，以 int array[5] 为例：

```
#include<stdio.h>
void main(){
    int array[5],i;
    for(i = 0 ; i < 5 ; i ++){     /* 输入*/
        scanf("% d",&array[i]);
    }
    for(i = 0 ; i < 5 ; i ++){     /* 输出*/
        printf("% d",array[i]);
    }
}
```

输入：0 1 2 3 4

输出：0 1 2 3 4

注意：数组名a本身就是一个指向数组内存区域首地址的指针，其类型与数组元素类型相同。也就是说，数组元素a[i]可以写成*(a+i)。

题型剖析：一维数组的考查比较频繁，其考查形式如下。

(1) 数组元素的引用，可以使用数组下标和指针两种形式实现，其中最常见的方法是使用数组下标。例如，要引用整型数组a[5]的第3个元素，使用数组下标的方式为a[2]，使用指针的方式为*(a+3)。

(2) 数组的遍历，常使用循环语句实现，此时要注意数组的上下界。例如，要遍历数组a[5]，则该数组的下界为0，上界为4，用程序实现如下：

```
for (i = 0;i < 5;i ++)
    ...
```

考点13　排序算法

1. 冒泡排序算法

以升序为例，冒泡排序算法的基本思想是：将元素两两进行比较，把大数向后边移动，经过一趟比较，使最大的数移动到数组的最后一位；经过第二趟比较，使第二大的数移动到数组的倒数第二位，依此类推，最终得到一个升序序列。

排序过程如下。

(1) 比较第一个数和第二个数，若为逆序 a[0] > a[1]，则交换；然后比较第二个数与第三个数；依此类推，直到第 $n-1$ 个数和第 n 个数比较完成为止，完成第一趟冒泡排序，结果使最大的数放到了最后的位置。

(2) 下面需要排序前 $n-1$ 个元素,按照步骤(1),将这 $n-1$ 个元素中最大的元素放到前面 $n-1$ 个元素的最后的位置,也就是整体的倒数第二个位置。

(3) 重复上述步骤,直到 $n-1$ 趟排序过后,整体冒泡排序算法结束。

程序如下:

```
#include<stdio.h>
void main(){
    int a[10],i,j,t;
    printf("Input 10 numbers:\n");
    for (i = 0 ; i < 10 ; i++){
        /* 由终端接收10个整数,一般情况下是无
        序的*/
        scanf("% d",&a[i]);
    }
    printf("\n");
    for ( i = 0 ; i < 9 ; i++){
        /* 代表的是执行冒泡排序的次数,统一为从
        0开始*/
        for(j = 0 ; j < 9-i ; j++){
            /* 从0开始,两两比较,不用比较已经确定位
            置的大数*/
            if(a[j]>a[j+1]){
                t = a[j];
                a[j] = a[j+1];
                a[j+1] = t;
            }
        }
    }
    for(i = 0 ; i < 10 ; i++){
        printf("% d",a[i]);
    }}
```

2. 选择排序算法

仍然以升序排序为例,选择排序算法的基本思想是:在第一趟进行排序时,从所有的元素中找到最小的元素,与第一个元素交换。在进行第二趟排序时,从剩下的 $n-1$ 个元素中找到最小的,与第二个元素交换。依此类推,完成排序。

排序过程如下。

(1) 首先通过 $n-1$ 次比较,从 n 个数中找到最小的数,将它与第一个数交换,使最小的数被放到第一个元素的位置上。

(2) 再通过 $n-2$ 次比较,从剩余的 $n-1$ 个数中找出次小的数,将它与第二个数交换,使次小的数被放到第二个元素的位置上。

(3) 重复上述过程,经过 $n-1$ 趟排序过后得到一个升序序列。

程序如下:

```
#include<stdio.h>
void main(){
    int a[10],i,j,k,x;
    printf("Input 10 numbers:\n");
        /* 从终端接收10个整数*/
    for(i = 0 ; i < 10 ; i++){
        scanf("% d",&a[i]);
    }
    printf("\n");
    for(i =0;i <9;i ++){/* 开始进行选择排序
        算法*/
        k = i;
        for( j = i+1 ; j < 10 ; j ++){
            if(a[j] < a[k]){k = j;}
        }
        if(i! = k)
        { x = a[i];
            a[i] = a[k];
            a[k] = x;
        }
    }
    printf("the sorted numbers:\n");
    for(i =0;i <10;i ++)
        {printf("% d",a[i]);}
}
```

题型剖析:将这两个算法的完整代码写在这里,是为了强调这两个算法的基础性和重要性,排序是解决上机编程的重要工具,要学会灵活运用。要着重理解两重循环中内层循环和外层循环在算法中各自起到的作用,以及它们的联系和区别。

考点14 二维数组

1. 定义方法

二维数组的定义格式如下:

类型说明符 数组名[常量表达式1][常量表达式2];

例如:int array[3][4];   /* 定义了一个 3×4 = 12 个元素的数组,元素类型为整型*/

注意:① 二维数组的定义不能写成 int array[3,4];② 二维数组中元素的排列顺序是按行排列,即存放完第一行的元素之后接着存放第二行的元素,数组名 array 代表二维数组首地址,a[0]代表数组第0行的首地址,a[i]代表数组第i行的首地址;

③允许定义多维数组。

2. 二维数组的初始化

例如：int a[3][4] = {{0,1,2,3},{4,5,6,7},{8,9,10,11}}; /* 为3行数组元素分别赋值*/
　　　int a[3][4] = {0,1,2,3,4,5,6,7,8,9,10,11};　　　/* 为12个元素赋值*/
　　　int a[3][4] = {{0},{4},{8}};　　　　　　　　　　/* 同一维数组一样,没有赋值的元素默认为0*/
　　　int a[ ][4] = {0,1,2,3,4,5,6,7,8,9,10,11};　　　/* 为全部元素赋值的时候可以省去第一个常量*/

3. 二维数组的输入与输出

如果需逐个输入或输出数组元素，则需要使用一个两层循环实现，以array[3][3]为例：

```
#include<stdio.h>                          for (i=0;i<3;i++)
void main(){                                  {for (j=0;j<3;j++)
    int array[3][3],i,j;                          printf("% d",array[i][j]);
    for (i=0;i<3;i++)    /* 输入*/               printf("\n");
        for (j=0;j<3;j++)                      }
            scanf("% d",&array[i][j]);
```

输入:1 2 3 4 5 6 7 8 9
输出:1 2 3
　　　4 5 6
　　　7 8 9

题型剖析：二维数组考查形式如下。

(1)二维数组元素的引用，多使用数组下标实现，常用于矩阵的运算。

例如，用二维数组a[3][3]存放三阶矩阵A,则该矩阵的对角线元素为a[0][0]、a[1][1]、a[2][2]。

(2)二维数组的遍历，常使用嵌套循环语句实现，此时要注意内外两层循环分别表示的意义。

例如，要遍历二维数组a[3][3]，用程序实现为：

```
for (i=0;i<3;i++)         /* i表示行坐标*/
    for(j=0;j<3;j++)      /* j表示列坐标*/
```

13.6　字　符　串

考点15　字符串的表示

由于没有字符串变量，所以用一维字符数组表示字符串，其定义、初始化均与一般的数组相仿。

如果在声明字符数组的同时初始化数组，则可以不规定数组的长度，系统在存储字符串常量时，会在串尾自动加上一个结束标识"\0"。结束标识在字符数组中也要占用一个元素的存储空间，因此在声明字符数组的长度时，要预留出该字符的位置。

当然，还可以采用循环语句进行输入输出，程序如下：

```
    #include<stdio.h>
    void main(){
        char a[2];
        scanf("% s",a);/* 或者用gets(a)进行输入操作*/
        printf("% s\n",a);/* 或者用puts(a)进行输出操作*/
}
```

输入:ab
输出:ab

题型剖析：字符串及其数组元素的引用在上机考试中的考查形式如下。

(1)字符与字符常量的表示形式及输出形式，字符常量用单引号(' ')，输入/输出时使用格式字符"% c"；字符串与字符串常量的表示形式及输出形式分别为""和"%s"。
(2)字符串结束标识"\0"。根据"\0"来判断字符串是否结束,例如:
for(i =0;str[i]! = '\0'; i ++)

考点16　指向字符串的指针

指向字符串的指针定义格式如下:
　　char * 指针变量;
指向字符串的指针初始化方法如下:
　　char *p = "abc";
指向字符串的指针引用方法如下:
　　while(* p){ }
注意:只有字符数组才可以应用数组名称直接将整个数组中的元素输出,其他类型的数组不具备这种特征。
题型剖析:
(1)填空题中,常常要求根据函数的调用,写出参数中字符串指针的正确形式。如:a,b是两个数组,对于函数 void fun (char * a, char * b),其调用形式为 fun(a,b)。
(2)使用指针对字符串进行操作。
例如,字符串 s = "hello",指针 p 指向字符串 s,要求将字符串中的字母"l"转换成字符"a",程序如下:
while(p)
{　if (* p == 'l')
　　* p = 'a';
　p ++ ;
}

考点17　字符串处理函数

1. strcpy( )字符串复制函数

例如:char a[ ] = "abc";
　　char b[ ] = "b";
　　strcpy(a,b);/* 调用结束后,a = "b"* /
C 语言中不可以应用"="直接将一个字符串的值复制给另一个字符串,但可以用库函数中的 strcpy( )函数来实现。

2. strcat( )字符串连接函数

例如:char a[ ] = "abc";
　　char b[ ] = "b";
　　strcat(a,b);/* 调用结束后,a = "abcb"* /

3. strlen( )字符串长度函数(从起始指针到"\0"处为止的字符总数)

例如:char a[100] = "abc";
　　int b = strlen(a);/* 调用后 b = 3 */

4. strcmp( )字符串比较函数

例如:char a[ ] = "abc";
　　char b[ ] = "b";
　　int c = strcmp(a,b);/* 调用结束后,c = -1 * /
即按字典序排列,靠后的字符串比较大。a<b,返回 -1;a>b,返回1;如果两个字符串相同,则返回0。
题型剖析:这里主要是牢记各个函数的功能和调用方法。字符串处理函数可以方便地对字符串进行处理,在上机过程中,熟练使用字符串处理函数(除非题目要求不能使用),可以大大减少我们的工作量。

13.7 结构体、共用体和用户定义类型

考点 18　结构体变量的定义与表示方法

1. 结构体的定义

```
struct 结构体名
{
    类型标识符    成员名;
    类型标识符    成员名;
    ...
};
```

2. 结构体变量的定义

(1)结构体变量的定义可以直接跟在结构体定义之后,例如:
```
struct {
...
}Array[10];
```
(2)先声明结构体类型,再单独定义结构体变量,例如:
```
struct student{
...
};
struct student Array[10];
```
(3)先声明一个结构体类型名,再用新类型名来定义结构体变量,例如:
```
typedef struct{
...
}ST;
ST Arrny[10];
```

3. 结构体变量的引用

结构体变量的引用方法如下:

结构体变量名.成员名

可以将一个结构体的变量直接赋值给另一个结构体变量,结构体嵌套时逐级引用。

题型剖析:考点主要是结构体的定义和结构体变量的几种声明形式。主要在填空题中考查,比如根据上下文,补全结构体中的成员等。

考点 19　链　　表

1. 指针指向结构体的引用方法

例如,struct *p = a;,则下面 3 种引用成员的方式,其效果是一样的:
a.b;
(*p).b;
p->b;

2. 链表的组成

(1)头指针:存放第一个数据节点的地址。
(2)节点:包括数据域和指针域。
链表的结构可以用图 13.1 表示。

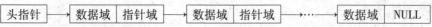

图 13.1　链表的结构

3. 链表的操作

链表是一种重要的数据结构,可以动态进行数据的存储分配。对链表的操作包括链表的建立,链表节点的插入和删除等。

(1)插入节点。例如,若要在节点 a,b 之间插入 c,则需要将指针指向 a,然后将 c→next = a→next;a→next = c;,便得到 a→c→b;。

(2)删除节点。例如,若在 a、c、b 三个连续节点中删除 c,则将指针指向 a 后,再将 a→next = c→next。

总之,链表操作的原则是,保证操作顺利完成而且不致指针丢失。

题型剖析:

(1)考查单个链表元素的时候,相当于同时考查结构体和指针。

①结构体指针的定义,要注意先赋值再使用。

②考查结构体内的成员用指针的引用与直接用结构体变量名引用形式上的区别,结构体变量的指针及结构体变量指针引用结构体成员赋值,尤其要注意字符数组的赋值。

(2)链表多考查于填空题和改错题,主要是对链表的操作,往往还连带着前后元素的链接关系,所以需要特别注意指针指向的调整以及先后顺序。

考点 20　命名类型

命名类型的格式如下:

typedef 定义体 新名称

例如:typedef int INT

之后便可以使用 INT 来定义一个 int 型的变量,如 INT a =0 与 int a =0 等价。

题型剖析: 该知识一般在填空题中考查,只要理解了别名和原定义体实际上是同一个类型即可。

考点 21　宏定义

1. 不带参数的宏定义

不带参数的宏定义格式如下:

#define　宏名替换文本

例如:#define　R　13

　　　#define　PI　3.14

2. 带参数的宏定义

带参数的宏定义格式如下:

#define　宏名(参数列表)　字符串

例如:#define　MV(x,y)　((x)* (y))

题型剖析: 不带参数的宏替换比较简单,只需要将宏名替换为相应的常量即可。进行带参数的宏替换时要注意,程序不会将预定义字符串的运算结果进行替换,而是简单的字符替换。例如,#define MV(x,y) x * y 与#define MV(x,y) (x) * (y)是不同的,当程序引用 MV(a+3,5)时,该表达式被分别替换为:MV(a+3 * 5)和 MV((a+3) * 5)。

13.8　文　　件

考点 22　文件的打开与关闭

(1)文件的定义。文件指存储在外部介质上数据的集合,是操作系统进行数据管理的基本单位。文件分为文本文件和二进制文件。C 语言把文件看作是一个字符(字节)的序列,即由一个个字符(字节)的数据顺序组成。一个输入/输出流就是一个字节流或二进制流。

(2)文件的打开与关闭。
文件类型指针：FILE *fp;
打开文件：fp = fopen(文件名,文件使用方式);
关闭文件：fclose(fp);
注意文件打开和关闭函数的形式,其参数和返回值为文件指针。文件打开时,自动生成一个文件结构体,关闭后,结构体自动释放。
文件的打开方式如表13.1所示。

表13.1　　　　　文件的打开方式

打开方式	含　义	打开方式	含　义
r/rb	只读	r+/rb+	读写
w/wb	只写	w+/wb+	读写
a/ab	追加	a+/ab+	读写

题型剖析：这部分是概念知识,考查考生对知识、概念记忆的准确性。通常会以填空题和改错题的形式出现,如补全文件名称,文件使用方式,操作完成后文件是否被关闭等。

考点23　文件的读写

```
fputc(ch,fp);                            /* 将字符(ch的值)输出到fp所指向的文件中*/
fgetc(fp);                               /* 从fp所指向的文件中返回一个字符*/
fgets(char * str, int n, FILE * fp);     /* 从指定的文件读入一个字符串*/
fputs(const str, FILE * fp);             /* 向指定的文件输出一个字符串*/
fprintf(文件指针,格式字符串,输出列表);    /* 将字符串输出到文件*/
fscanf(文件指针,格式字符串,输入列表);     /* 从文件读入一个字符串*/
fread(buffer,size,count,fp);             /* 数据块读写函数,是向文件读写一组数据。其中,buffer是一个指
                                            针,表示起始地址。size是要读写的字节数*/
fwrite(buffer,size,count,fp);            count表示要进行读写多少个size字节的数据项*/
```

题型剖析：这部分内容在考试中以概念为主,因此要熟练地掌握这些函数的功能,调用格式以及参数的含义。

考点24　文件检测函数

```
int feof(FILE * stream);               /* 检测文件是否结束,如果结束,返回1,否则返回0*/
ferror(* fp);                          /* 返回0表示文件未出错,非0表示出错*/
fseek(文件指针,位移量,起始点);          /* 起始点有:
                                          文件开头      SEEK_SET0
                                          文件当前位置  SEEK_CUR1
                                          文件结尾      SEEK_END2*/
```

题型剖析：重点考查fseek()函数的调用格式和参数的含义。例如：
　　　int a = 2; fseek(fp,0,a);

第14章

新增无纸化考试套卷及其答案解析

目前,考试题库中共有119套试卷,因篇幅所限,本章只提供新增的两套无纸化考试套卷及其答案解析,其余题目在配套"智能模考软件"中提供。建议考生在学习掌握本章试题内容的基础之上,通过配套软件进行模考练习,提前熟悉"考试场景",体验真考环境及考试答题流程。

二级C语言共有四大题型,包括选择题、程序填空题、程序修改题和程序设计题。

(1)选择题。本题型包括40道小题,前10道题考查公共基础知识的内容,后30道题考查C语言的内容,均是比较基础的题目。

(2)程序填空题。本题型要求填写2~4个空,考查的是C语言中的基本知识点,大多比较简单。

(3)程序修改题。本题型要求修改程序中的2~4个错误,所考查的知识点和题目难度与程序填空题的相当。

(4)程序设计题。本题型考查考生对众多知识点的综合应用,也是考试中最难的,要求考生有一定的编程能力。考查的内容除了基本知识外,还涉及一些固定的算法。

14.1 新增无纸化考试套卷

第1套 新增无纸化考试套卷

一、选择题

(1) 下列叙述中正确的是(　　)。
　　A. 算法的时间复杂度是指算法在执行过程中基本运算的次数
　　B. 算法的时间复杂度是指算法执行所需要的时间
　　C. 算法的时间复杂度是指算法执行的速度
　　D. 算法复杂度是指算法控制结构的复杂程度

(2) 下列叙述中正确的是(　　)。
　　A. 循环队列是队列的一种链式存储结构
　　B. 循环队列是队列的一种顺序存储结构
　　C. 循环队列中的队尾指针一定大于队头指针
　　D. 循环队列中的队尾指针一定小于队头指针

(3) 某完全二叉树有 256 个节点,则该二叉树的深度为(　　)。
　　A. 7　　　　　　　B. 8　　　　　　　C. 9　　　　　　　D. 10

(4) 下列叙述中错误的是(　　)。
　　A. 线性结构也能采用链式存储结构
　　B. 线性结构一定能采用顺序存储结构
　　C. 有的非线性结构也能采用顺序存储结构
　　D. 非线性结构一定不能采用顺序存储结构

(5) 需求分析的主要任务是(　　)。
　　A. 确定软件系统的功能　　　　　　　　B. 确定软件开发方法
　　C. 确定软件开发工具　　　　　　　　　D. 确定软件开发人员

(6) 一个模块直接调用的下层模块的数目称为模块的(　　)。
　　A. 扇入数　　　　B. 扇出数　　　　C. 宽度　　　　　D. 作用域

(7) 将数据和操作置于对象统一体中的实现方式是(　　)。
　　A. 隐藏　　　　　B. 抽象　　　　　C. 封装　　　　　D. 结合

(8) 采用表结构来表示数据及数据间联系的模型是(　　)。
　　A. 层次模型　　　B. 概念模型　　　C. 网状模型　　　D. 关系模型

(9) 在供应关系中,实体供应商和实体零件之间的联系是(　　)。
　　A. 多对多　　　　B. 一对一　　　　C. 多对一　　　　D. 一对多

(10) 如果定义班级关系如下:
　　　班级(班级号,总人数,所属学院,班级学生)
　　　则使它不满足第一范式的属性是(　　)。
　　A. 班级号　　　　B. 班级学生　　　C. 总人数　　　　D. 所属学院

(11) 以下说法正确的是(　　)。
　　A. C 语言只接受十进制的数
　　B. C 语言只接受八进制、十进制、十六进制的数
　　C. C 语言接受除二进制之外任何进制的数
　　D. C 语言接受任何进制的数

(12)以下说法错误的是（　　）。
　　A. 由3种基本结构组成的结构化程序不能解决过于复杂的问题
　　B. 由3种基本结构组成的结构化程序能解决一些简单的问题
　　C. 由3种基本结构组成的结构化程序能解决递归问题
　　D. 由3种基本结构组成的结构化程序能解决数学上有解析解的问题
(13)以下说法错误的是（　　）。
　　A. C语言标识符中可以有多个字母、数字和下划线字符
　　B. C语言标识符中下划线字符可以出现在任意位置
　　C. C语言标识符不能全部由数字组成
　　D. C语言标识符必须以字母开头
(14)以下说法错误的是（　　）。
　　A. C语言中的常量是指在程序运行过程中经常被用到的变量
　　B. C语言中的常量是指在程序运行过程中其值不能被改变的量
　　C. C语言中的常量可以用一个符号名来代表
　　D. C语言中的常量可以用宏来定义
(15)若有定义：int a = 1234, b = -5678;，用语句 printf("%+-6d%+-6d", a, b);输出，以下正确的输出结果是（　　）。
　　A. +1234 -5678 （中间有一个空格，最后有一个空格）
　　B. +1234 -5678 （最前面有一个空格，中间有一个空格）
　　C. +-1234+-5678 （最前面和最后均无空格）
　　D. 1234 -5678 （中间有两个空格，最后有一个空格）
(16)若有定义：double a; float b; short c;，若想把1.2输入给变量a，3.4输入给变量b，5678输入给变量c，程序运行时键盘输入：
1.2 3.4 5678<回车>
则以下正确的读入语句是（　　）。
　　A. scanf("%lf%lf%d", &a, &b, &c);　　B. scanf("%lf%lf%hd", &a, &b, &c);
　　C. scanf("%lf%f%hd", &a, &b, &c);　　D. scanf("%f%f%d", &a, &b, &c);
(17)有下列程序：
```
#include <stdio.h>
main()
{
    int a = 1, b = 1, c = 1;
    if (a-- || b-- && --c)
        printf("%d,%d,%d\n", a, b, c);
    else
        printf("%d,%d,%d\n", a, c, b);
}
```
程序执行后的输出结果是（　　）。
　　A. 0,1,0　　　　　　B. 0,1,1　　　　　　C. 0,0,1　　　　　　D. 0,0,0
(18)有下列程序：
```
#include <stdio.h>
main()
{
    int a = 123456, b;
    while(a)
    {
        b = a%10;
        a /= 10;
```

```
        switch(b)
        {
            default: printf("%d", b++);
            case 1: break;
            case 2: printf("%d", b++); break;
            case 3: printf("%d", b++);
            case 4: printf("%d", b++);
            case 5: printf("%d", b++);
        }
    }
}
```

程序执行后的输出结果是(   )。
A. 654321   B. 65432   C. 65453452   D. 654534521

(19)有下列程序：
```
#include <stdio.h>
main()
{
    int a=1, b=-2;
    for (; a-- && b++;)
        printf("%d,%d,", a,b);
    printf("%d,%d", a,b);
}
```

程序执行后的输出结果是(   )。
A. 0,-1,-1,-1
C. 0,-1,-1,0,-1,0
B. 0,-1,-1,0
D. 0,-1,-1,-1,-1,-1

(20)有下列程序：
```
#include <stdio.h>
main()
{
    int a=7, i;
    for (i=1; i<=3; i++)
    {
        if (a>14) break;
        if (a%2) { a+=3; continue; }
        a = a+4;
        printf("%d,%d,", i,a);
    }
    printf("%d,%d", i,a);
}
```

程序执行后的输出结果是(   )。
A. 2,14,3,18,4,18   B. 1,14,2,18,3,18
C. 2,14,3,18,4,22   D. 1,14,2,18,3,18,4,18

(21)以下正确的字符常量是(   )。
A. '\089'   B. '\012'   C. '\0XAB'   D. '\0xab'

(22)有下列程序：
#include <stdio.h>
main()

```
        char b[ ] = "happychristmas", k;
        for (k = 0; b[k]; k ++)
        {
            if (b[k] < 'm')
                b[k] = b[k] - 'a' + 'A';
            printf("%c", b[k]);
        }
    }
```

程序执行后的输出结果是(   )。

A. hAppychristmAs B. happychristmas
C. HAppyCHrIstmAs D. HAPPYCHRISTMAS

(23) 有如下形式的函数：
  int fun(int a[4][5], int *p[10], int n)
  {……}
  调用函数之前需要对函数进行说明，即所谓的函数向前引用说明，以下对fun()函数说明正确的是(   )。
  A. int fun(int b[ ][5], int *r[ ], int m);
  B. int fun(int a[4][ ], int *p[10], int n);
  C. int fun(int a[ ][ ], int *p[ ], int n);
  D. int fun(int a[ ], int *p[ ], int n);

(24) 关于指针，以下说法正确的是(   )。
  A. 可以直接向指针中写入数据
  B. 若指针指向变量，则可以向指针所指内存单元写入数据
  C. 指针可以指向内存中任何位置，并写入数据
  D. 两个指针可以通过加运算求和，形成一个功能更强大的指针

(25) 有下列程序：
```
    #include <stdio.h>
    int *f(int *s)
    {
        s += 1;
        s[1] += 6;
        *s-- += 7;
        return s;
    }
    main( )
    {
        int a[5] = {1,2,3,4,5}, *p;
        p = f(a);
        printf("%d,%d,%d,%d", a[1], a[2], *p, p[1]);
    }
```

程序执行后的输出结果是(   )。
A. 2,3,1,2   B. 9,9,2,9   C. 8,10,2,8   D. 9,9,1,9

(26) 有下列程序：
```
    #include <stdio.h>
    void swap(int *a, int *b)
    {
        int *tp, t;
```

```
        t = *a; *a = *b; *b = t;
        tp = a; a = b; b = tp;
        printf("%d,%d,", *a, *b);
    }
    main()
    {
        int i=3, j=7, *p=&i, *q=&j;
        swap(&i, &j);
        printf("%d,%d", *p, *q);
    }
```
程序执行后的输出结果是（　　）。
A. 3,7,3,7　　　　　　B. 7,3,7,3　　　　　　C. 3,7,7,3　　　　　　D. 7,3,3,7

(27) 有下列程序：
```
    #include <stdio.h>
    #define N 4
    int fun(int a[][N])
    {
        int i, y=0;
        for(i=0; i<N; i++)
            y += a[i][0] + a[i][N-1];
        for(i=1; i<N-1; i++)
            y += a[0][i] + a[N-1][i];
        return y;
    }
    main()
    {
        int y, x[N][N]={
            {1,2,3,4},
            {2,1,4,3},
            {3,4,1,2},
            {4,3,2,1}};
        y=fun(x);
        printf("%d", y);
    }
```
程序执行后的输出结果是（　　）。
A. 30　　　　　　B. 35　　　　　　C. 40　　　　　　D. 32

(28) 有下列程序：
```
    #include <stdio.h>
    void fun(int a[], int n, int flag)
    {
        int i=0, j, t;
        for (i=0; i<n-1; i++)
            for (j=i+1; j<n; j++)
                if (flag (a[i] < a[j]) : (a[i] > a[j]))
                    { t=a[i]; a[i]=a[j]; a[j]=t;}
    }
    main()
```

```
    {
        int c[10] = {7,9,10,8,3,5,1,6,2,4},i;
        fun(c, 5, 1);
        fun(c+5, 5, 0);
        for (i=0;i<10; i++)
            printf("%d,", c[i]);
    }
```

程序执行后的输出结果是(　　)。
A. 3,7,8,9,10,6,5,4,2,1,　　　　　　　B. 10,9,8,7,3,1,2,4,5,6,
C. 10,9,8,7,6,1,2,3,4,5,　　　　　　　D. 1,2,3,4,5,10,9,8,7,6,

(29)有下列程序：
```
#include <stdio.h>
main()
{
    int i,j=0;
    char a[] = "ab1b23c4d56ef7gh89i9j64k",b[100];
    for (i=0; a[i]; i++)
        if (a[i] < 'a' || a[i] > 'z')
            b[j++] = a[i];
    for (i=0; a[i]; i++)
        if (a[i] < '0' || a[i] > '9')
            b[j++] = a[i];
    b[j] = '\0';
    printf("%s",b);
}
```

程序执行后的输出结果是(　　)。
A. abbcdefghijk123456789964　　　　　B. 123456789964abbcdefghijk
C. 123445667899abbcdefghijk　　　　　D. abbcdefghijk123445667899

(30)有下列程序：
```
#include <stdio.h>
main()
{
    char v[4][10] = {"efg","abcd","mnopq","hijkl"}, *p[4],t;
    int i,j;
    for (i=0; i<4; i++)
        p[i] = v[i];
    for (i=0; i<3; i++)
        for (j=i+1; j<4; j++)
            if (*p[i] > *p[j])
            { t = *p[i]; *p[i] = *p[j]; *p[j] = t; }
    for (i=0; i<4; i++)
        printf("%s ", v[i]);
}
```

程序执行后的输出结果是(　　)。
A. abcd efg hijkl mnopq　　　　　　　B. afg ebcd hnopq mijkl
C. efg abcd mnopq hijkl　　　　　　　D. mijkl hnopq ebcd afg

(31)有下列程序：

```c
#include <stdio.h>
main()
{
    char v[5][10]={"efg","abcd","snopq","hijkl","xyz"};
    printf("%s,%c,%s,%c,%s", *v, **(v+3), v[4]+2, *(v[2]+4),v[1]+1);
}
```
程序执行后的输出结果是( )。
A. efg,h,z,q,bcd B. efg,d,zyz,w,bbcd
C. efgabcdsnopqhijklxyz,h,z,q,bcd D. efgabcdsnopqhijklxyz,d,zyz,w,bbcd

(32) 有下列程序：
```c
#include <stdio.h>
#include <string.h>
main()
{   char a[5][10]={"efg","abcd","mnopq","hijkl","rstuvwxyz"};
    char *p[5];
    int i, len;
    for (i=0;i<5;i++)
    {
        p[i] = a[i];
        len = strlen(p[i]);
        printf("%c", p[i][0]);
        printf("%s", p[i]+len/2);
    }
}
```
程序执行后的输出结果是( )。
A. eeaabmmnhhirrstu
B. efgabcdmnopqhijklrstuvwxyz
C. efgacdmopqhjklrvwxyz
D. eefgaabcdmmnopqhhijklrrstuvwxyz

(33) 有下列程序：
```c
#include <stdio.h>
int f(int x)
{
    if (x < 2)
        return 1;
    return x*f(x-1) + (x-1)*f(x-2);
}
main()
{
    int y;
    y = f(4);
    printf("%d\n", y);
}
```
程序执行后的输出结果是( )。
A. 11   B. 43   C. 57   D. 53

(34) 有下列程序：
#include <stdio.h>

```
int a = 5;
int func(int d)
{
    int b = 5;
    static int c = 5;
    a--; b--; --c; --d;
    return a + b + c + d;
}
main()
{
    int k, a = 4;
    for (k = 0; k < 3; k++)
        printf("%d,", func(a--));
}
```

程序执行后的输出结果是(　　)。

A. 15,12,9,　　　　　B. 15,13,11,　　　　　C. 15,11,7,　　　　　D. 15,15,15,

(35)有下列程序:
```
#include <stdio.h>
#define S1(x,y) x*y
#define S2(x,y) (x)*(y)
main()
{   int a = 2, b = 5;
    printf("%d,%d,%d,%d", S1(a+b,a+b), S1(a+b,b+a), S2(a+b,a+b), S2(a+b,b+a));
}
```

程序执行后的输出结果是(　　)。

A. 17,17,49,49　　　　B. 17,29,49,49　　　　C. 29,29,49,49　　　　D. 49,49,49,49

(36)有下列程序:
```
#include <stdio.h>
#include <string.h>
typedef struct stu {
    char name[9];
    char gender;
    int score;
} STU;
STU a = {"Zhao", 'm', 85};
STU f() {
    STU c = {"Sun", 'f', 90};
    strcpy(a.name, c.name);
    a.gender = c.gender;
    a.score = c.score;
    return a;
}
main()
{
    STU b = {"Qian", 'f', 95};
    b = f();
    printf("%s,%c,%d,%s,%c,%d", a.name, a.gender, a.score, b.name, b.gender, b.score);
}
```

}
程序执行后的输出结果是(　　)。
A. Sun,f,90,Sun,f,90
B. Zhao,m,85,Sun,f,90
C. Zhao,m,85,Qian,f,95
D. Sun,f,90,Qian,f,95

(37) 有下列程序：
```c
#include <stdio.h>
typedef struct stu {
    char name[9];
    char gender;
    int score;
} STU;
void f(STU *a)
{
    STU c = {"Sun", 'f', 90}, *d = &c;
    *a = *d;
    printf("%s,%c,%d,", a->name, a->gender, a->score);
}
main()
{   STU b = {"Zhao", 'm', 85}, *a = &b;
    f(a);
    printf("%s,%c,%d", a->name, a->gender, a->score);
}
```
程序执行后的输出结果是(　　)。
A. Zhao,m,85,Zhao,m,85
B. Sun,f,90,Zhao,m,85
C. Zhao,m,85,Sun,f,90
D. Sun,f,90,Sun,f,90

(38) 若有定义：
```c
typedef int *T[10];
T *a;
```
则以下与上述定义中 a 类型完全相同的是(　　)。
A. int *a[10];　　　B. int **a[10];　　　C. int *(*a)[10];　　　D. int *a[][10];

(39) 有下列程序：
```c
#include <stdio.h>
main()
{   int x = 4, y = 2, z1, z2;
    z1 = x&&y; z2 = x&y;
    printf("%d,%d\n", z1, z2);
}
```
程序执行后的输出结果是(　　)。
A. 1,0　　　　　B. 1,1　　　　　C. 1,4　　　　　D. 4,4

(40) 有下列程序：
```c
#include <stdio.h>
main()
{   FILE *fp;
    int i, a[6] = {1,2,3,4,5,6};
    fp = fopen("d.dat", "w+b");
    for (i = 5; i >= 0; i--)
        fwrite(&a[i], sizeof(int), 1, fp);
```

```
    rewind(fp);
    fread(&a[3], sizeof(int), 3, fp);
    fclose(fp);
    for (i=0;i<6;i++)
        printf("%d,", a[i]);
}
```

程序执行后的输出结果是(　　)。
A. 6,5,4,4,5,6,　　　　B. 1,2,3,4,5,6,　　　　C. 4,5,6,4,5,6,　　　　D. 1,2,3,6,5,4,

二、程序填空题

给定程序中,已建立一个带有头节点的单向链表,链表中的各节点包含数据域(data)和指针域(next),数据域为整型。函数 fun()的作用:找出链表各节点数据域中的最大值,其最大值由函数值返回。

请在程序的下划线处填入正确的内容并把下划线删除,使程序得出正确的结果。

注意:源程序存放在文件 BLANK1.C 中,不得增行或删行,也不得更改程序的结构!

```
#include <stdio.h>
#include <stdlib.h>
#pragma warning (disable:4996)
struct list
{
    int data;
    struct list *next;
};

struct list *createlist(int data[], int n)
{
    struct list *head = 0, *p, *q;
    int i;
    head = (struct list *) malloc(sizeof(struct list));
    head->data = data[0];
    p = q = head;
    for(i=1; i<n; i++)
    {
        p = (struct list * malloc(sizeof(struct list));
        p->data = data[i]; q->next = p; q = p;
    }
    p->next = NULL;
    return head;
}
/**********found**********/
int func( [1] head)
{ int pmax = head->data;
    struct list *p = head->next;
    while(p != NULL)
    { if(p->data > pmax) pmax = p->data;
/**********found**********/
        p = [2];
    }
/**********found**********/
```

【3】
}

```
void main( )
{
    int data[ ] = {123, 21, 65, 789, 32, 310, 671, 651, 81, 101}, pmax;
    struct list *head;
    head = createlist(data, 10);
    pmax = func(head);
    printf("Max = %d\n", pmax);
}
```

三、程序修改题

给定程序 MODI1.C 中函数 fun( ) 的功能:从低位开始依次取长整型变量 s 中奇数位上的数,构成一个新数放在 t 中(注意:位置从 0 开始计算)。

例如:

输入 12345678,则输出 1357;

输入 123456789,则输出 2468。

请改正函数 fun( ) 中指定部位的错误(紧跟注释行 found 下一条语句),使它能得出正确的结果。

注意:不要改动 main( ) 函数,不得增行或删行,也不得更改程序的结构!

```
#include <stdio.h>
#pragma warning (disable:4996)
void fun (long s, long *t)
{ long sl = 10;
    s /= 10;
/***********found***********/
    *t = s / 10;
    while(s > 0) {
        s = s / 100;
/***********found***********/
        t = s % 10 * sl + t;
/***********found***********/
        sl /= 10;
    }
}

main( )
{ long s, t;
    printf("\nPlease enter long number:");
    scanf("%ld", &s); fun(s, &t);
    printf("The result is: %ld\n", t);
}
```

四、程序设计题

请编写函数 fun( ),其功能:在一个含有 11 个四位数的数组中,统计出这些数的奇数、偶数个数,然后计算出个数多的那些数的算术平均值并由函数返回,个数通过 yy 传回。

例如,若 11 个数据为 1101,1202,1303,1404,1505,2611,2712,2813,2914,3202,4222。

则输出:yy = 6, pjz = 2609.33。

注意:部分源程序在文件 PROG1.C 中,请勿改动主函数 main( ) 和其他函数中的任何内容,仅在函数 fun( ) 的大括号中填入所编写的若干语句。

```c
#include <stdio.h>
#pragma warning (disable:4996)
#define N 11
double fun( int xx[], int *yy )
{


}
main( )
{
    int yy, xx[N] = {1101,1202,1303,1404,1505,2611,2712,2813,2914,3202,4222};
    double pjz ;
    void NONO( );

    pjz = fun( xx, &yy );
    printf("yy = %d, pjz = %.2lf\n", yy, pjz);
    NONO( );
}

void NONO( )
{
/* 请在此函数内打开文件,输入测试数据,调用 fun()函数,输出数据,关闭文件 */
    int i, j, xx[N], yy;
    double pjz;
    FILE *rf, *wf ;

    rf = fopen("in.dat","r") ;
    wf = fopen("out.dat","w") ;
    for(i=0; i<10; i++) {
        for(j=0; j<N; j++) fscanf(rf, "%d ", &xx[j]);
        pjz = fun( xx, &yy );
        fprintf(wf, "%d, %.2lf\n", yy, pjz);
    }
    fclose(rf) ;
    fclose(wf) ;
}
```

第2套 新增无纸化考试套卷

一、选择题

(1)在最坏情况下比较次数相同的是( )。
　　A.冒泡排序与快速排序　　　　　　　　　　B.简单插入排序与希尔排序
　　C.简单选择排序与堆排序　　　　　　　　　D.快速排序与希尔排序

(2)设二叉树的中序序列为BCDA,前序序列为ABCD,则后序序列为( )。
　　A. CBDA　　　　　B. DCBA　　　　　C. BCDA　　　　　D. ACDB

(3)树的度为3,且有9个度为3的节点,5个度为1的节点,但没有度为2的节点。则该树中的叶子节点数为( )。
　　A. 18　　　　　　B. 33　　　　　　C. 19　　　　　　D. 32

(4)下列叙述中错误的是( )。
　　A.向量属于线性结构　　　　　　　　　　　B.二叉链表是二叉树的存储结构
　　C.栈和队列是线性表　　　　　　　　　　　D.循环链表是循环队列的链式存储结构

(5)下面对软件特点描述错误的是( )。
　　A.软件的使用存在老化问题
　　B.软件的复杂性高
　　C.软件是逻辑实体具有抽象性
　　D.软件的运行对计算机系统具有依赖性

(6)数据流图(DFD)的作用是( )。
　　A.描述软件系统的控制流　　　　　　　　　B.支持软件系统功能建模
　　C.支持软件系统的面向对象分析　　　　　　D.描述软件系统的数据结构

(7)结构化程序的3种基本控制结构是( )。
　　A.递归、堆栈和队列　　　　　　　　　　　B.过程、子程序和函数
　　C.顺序、选择和重复　　　　　　　　　　　D.调用、返回和转移

(8)同一个关系模型的任意两个元组值( )。
　　A.可以全相同　　　B.不能全相同　　　C.必须全相同　　　D.以上都不对

(9)在银行业务中,实体客户和实体银行之间的联系是( )。
　　A.一对一　　　　　B.一对多　　　　　C.多对一　　　　　D.多对多

(10)定义学生选修课程的关系模式如下：
SC (S#, Sn, C#, Cn, G, Cr)(其属性分别为学号、姓名、课程号、课程名、成绩、学分)
则对主属性部分依赖的是( )。
　　A. C#→Cn　　　B. (S#,C#)→G　　　C. (S#,C#)→S#　　　D. (S#,C#)→C#

(11)一个算法应当具有5个特性,以下叙述中正确的是( )。
　　A.有穷性、确定性、复杂性、有零个或多个输入、有一个或多个输出
　　B.有穷性、确定性、可行性、有零个或多个输入、有一个或多个输出
　　C.有穷性、确定性、可行性、必须要有一个以上的输入、有一个或多个输出
　　D.有穷性、确定性、复杂性、有零个或多个输入、必须要多个输出

(12)以下不能定义为用户标识符的是( )。
　　A. Void　　　　　B. scanf　　　　　C. int　　　　　　D. _3com_

(13)以下不能作为合法常量的是( )。
　　A. 'cd'　　　　　B. 1.234e04　　　　C. "\a"　　　　　D. '\011'

(14)若有定义:int a=1, b=2, c=3, d=4, m=2, n=2;,则执行(m=a>b) && (n=c>d)后n的值是( )。
　　A. 4　　　　　　B. 3　　　　　　　C. 2　　　　　　　D. 1

(15)有说明语句:int a,b;,如果输入111222333,使得a的值为111,b的值为333,则以下正确的语句是( )。
　　A. scanf("%3d%*3d%3d", &a, &b);　　　　B. scanf("%*3d%3d%3d", &a, &b);
　　C. scanf("%3d%3d%*3d", &a, &b)　　　　 D. scanf("%3d%*2d%3d", &a, &b);

(16) 有以下程序：
```
#include <stdio.h>
void main()
{
    double x = 2.0, y;
    if (x < 0.0) y = 0.0;
    else if (x < 10.0) y = 1.0 / x;
    else y = 1.0;
    printf("%f\n", y);
}
```
程序运行后的输出结果是(　　)。
A. 1.000000　　　　　　B. 0.000000　　　　　　C. 0.250000　　　　　　D. 0.500000

(17) 有以下程序：
```
#include <stdio.h>
main()
{
    int s = 0, i;
    for (i = 1; i < 5; i++)
    {
        switch (i)
        {
            case 0:
            case 3: s += 2;
            case 1:
            case 2: s += 3;
            default: s += 5;
        }
    }
    printf("%d\n", s);
}
```
程序运行后的输出结果是(　　)。
A. 20　　　　　　　　　B. 13　　　　　　　　　C. 10　　　　　　　　　D. 31

(18) 有以下程序：
```
#include <stdio.h>
main()
{
    int w = 4, x = 3, y = 2, z = 1;
    printf("%d\n", (w < x ? w : z < y ? z : x));
}
```
程序运行后的输出结果是(　　)。
A. 4　　　　　　　　　B. 2　　　　　　　　　C. 3　　　　　　　　　D. 1

(19) 有以下程序：
```
#include <stdio.h>
main()
{
    int x, i;
```

```
        for (i = 1; i <= 100; i++)
        {
            x = i;
            if (++x % 2 == 0)
                if (++x % 3 == 0)
                    if (++x % 7 == 0)
                        printf("%d ", x);
        }
        printf("\n");
```

程序运行后的输出结果是(   )。

A. 42 84　　　　　　B. 28 70　　　　　　C. 26 68　　　　　　D. 39 81

(20) 以下叙述中正确的是(   )。

A. 在 switch 语句中,不一定使用 break 语句

B. break 语句只能用于 switch 语句

C. break 语句必须与 switch 语句中的 case 配对使用

D. 在 switch 语句中必须使用 default

(21) 有以下程序:

```c
#include <stdio.h>
char fun(char ch)
{
    if (ch >= 'A' && ch <= 'Z') ch = ch - 'A' + 'a';
    return ch;
}
main()
{
    char s[] = "ABC+abc=defDEF", *p = s;
    while (*p)
    {
        *p = fun(*p);
        p++;
    }
    printf("%s\n", s);
}
```

程序运行后的输出结果是(   )。

A. abc+abc=defdef　　B. abc+ABC=DEFdef　　C. abcABCDEFdef　　D. abcabcdefdef

(22) 若要判断 char 型变量 c 中存放的是否为小写字母,以下正确的表达式是(   )。

A. 'a' <= c <= 'z'

B. (c >= 'a') && (c <= 'z')

C. (c >= 'a') || (c <= 'z')

D. ('a' <= c) AND ('z' >= c)

(23) 以下叙述中错误的是(   )。

A. 在一个函数内的复合语句中定义的变量在本函数范围内有效

B. 在一个函数内定义的变量只在本函数范围内有效

C. 在不同的函数中可以定义相同名字的变量

D. 函数的形参是局部变量

(24) 以下叙述中错误的是(　　)。
　　A. 形参可以是常量、变量或表达式
　　B. 实参可以是常量、变量或表达式
　　C. 实参的类型应与形参的类型赋值兼容
　　D. 实参的个数应与形参的个数一致
(25) 有以下程序：
```
#include <stdio.h>
main()
{
    int k = 2, m = 4, n = 6, *pk = &k, *pm = &m, *p;
    *(p = &n) = *pk * (*pm);
    printf("%d\n", n);
}
```
　　程序运行后的输出结果是(　　)。
　　A. 6　　　　　　　B. 10　　　　　　　C. 8　　　　　　　D. 4
(26) 若有定义 int *p[3];，则以下叙述中正确的是(　　)。
　　A. 定义了一个指针数组 p，该数组含有 3 个元素，每个元素都是基类型为 int 的指针
　　B. 定义了一个基类型为 int 的指针变量 p，该变量具有 3 个指针
　　C. 定义了一个名为 *p 的整型数组，该数组含有 3 个 int 类型元素
　　D. 定义了一个可指向一维数组的指针变量 p，所指一维数组应具有 3 个 int 类型元素
(27) 以下不能对二维数组 a 进行正确初始化的语句是(　　)。
　　A. int a[2][3] = {0};
　　B. int a[2][3] = {{1,2},{3,4},{5,6}};
　　C. int a[ ][3] = {{1,2},{0}};
　　D. int a[ ][3] = {1,2,3,4,5,6};
(28) 若有以下说明和定义：
```
int fun (int *c) {...}
main()
{
    int (*a)(int *) = fun, *b(), x[10], c;
    ...
}
```
　　则对函数 fun 的正确调用语句是(　　)。
　　A. (*a)(&c);　　　B. a = a(x);　　　C. b = *b(x);　　　D. fun(b);
(29) 有以下函数：
```
int fun (char *p, char *q)
{
    while ((*p != '\0') && (*q != '\0') && (*p == *q))
    {
        p++; q++;
    }
    return (*p - *q);
}
```
　　此函数的功能是(　　)。
　　A. 比较 p 和 q 所指字符串的大小　　　　　　B. 计算 p 和 q 所指字符串的长度差
　　C. 将 q 所指字符串连接到 p 所指字符串后面　　D. 将 q 所指字符串复制到 p 所指字符串中

(30) 有以下程序：
```
#include <stdio.h>
void fun(char *a, char *b)
{
    a = b;
    (*a)++;
}
main()
{
    char ch1='A', ch2='a', *p1=&ch1, *p2=&ch2;
    fun(p1,p2);
    printf("%c%c\n", ch1, ch2);
}
```
程序运行后的输出结果是（　　）。
A. Aa　　　　　　B. Ab　　　　　　C. ab　　　　　　D. Ba

(31) 有以下程序：
```
#include <stdio.h>
int fun(int a[], int n)
{
    if (n>1)
        return a[0]+fun(a+1,n-1);
    else
        return a[0];
}
main()
{
    int a[10]={1,2,3,4,5,6,7,8,9,10}, sum;
    sum = fun(a+2,4);
    printf("%d\n", sum);
}
```
程序运行后的输出结果是（　　）。
A. 34　　　　　　B. 55　　　　　　C. 10　　　　　　D. 18

(32) 有以下程序：
```
#include <stdio.h>
void fun(int n, int *s)
{
    int f1, f2;
    if (n==1 || n==2) *s = 1;
    else
    {
        fun(n-1, &f1);
        fun(n-2, &f2);
        *s = f1 + f2;
    }
}
main()
```

```
    {
        int x;
        fun(6, &x);
        printf("%d\n", x);
    }
```
程序运行后的输出结果是(   )。
A. 5   B. 2   C. 3   D. 8

(33) 以下叙述中错误的是(   )。
A. 将函数内的局部变量说明为 static 存储类是为了限制其他编译单位的引用
B. 一个变量作用域的开始位置完全取决于变量定义语句的位置
C. 全局变量可以在函数以外的任何部位进行定义
D. 局部变量的"生存期"只限于本次函数调用,因此不能将局部变量的运算结果保存至下一次调用

(34) 有以下程序:
```
#include <stdio.h>
#include <stdlib.h>
void fun(int **s, int p[2][3]) { **s = p[1][1]; }
main()
{
    int a[2][3] = {1,3,5,7,9,11}, *p;
    p = (int *)malloc(sizeof(int));
    fun(&p, a);
    printf("%d\n", *p);
}
```
程序运行后的输出结果是(   )。
A. 1   B. 11   C. 7   D. 9

(35) 以下叙述中正确的是(   )。
A. 宏替换不占用程序的运行时间   B. 预处理命令行必须位于源文件的开头
C. 在源文件的一行上可以有多条预处理命令   D. 宏名必须用大写字母表示

(36) 有以下程序:
```
#include <stdio.h>
struct NODE
{
    int k;
    struct NODE *next;
};
main()
{
    struct NODE m[5], *p=m, *q=m+4;
    int i=0;
    while (p!=q)
    {
        p->k = ++i; p++;
        q->k = i++; q--;
    }
    q->k = i;
    for (i=0; i<5; i++) printf("%d", m[i].k);
```

```
        printf("\n");
}
```
程序运行后的输出结果是(　　)。

A. 13442　　　　B. 13431　　　　C. 01234　　　　D. 02431

(37) 以下叙述中正确的是(　　)。

A. 结构体变量中的成员可以是简单变量、数组或指针变量

B. 不同结构体的成员名不能相同

C. 结构体定义时，其成员的数据类型可以是本结构体类型

D. 结构体定义时，类型不同的成员项之间可以用逗号隔开

(38) 有以下程序：

```c
#include <stdio.h>
main()
{
    int ch = 020;
    printf("%d\n", ch = ch >> 1);
}
```

程序运行后的输出结果是(　　)。

A. 10　　　　B. 40　　　　C. 32　　　　D. 8

(39) 标准库函数 fgets(str,n,fp) 的功能是(　　)。

A. 从 fp 所指的文件中读取长度不超过 n-1 的字符串存入指针 str 所指的内存

B. 从 fp 所指的文件中读取长度为 n 的字符串存入指针 str 所指的内存

C. 从 fp 所指的文件中读取 n 个字符串存入指针 str 所指的内存

D. 从 fp 所指的文件中读取长度为 n-1 的字符串存入指针 str 所指的内存

(40) 函数 fread(buffer, size, count, fp) 中 buffer 代表的是(　　)。

A. 一个存储区，存放要读的数据项

B. 一个整数，代表要读入的数据项总数

C. 一个文件指针，指向要读的文件

D. 一个指针，指向读入数据要存放的地址

二、程序填空题

给定程序中，函数 fun() 的功能：根据形参 c 中指定的英文字母，按顺序输出若干后继相邻字母，输出字母的大小写与形参 c 一致，数量由形参 d 指定。若输出字母中有字母 Z 或 z，则应从 A 或 a 开始接续，直到输出指定数量的字母。例如：c 为 'Y',d 为 4,则程序输出 ZABC；c 为 'z',d 为 2,则程序输出 ab。

请在程序的下划线处填入正确的内容并把下划线删除，使程序得出正确的结果。

注意：源程序存放在文件 BLANK1.C 中，不得增行或删行，也不得更改程序的结构！

```c
#include <stdio.h>
#pragma warning (disable:4996)
void fun(char c, int d) {
    int i;
    char A[26], a[26], *ptr;
/**********found**********/
    for (i=0; i< [1] ; i++) {
        A[i] = 'A' + i;
        a[i] = 'a' + i;
    }
/**********found**********/
    if ((c >= 'a') && (c [2] 'z')) ptr = a;
```

```
    else ptr = A;
/* * * * * * * * * * found * * * * * * * * * * */
    for (i = 1; i <= d; i ++)
    printf("%c", ptr[ (c - ptr[0] +i) % 【3】 ] );
}
main( ) {
    char c; int d;
    printf("please input c & d:\n");
    scanf("%c%d", &c, &d);
    fun(c, d);
}
```

三、程序修改题

给定程序 MODI1.C 中，函数 fun( ) 的功能是分别统计出形参 str 所指的字符串中的大写字母和小写字母的个数，并传递回主函数输出。例如，若 str 所指的内容为 "BAY23Kill"，其中大写字母数为 4，小写字母数为 3，则应输出：c0 = 4, c1 = 3。

请改正函数 fun 中指定部位的错误（紧跟注释行 found 下一条语句），使它能得出正确的结果。

注意：不要改动 main( ) 函数，不得增行或删行，也不得更改程序的结构！

```
#include <stdio.h>
#include <string.h>
#pragma warning (disable:4996)
void fun(char * str, int * c0, int * c1) {
    int k;
/* * * * * * * * * * found * * * * * * * * * * */
    c0 = c1 = 0;
/* * * * * * * * * * found * * * * * * * * * * */
    f3or (k = 1; k < strlen(str); k ++)
    {
/* * * * * * * * * * found * * * * * * * * * * */
        if ( (str[k] >= 'A') && (str[k] <= 'Z') ) *c0 ++;
        if ( (str[k] >= 'a') && (str[k] <= 'z') ) (*c1) ++;
    }
}

main( )
{ char str[100]; int c0, c1;
    printf("input string:");
    scanf("%s", str);
    fun(str, &c0, &c1);
    printf("c0 = %d, c1 = %d\n", c0, c1);
}
```

四、程序设计题

请编写函数 fun( )，其功能是统计出 x 所指数组中能被 e 整除的元素个数，通过函数值返回主函数。同时，计算不能被 e 整除的元素之和，放到形参 sum 所指的存储单元中。

例如，当数组 x 内容为 1, 7, 8, 6, 10, 15, 11, 13, 29, 31，整数 e 内容为 3 时，输出结果应该是 n = 2, sum = 110。

注意：部分源程序在文件 PROG1.C 中。请勿改动主函数 main( ) 和其他函数中的任何内容，仅在函数 fun( ) 的大括号中填入所编写的若干语句。

```
#include <stdio.h>
```

```c
#pragma warning (disable:4996)
#define N 10
int fun(int x[], int e, int *sum)
{



}
main()
{
    void NONO();
    int x[N] = {1, 7, 8, 6, 10, 15, 11, 13, 29, 31}, e = 3, n, sum;
    n = fun(x, e, &sum);
    printf("n=%d,sum=%d\n", n, sum);
    NONO();
}
void NONO()
{
/* 请在此函数内打开文件,输入测试数据,调用 fun()函数,输出数据,关闭文件 */
    int i, j, x[10], n, e, sum;
    FILE *rf, *wf;

    rf = fopen("in.dat","r");
    wf = fopen("out.dat","w");
    for(i=0; i<5; i++) {
        for(j=0; j<10; j++)
            fscanf(rf, "%d", &x[j]);
        fscanf(rf, "%d", &e);
        n = fun(x, e, &sum);
        fprintf(wf, "%d, %d\n", n, sum);
    }
    fclose(rf);
    fclose(wf);
}
```

14.2 新增无纸化考试套卷的答案及解析

第1套　答案及解析

一、选择题

(1) A　【解析】算法的时间复杂度是指执行算法所需要的计算工作量,其计算工作量是用算法所执行的基本运算次数来度量的。

(2) B　【解析】在实际应用中,队列的顺序存储结构一般采用循环队列的形式。当循环队列满或者为空时:队尾指针=队头指针。

(3) C　【解析】根据完全二叉树的性质:具有 n 个节点的完全二叉树的深度为 $[\log_2 n]+1$。本题中完全二叉树共有 256 个节点,则深度为 $[\log_2 256]+1=8+1=9$。

(4) D　【解析】满二叉树与完全二叉树均为非线性结构,但可以按照层次进行顺序存储。

(5) A　【解析】需求分析是软件开发之前必须要做的准备工作之一。需求是指用户对目标软件系统在功能、行为、性能、设计约束等方面的期望。故需求分析的主要任务是确定软件系统的功能。

(6) B　【解析】扇入数指调用一个给定模块的模块个数。扇出数是指由一个模块直接调用的其他模块数,即一个模块直接调用的下层模块的数目。

(7) C　【解析】对象具有封装性,从外面看只能看到对象的外部特性,对象的内部对外是封闭的。即封装实现了将数据和操作置于对象统一体中。

(8) D　【解析】关系模型采用二维表来表示,简称表。

(9) A　【解析】一家供应商可提供多种零件,一种零件也可被多家供应商提供。所以实体供应商和实体零件之间的联系是多对多。

(10) B　【解析】对于关系模式,若其中的每个属性都已不能再分为简单项,则它属于第一范式模式。题目中"班级"关系的"班级学生"属性,还可以进行再分,如学号、姓名、性别、出生日期等,因此不满足第一范式。

(11) B　【解析】C语言可以使用格式控制符%d,%u,%f等接受十进制的数,使用%o接受八进制的数,使用%x接受十六进制的数。本题答案是B选项。

(12) A　【解析】顺序结构、选择结构、循环结构是3种基本结构,由3种基本结构所构成的程序称为结构化程序,由3种基本结构组成的算法可以解决任何复杂的问题,选项A错误。本题答案是A选项。

(13) D　【解析】C语言的合法的标识符的命名规则是:标识符可以由字母、数字和下划线组成,并且第一个字符必须是字母或下划线。选项D错误,本题答案是D选项。

(14) A　【解析】C语言中的常量是指在程序运行过程中其值不能被改变的量,它可以用宏来定义,用一个符号名来代表。选项A错误,选项B、C、D正确,本题答案是A选项。

(15) A　【解析】printf()函数参数包括格式控制字符串和输出参数,其中格式控制字符串中除了格式字符外,其他字符原样输出。本题中的"printf("%+-6d%+-6d",a,b);",在%和格式字符d之间,"+"号表示输出的数字带正负号,"-"号表示输出数据向左对齐,"6"表示输出宽度,如果输出数据的宽度不够6,那么左对齐,右边补空格。所以本题输出 +1234 -5678 ,中间一个空格,最后一个空格。本题答案是A选项。

(16) C　【解析】scanf()函数用于输入数据,第一个参数表示输入格式控制。本题变量 a 是 double 类型,使用格式控制符%lf;变量 b 是 float 类型,使用%f;变量 c 是 short 类型,使用%hd,选项C正确。本题答案是C选项。

(17) B　【解析】if 条件表达式"a--||b--&&--c",使用了逻辑或运算符和逻辑与运算符,由于逻辑与运算符优先级比逻辑或运算符优先级高,所以条件表达式等价于(a--)||(b-- && --c),自左向右运算,执行 a--,由于a初值为1,所以 a--的值为1,执行完后 a 的值为0;又因为逻辑或运算符的短路原则,当 a-- 的值为1时,条件为真,后面的表达式 b--&&--c 不执行。程序执行 if 语句块,输出 a,b,c 的值为0,1,1。本题答案是B选项。

(18) C　【解析】程序首先定义整型变量 a 和 b,a 的初值为123456。接着通过 while 循环,判断 a 的值是否为0,若不为0,

则执行循环体。每次循环将a当前值的个位数字(a%10)赋给b,a自身除以10。再通过switch语句判断b的值执行对应分支语句;所以对应a的每个个位数,b的取值为6,5,4,3,2,1。当b取值为6时,执行default,输出6,接着继续执行case 1,break退出switch。执行下一次循环,当b取值为5时,执行case 5输出5。执行下一次循环,当b取值为4时,执行case 4输出4,继续执行case 5输出5。接着下一次循环,当b取值为3时,执行case 3输出3,执行case 4输出4,执行case 5输出5;当b取值为2时,执行case 2输出2,break退出switch;当b取值为1时,执行break,此时a的取值为0,循环终止,程序输出结果为65453452。本题答案为C选项。

(19)A 【解析】程序定义整型变量a和b,初值分别是1,-2。for语句中循环条件式为"a--&&b++",由于--和++的优先级高于逻辑与运算符&&,所以等价于(a--)&&(b++),自左向右运算。第一轮循环,a、b的值为1,-2,首先执行a--,a--的值为1,执行完后a的值为0;继续执行b++,b++的值为-2,执行完后b的值为-1,整个表达式"a--&&b++"的值为真,程序输出0,-1。接着继续循环,第二轮循环,a、b的值分别为0,-1,首先执行a--,a--的值为0,执行完后a的值为-1,a--的值为0,由于逻辑与运算符的短路原则,表达式"a--&&b++"的值一定为假,表达式b++不再执行,循环结束,执行循环体外的printf语句,输出a、b的值分别为:-1,-1。所以本题输出结果为0,-1,-1,-1。本题答案为A选项。

(20)A 【解析】程序定义整型变量a和i,其中a的初值为7。for循环中,循环变量i的取值为1,2,3。循环体中判断a的取值,当a>14时,break退出循环;当a取值为奇数时,a%2==1,a自增3,continue继续执行循环体;当a取值为偶数时,a%2==0,a自增4,输出i和a的值。i取值为1时,a取值为7,自增3后a的值为10,执行下一个循环。i取值为2时,a取值为10,自增4后a的值为14,输出2,14。i取值为3时,a取值为14,自增4后a的值为18,输出3,18。i取值为4时,a取值为18,循环终止,输出4,18。综上,程序输出2,14,3,18,4,18。本题答案为A选项。

(21)B 【解析】题目中的选项都以转义字符"\"开头,\ddd表示三位八进制数代表的一个ASCII字符,\xhh表示两位十六进制数代表的一个ASCII字符。选项A中的089是不合法的八进制数,错误;选项C、D中的\0X或\0x不合法,错误;选项B表示八进制数012代表的ASCII字符,正确。本题答案为B选项。

(22)C 【解析】程序定义一个字符数组b和一个字符变量k。for循环通过循环变量k,遍历数组b中的各个字符,通过if语句判断当前下标为k的字符的ASCII码与字符'm'的大小,若ASCII码小于'm'的字符则改成大写字母(b[k] = b[k]-'a'+'A'),然后输出b[k]。字符串happychristmas,ASCII码小于'm'的字符有h、a、c、h、i、a,所以程序输出HAppyCHrIstmAs。本题答案为C选项。

(23)A 【解析】题意中函数的定义指出了函数名为fun,返回值为int类型。函数包含三个参数,第一个参数是整型的二维数组,第二个参数是整型数组,第三个参数是整型变量。在定义二维数组时,必须指定第二维的长度,所以选项B、C、D错误,选项A正确。本题答案为A选项。

(24)B 【解析】C语言中指针就是变量的地址,它必须有确定的基类型,当指针指向某个变量时,才能向其中写入数据,选项A错误;选项B正确;指针除了指向变量外,还可以赋值为NULL,表示未指向任何地址,此时不能写入数据,另外指针必须有基类型,只能指向基类型相同的变量,选项C错误;指针只能与一个整数进行运算,即移动指针,两个指针不能运算,选项D错误。本题答案为B选项。

(25)D 【解析】程序定义了一个整型数组a,它包含5个整型元素,分别是1,2,3,4,5。数组名a代表数组的首地址,另外还定义整型指针p,将a传给函数f。在函数f中,首先将指针s向右移动一个整型变量的长度,此时s指向元素2(a[1])。s[1](a[2])表示元素3,自增6后s[1](a[2])的值为9。表达式"*s-- += 7"表示将*(s--)指向的元素自增7,即s[0](a[1])的值为9,s向左移动一个整型变量的长度,此时s指向元素1(a[0]),最后将s返回赋给p。经过函数f的调用可知:p指向数组a的第一个元素,a[1]和a[2]值为9。综上,输出结果为9,9,1,9。本题答案为D选项。

(26)C 【解析】程序定义两个整型变量i,j,初值为3,7,另外定义两个整型指针变量p,q,其中p指向i,q指向j。将i,j的地址传给swap()函数,在swap()函数中,a指向i,b指向j。通过临时变量t交换a和b指向的值,此时a指向的实参i、b指向的实参j的值发生了交换,即a指向i的值为7,b指向j的值为3;再通过临时变量tp交换a和b的指针值,使得a指向j,b指向i。所以swap中输出a指向的值为3(j),b指向的值为7(i);swap()函数调用结束后,输出p和q指向的值,即i,j的值7,3,所以程序输出3,7,7,3。本题答案为C选项。

(27)A 【解析】程序定义一个整型变量y和整型二维数组x,并对x赋初值。接着调用函数fun(),在函数fun()中,第一个for循环将数组a的第0列和第N-1列的所有元素累加到y中,第二个for循环将数组a的第0行的2、3和第N-1行的3、2累加到y中,再将y返回。所以fun()函数的功能是将数组a的行列下标为0、N-1的所有元素累加起来,即1,2,3,4,2,3,3,2,4,3,2,1,输出30。本题答案为A选项。

(28)B 【解析】程序中函数fun()的功能是将数组a的n个元素,按照flag的值进行排序;当flag为0时,升序排列;当flag为1时,降序排列。main()函数中定义数组c,初始化10个元素的值。第一次调用函数fun,flag为1,即将c的下标为0开始的5个元素降序排列。第二次调用fun,flag为0,将c的下标为5开始的5个元素升序排列,所以数组c的元素为10,9,8,7,3,1,2,4,5,6。本题答案为B选项。

(29)B 【解析】程序定义数组a,b,其中a使用小写字母和数字构成的字符串完成初始化。第一个for循环将数组a中所有的非小写字母字符(数字字符)自左向右存放到b数组中,第二个for循环将数组a中所有的非数字字符(小写字母)自左向右存放到b的后续单元中,在所有字符后添加空字符,输出b,此时b的值为123456789964abbcdefghijk。本题答案为B选项。

(30)B 【解析】程序首先定义二维字符数组v,使用4个字符串初始化,另外定义字符指针数组p。通过第一个for循环,将v的4个字符串的首地址赋给p。第二个for循环通过两层内嵌循环将p中元素指向的字符串首字母进行排序交换。规则:将指向的字符串的首字母字符按照字母表中的顺序排序后交换。注意,这里交换的是首字母,而不是整个字符串,所以程序输出:afg ebcd hnopq mijkl。本题答案为B选项。

(31)A 【解析】程序定义一个二维字符数组v,使用5个字符串初始化。对于表达式"*v"等价于"*(v+0)",输出的是数组v的第一个元素:efg;表达式"**(v+3)"等价于"*(*(v+3)+0)",输出的是数组v的第四个元素的第一个字符:h;"v[4]"表示数组v的第五个元素,v[4]+2表示输出从下标2开始的所有字符:z;"v[2]"表示数组v的第三个元素,*(v[2]+4)表示输出数组v的第三个元素的下标为4的字符:q;"v[1]+1"表示输出数组v的第二个元素从下标1开始的子字符串,即bcd,本题输出 efg,h,z,q,bcd。本题答案为A选项。

(32)C 【解析】程序定义一个二维字符数组a,使用5个字符串初始化,另外定义字符指针数组p。for循环中,每次将数组a当前下标为i的字符串首地址赋给p[i],再求得p[i]的长度赋给len,一个printf输出p[i]字符串的首字母,第二个printf输出p[i]字符串下标从len/2开始的子字符串。当下标i=0输出:efg;下标i=1输出:acd;下标i=2输出:mopq;当下标i=3输出:hjkl;当下标i=4输出:rvwxyz;程序输出:efgacdmopqhjklrvwxyz。本题答案为C选项。

(33)D 【解析】函数f是一个递归函数,当x>=2时,递归调用自身,返回值为x*f(x-1)+(x-1)*f(x-2);当x<2时,返回值为1。main()函数中,调用函数f传入4,所以y的值为f(4)。f(4)等价于4*f(3)+3*f(2);f(3)等价于3*f(2)+2*f(1);f(2)等价于2*f(1)+1*f(0);f(0)、f(1)等价于1。综上,f(2)等于3,f(3)等于11,f(4)等于53。本题答案为D选项。

(34)A 【解析】程序定义整型的全局变量a,初值为5,main()函数定义整型局部变量a,初值为4。所以在main()函数中,局部变量a屏蔽全局变量a;func()函数中定义局部变量b,初值为5,定义静态变量c,初值为5,并且在func()函数中变量a引用的是全局变量a。综上,我们使用a_a代表全局变量a,使用m_a代表main()函数中局部变量a。main()函数中,k=0时,a_a=5,m_a=4,调用函数func(4),函数func()中d的值为4,b的值为5,c的值为5,执行表达式"a_a--;b--;--c;--d;"后,a_a的值为4,b的值为4,c的值为4,d的值为3,a+b+c+d的值为15,程序输出15。k=1时,a_a=4,m_a=3,调用函数func(3),函数func()中d的值为3,b的值为5,c的值为4(静态变量使用上一次调用结束时的值),执行表达式"a_a--;b--;--c;--d;"后,a_a的值为3,b的值为4,c的值为3,d的值为2,a+b+c+d的值为12,程序输出12。k=2时,a_a=3,m_a=2,调用函数func(2),函数func()中d的值为2,b的值为5,c的值为3,执行表达式"a_a--;b--;--c;--d"后,a_a的值为2,b的值为4,c的值为2,d的值为1,a+b+c+d的值为9,程序输出9。本题答案为A选项。

(35)B 【解析】对于题意中的宏,替换如下:
S1(a+b,a+b)等价于:a+b*a+b,即2+5*2+5,等于17;
S1(a+b,b+a)等价于:a+b*b+a,即2+5*5+2,等于29;
S2(a+b,a+b)等价于:(a+b)*(a+b),即(2+5)*(2+5),等于49;
S2(a+b,b+a)等价于:(a+b)*(b+a),即(2+5)*(5+2),等于49。
本题答案为B选项。

(36)A 【解析】程序定义结构体类型STU,定义全局STU变量a。main()函数定义局部类型为STU变量b,并对它们初始化,调用函数f。将局部变量c的各个成员值赋给a,覆盖a的旧值,并将a的新值返回赋给b,此时a、b的各个成员值都是Sun,f,90。程序输出 Sun,f,90,Sun,f,90。本题答案为A选项。

(37)D 【解析】程序定义结构体类型STU,main()函数定义结构体STU变量b,并将b的地址赋给指针变量a。调用函数f,传入a。在函数f中,定义了STU变量c,将c的地址赋给d,再用d指向的值赋给a指向的地址,接着输出a指向的值,也就是 c 的值:Sun,f,90;由于函数 f 的调用通过指针参数 a 修改了变量 b 的值,所以 a 指向的值也就是 b 的值等价于 c:Sun,f,90。本题答案为 D 选项。

(38) B 【解析】由题意可知,T 是一个数组指针,即 int *[ ],所以使用 T *a 定义,可知 a 属于 int **[ ] 类型。本题答案为 B 选项。

(39) A 【解析】&& 是逻辑与运算符,x,y 的取值为 4,2,两个都是非 0 值,所以 x&&y 的结果为真,值为 1;& 是位运算符,x 的二进制为 0100,y 的二进制为 0010,0100&0010 的结果为 0。本题答案为 A 选项。

(40) D 【解析】程序定义数组 a,使用 6 个元素对其初始化,接着以写二进制方式打开文件 d.dat。调用 fwrite() 函数将 a 的 6 个元素逆序(654321)写入文件,接着调用 rewind() 函数,将文件指针移动到文件开始位置。调用 fread() 函数读入 3 个整数,逐个存放到 a 开始下标为 3 的 3 个位置,即 a[3]=6,a[4]=5,a[5]=4,关闭文件。再次调用 for 循环输出 a,输出结果为 1,2,3,6,5,4。本题答案为 D 选项。

二、程序填空题

【参考答案】

(1) struct list *

(2) p -> next

(3) return pmax;

【解题思路】

程序定义了结构体类型 list,用来作为链表的节点类型,它包含两个成员:data 数据成员,next 指针成员。func() 函数参数为链表的头节点指针,pmax 用来存放最大值,通过 while 循环遍历整个链表。在遍历的过程中,将当前节点的 data 与 pmax 比较,若 pmax 小于当前节点的 data,则使用当前节点的 data 更新 pmax,最后将 pmax 的值作为函数返回值返回。

三、程序修改题

【参考答案】

(1) *t = s%10;

(2) *t = s%10 * s1 + *t;

(3) s1 *= 10;

【解题思路】

fun() 函数中,s 是待处理的数,t 是用来存放新数的指针,s1 表示当前数字在新数中某位上的基数。由题意可知 s 的低位到高位是从 0 开始,所以第 1 个奇数位是 s 的十位数字,需要将 s 除以 10 去掉个位数字,s1 赋初值为十位的基数 10,将处理后的 s 的个位数字存放到指针 t 中;接着通过 while 循环,每次将 s 除以 100,跳过偶数位上的数字,然后将奇数位上的数字乘以对应的基数 s1 后,与 t 指向的数累加,重新存放到指针 t 中,并将基数 s1 乘以 10,表示下一位的基数,直到 s 为 0。

四、程序设计题

【参考答案】

```
double fun( int xx[], int *yy )
{
    int i, odd_count = 0, even_count = 0;
    double ave, odd_sum = 0.0, even_sum = 0.0;
    for (i = 0; i < N; i++)
    {
        if (xx[i] % 2 == 0)
        {
            even_count ++;
            even_sum += xx[i];
        }
        else
        {
            odd_count ++;
            odd_sum += xx[i];
```

```
            }
        if ( odd_count > even_count)
        {
            * yy = odd_count;
            ave = odd_sum / odd_count;
        }
        else
        {
            * yy = even_count;
            ave = even_sum / even_count;
        }
        return ave;
}
```

【解题思路】

程序首先定义循环变量 i,odd_count 统计奇数个数,初值为 0;even_count 统计偶数个数,初值为 0;odd_sum 统计奇数之和,初值为 0.0;even_sum 统计偶数之和,初值为 0.0,另外还定义了平均值 ave。接着遍历数组,让当前元素对 2 求余,若结果为 0,表示是偶数,统计偶数个数同时累加到 even_sum 中;若结果为 1,表示是奇数,统计奇数个数同时累加到 odd_sum 中。最后比较 odd_count 和 even_count 的大小,若 odd_count 较大,则求得奇数的平均值 ave,并将 odd_count 存放到 yy 指向的地址;若 even_count 较大,则求得偶数的平均值 ave,并将 even_count 存放到 yy 指向的地址,最后将 ave 作为函数返回值返回。

第2套 答案及解析

一、选择题

(1) A 【解析】冒泡排序、快速排序、简单插入排序、简单选择排序在最坏情况下比较次数均为 $n(n-1)/2$,堆排序在最坏情况下比较次数为 $n\log_2 n$,希尔排序在最坏情况下需要比较的次数是 $n^r (1<r<2)$。

(2) B 【解析】二叉树的前序序列为 ABCD,由于前序遍历首先访问根节点,可以确定该二叉树的根节点是 A。再由中序序列为 BCDA,可知以 A 为根的该二叉树只存在左子树,不存在右子树,故后序序列为 DCBA。

(3) C 【解析】设叶子节点数为 n,则该树的节点数为 $n+9+5=n+14$,根据树中的节点数=树中所有节点的度之和 +1,得 $9\times 3+0\times 2+5\times 1+n\times 0+1=n+14$,则 $n=19$。

(4) D 【解析】循环链表是线性表的一种链式存储结构,循环队列是队列的一种顺序存储结构。因此 D 选项叙述错误。

(5) A 【解析】软件具有以下特点。①软件是一种逻辑实体,具有抽象性。②软件没有明显的制作过程。③软件在使用期间不存在磨损、老化问题。④对硬件和环境具有依赖性。⑤软件复杂性高,成本昂贵。⑥软件开发涉及诸多的社会因素。

(6) B 【解析】数据流图是系统逻辑模型的图形表示,从数据传递和加工的角度,来刻画数据流从输入到输出的移动变化过程,它直接支持系统的功能建模。

(7) C 【解析】1966 年 Boehm 和 Jacopini 证明了程序设计语言仅仅使用顺序、选择和重复 3 种基本控制结构就足以表达出各种其他形式结构的程序设计方法。

(8) B 【解析】关系具有以下 7 个性质。①元组个数有限性:二维表中元组的个数是有限的。②元组的唯一性:二维表中任意两个元组不能完全相同。③元组的次序无关性:二维表中元组的次序,即行的次序可以任意交换。④元组分量的原子性:二维表中元组的分量是不可分割的基本数据项。⑤属性名的唯一性:二维表中不同的属性要有不同的属性名。⑥属性的次序无关性:二维表中属性的次序可以任意交换。⑦分量值域的同一性:二维表属性的分量具有与该属性相同的值域,或者说列是同质的。满足以上 7 个性质的二维表称为关系,以二维表为基本结构所建立的模型称为关系模型。

(9) D 【解析】一个客户可以在多家银行办理业务,一家银行也有多个客户办理业务,因此,实体客户和实体银行之间的联系是多对多。

(10) A 【解析】关系 SC 中的主键是(S#,C#),但 C#(课程号)单独就可以决定 Cn(课程名),存在着对主键的部分依赖。

(11) B 【解析】算法是指为解决某个特定问题而采取的确定且有限的步骤,一个算法应当具有 5 个特征:有穷性、确定性、可行性、有零个或多个输入、有一个或多个输出。本题答案为 B 选项。

(12) C 【解析】标识符的命名可以由字母、数字或下划线组成,并且第一个字符必须为字母或下划线,另外用户标识符不能使用关键字。选项 A 的 Void 可以定义为用户标识符,因为 C 语言对大小写敏感,Void 与关键字 void 属于不同的标识符;选项 B 中 scanf 是库函数名,属于预定义标识符,它也可以作为用户标识符使用,不过通常不建议这么使用;选项 C 中的 int 属于关键字,错误;选项 D 符合标识符的命名规则,也不属于关键字,可以作为标识符使用。本题答案为 C 选项。

(13) A 【解析】字符常量是使用单引号括起来的单个字符,选项 A 错误;选项 B 属于浮点数常量,正确;选项 C 属于转义字符常量,正确;选项 D 属于转义字符,代表八进制数 011 的 ASCII 码值的字符,正确。本题答案为 A 选项。

(14) C 【解析】对于表达式:(m = a > b) && (n = c > d),首先执行 m = a > b,由于 a、b 的值分别为 1,2,所以 a > b 的值为 0,m 的值为 0;又由于逻辑与运算符 && 的短路原则,第一个表达式的值为假,所以整个表达式的值已经确定为假,第二个表达式不会被执行,n 的值依然是 2。本题答案为 C 选项。

(15) A 【解析】根据题意,要使 a 的值为 111,b 的值为 333,必须在读入时指定 a 的读入宽度为 3,b 的读入宽度为 3,且 a 和 b 的控制字符之间必须额外增加 %*控制符,用于跳过中间的三位输入数字,选项 A 正确。本题答案为 A 选项。

(16) D 【解析】程序定义 double 变量 x,y,给 x 赋初值 2.0。if 语句判断,当 x 小于 0.0 时,给 y 赋值 0.0;否则当 x 小于 10.0 时,y 的值为 1.0/x;当 x 大于等于 10.0 时,y 的值为 1.0。题意中 x 的值为 2.0,所以 y 的值为 1.0/x,即 0.500000。本题答案为 D 选项。

(17) D 【解析】程序首先定义整型变量 s 和 i,对 s 赋初值为 0。for 循环中 i 的取值为 1,2,3,4,另外在 switch 语句中,执行各个分支后,若没有 break 语句,会继续执行后续分支。当 i = 1 时,switch 语句执行 case 1、case 2 和 default,将 s 自增 3 后再自增 5,此时 s 的值为 8;当 i = 2 时,switch 语句执行 case 2、default,将 s 自增 3 后再自增 5,此时 s 的值为 16;当 i = 3 时,switch 语句执行 case 3、case 1、case 2、default,将 s 逐步自增 2、自增 3、自增 5,此时 s 的值为 26;当 i = 4 时,switch 语句执行 default,将 s 自增 5,此时 s 的值为 31。本题答案为 D 选项。

(18) D 【解析】条件表达式形式:表达式 1 ? 表达式 2 : 表达式 3,当表达式 1 的值为非零值时,整个表达式的值是表达式 2 的值;当表达式 1 的值为零值时,整个表达式的值是表达式 3 的值。题意中的表达式是嵌套的条件表达式:w < x? w:z < y? z:x,等价于 w < x? w:(z < y? z:x)。由于 w 取值为 4,x 取值为 3,所以 w < x 的值为零值,整个表达式的值为 z < y? z:x;z 取值为 1,y 取值为 2,所以 z < y 的值为非零值,整个表达式的值为 z 的值 1。本题答案为 D 选项。

(19) B 【解析】for 循环中,i 取值为 1~100。循环体中,3 个 if 语句必须同时满足才会输出 x,输出的 x 取值为 i + 3,所以 x 的取值只能是 4~104;x 必须满足以下条件:1. x%7 == 0 (x 必须是 7 的倍数);2. (x-1)%3 == 0 (x 必须是 3 的倍数+1);3. (x-2)%2 == 0 (x 必须是 2 的倍数)。满足条件 3 的 x 取值为:7,14,21,28,35,42,49,56,63,70,77,84,91,98;又满足条件 2 的 x 取值为:7,28,49,70,91;又满足条件 1 的 x 取值为:28,70。本题答案为 B 选项。

(20) A 【解析】switch 语句中不一定使用 break 语句,选项 A 正确;break 语句除了用于 switch 语句,还可以用于循环语句中,选项 B、C 错误;switch 语句不一定需要使用 default 语句,选项 D 错误。本题答案为 A 选项。

(21) A 【解析】题意中,函数 fun() 的功能是判断形参 ch 是否是大写字母,若是大写字母则改写成小写字母,其他字符不变;main() 函数中,通过 while 循环,调用 fun() 函数,将字符数组 s 中的各个字符传入,将 s 中的大写字母改成小写字母,程序输出:abc + abc = defdef。本题答案为 A 选项。

(22) B 【解析】C 语言中,char 型变量的值是其对应字符的 ASCII 码值,可以作比较运算。由于小写字母的 ASCII 码值按字母表的顺序连续递增,所以判断 char 型变量 c 是否是小写字母时,判断 c 的 ASCII 码值是否在 'a' 和 'z' 之间,即 (c >= 'a') && (c <= 'z')。本题答案为 B 选项。

(23) A 【解析】在一个函数内的复合语句中定义的变量在本复合语句块范围内有效,选项 A 错误,其他选项正确。本题答案为 A 选项。

(24) A 【解析】函数中,形参必须是变量,实参可以是常量、变量或表达式,选项 A 的叙述错误,选项 B 正确;实参的个数和类型要与形参一致,选项 C、D 正确。本题答案为 A 选项。

(25) C 【解析】题意中,整型指针变量 pk 指向 k,pm 指向 m,所以表达式 "*pk * (*pm)"的值为 k*m,即 2*4=8;左边表达式 "*(p=&n)" 先将变量 n 的地址赋给 p,然后对 p 解引用,引用到 n,对 n 赋值为 8。本题答案为 C 选项。

(26) A 【解析】"int *p[3]"含义是定义一个指针数组 p,数组中包含 3 个元素,每个元素都是 int *类型的指针。本题答案为 A 选项。

(27) B 【解析】选项 A 中,对二维数组 a 的 6 个元素都赋值为 0,正确;选项 B 中,由于 a 包含 2 个元素,每个元素都是包含 3 个元素的一维数组,初始化列表中包含 3 个元素,每个元素是包含 2 个元素的数组,错误;选项 C 中,a 的每个元素是包含3个元素的一维数组,初始化列表对a[0]的3个元素初始化为1,2,0,对a[1]的3个元素初始化为0,0,0,正确;选项D中,对a[0]初始化为1,2,3,对a[1]初始化为4,5,6,正确。本题答案为B选项。

(28) A 【解析】题意中,函数fun()接收一个整型指针参数,返回值为int类型。main()函数首先定义一个函数指针a,将函数fun()的地址赋给a,所以a是指向函数fun()的指针,可以通过a调用函数fun()。选项A中,通过a调用函数fun(),可以使用(*a),接收的参数是整型变量c的地址,正确;选项B中,参数x是一个数组,错误;选项C中,调用b函数,由于程序没有给出函数b的定义,所以这里调用b是错误的,而且函数b是没有参数的,这里调用b的时候传入了参数,所以选项C错误;选项D中,由于b是一个函数,不能作为整型指针变量传给fun()函数,所以D错误。本题答案为A选项。

(29) A 【解析】函数fun()接收两个整型指针变量作为参数,通过while循环,比较p和q对应位上的各个字符,如果字符相同,继续向后比较;否则循环结束,返回第一次对应不同字符的ASCII码差值。所以函数fun()是对p和q指向的字符串进行比较,比较的大小是按第一个对应位置上不同字符的ASCII码值。本题答案为A选项。

(30) B 【解析】函数fun()将形参b赋给形参a,使得a和b都指向原b所指向的地址,然后对该地址的值执行自增1;main()函数中p1指向ch1,p2指向ch2。通过fun()函数的调用,将ch2的值完成自增1,字符'a'自增1后变成字符'b',所以程序输出Ab。本题答案为B选项。

(31) D 【解析】题意中,函数fun()的功能是通过递归,将数组a中下标为0~n-1位置的元素累加,作为函数返回值返回。main()函数调用fun时,传入的a+2作为数组参数,传入n的值是4,所以函数返回值是元素a[2]、a[3]、a[4]、a[5]的和,程序输出18。本题答案为D选项。

(32) D 【解析】题意中,函数fun()的第二个参数通过指针作为函数返回值,它的功能是通过递归,求得fun(n)的值为fun(n-1)+fun(n-2),由于当n取值为1,2时,值为1。所以可知整个数列如下:1,1,2,3,5,8…,即某一项是前两项之和,所以当n取值为6时,fun(6,*s)返回s的值为3+5=8。本题答案为D选项。

(33) A 【解析】将函数内的局部变量说明为static存储类,第一次调用该函数时才对其初始化,后续调用时使用上一次调用结束后的值;函数体内的局部变量无论是否声明为static,外部编译单位都不能引用,选项A的叙述错误,其他选项正确。本题答案为A选项。

(34) D 【解析】题意中,函数fun()的功能是将二维数组p的行下标为1、列下标为1的元素(p[1][1])的值,赋给二维地址s指向的*s所指向的存储单元。main()函数中定义了整型指针p,动态分配了整型长度的内存空间,调用函数fun()将数组元素a[1][1],即9赋给p所指向的空间。本题答案为D选项。

(35) A 【解析】宏替换是在编译阶段前的预处理阶段,对程序中的宏完成文本替换,因此宏替换不占运行时间,选项A正确;预处理命令行无须在源文件的开头,它可以出现在程序的任何一行的开始部位,其作用一直持续到源文件的末尾,选项B错误;在源文件的一行上至多只能有一条预处理命令,选项C错误;宏名通常使用大写字母表示,这并不是语法规定,只是一种习惯,选项D错误。本题答案为A选项。

(36) B 【解析】main()函数中定义包含5个元素的数组m,每个元素都是NODE类型。指针p指向数组第一个元素,指针q指向数组最后一个元素;while循环使用p,q从首尾向中间遍历,遍历的同时为各个元素赋值。所以第一轮循环,i的值为0,先执行++i的值为1,后执行i++的值也为1,m[0].k和m[4].k的值都为1;接着第二轮循环,i的值为2,先执行++i的值为3,后执行i++的值也为3,m[1].k和m[3].k的值都为3;第三轮循环时,p和q指向的都是m[2]元素,指针相同,循环结束,此时i的值为4,即m[2].k赋值为4,综上,程序输出:13431。本题答案为B选项。

(37) A 【解析】结构体变量中的成员可以是简单变量、数组、指针变量或者结构体变量,选项A正确;不同结构体成员名可以相同,选项B错误;结构体定义时,其成员的数据类型不能是本结构体类型,选项C错误;结构体定义时,类型不同的成员项之间使用分号隔开,选项D错误。本题答案为A选项。

(38) D 【解析】整型变量ch使用八进制数020初始化,二进制数为10000,右移一位结果为1000,使用%d输出十进制数为8。本题答案为D选项。

(39) A 【解析】fgets()函数的功能是从fp所指文件中读入n-1个字符放入以str为起始地址的空间内,读取长度不超过n-1,读入结束后,自动在最后添加'\0',选项A正确。本题答案为A选项。

(40) D 【解析】fread()函数用来读二进制文件,其中buffer是数据块的指针,它是内存块的首地址,输入的数据存入此内存中;size表示每个数据块的字节数;count用来指定每读一次,读入的数据块个数;fp是文件指针,指向要读的文件,选项A、B、C错误。本题答案为D选项。

二、程序填空题
【参考答案】
(1) 26
(2) <=
(3) 26

【解题思路】
　　函数 fun() 中首先将大写字母按照字母表的顺序存放到数组 A 中,将小写字母按照字母表的顺序存放到数组 a 中;然后判断输入的字符 c,若字符 c 是小写字母,则将指针 ptr 指向数组 a,若是大写字母,将指针 ptr 指向数组 A;然后使用变量 i 遍历 1~d,输出 ptr 所指数组中,偏移量为 c－ptr[0]+i 的元素,若偏移量 c－ptr[0]+i>=26,则对 26 求余,循环输出数组开始部分的元素。注意:题意要求输出当前字符的后继字符,所以 c－ptr[0]+i 是将当前字符 c 减去 ptr 所指元素,然后与 i 相加,得到后继第 i 个字符的下标。

三、程序修改题
【参考答案】
(1) *c0 = *c1 = 0;
(2) for(k=0; k<strlen(str); k++)
(3) (*c0)++;

【解题思路】
　　函数 fun() 的参数分别是 str,c0,c1,其中 str 指向待处理的字符串,c0 所指变量用来统计字符串中大写字母的个数,c1 所指变量用来统计字符串中小写字母的个数。首先对 c0 和 c1 所指变量赋初值为 0,然后遍历字符串 str,若当前字符 str[i] 的 ASCII 码在 A~Z 之间,则对 c0 所指变量的值自增 1;若当前字符 str[i] 的 ASCII 码在 a~z 之间,则对 c1 所指变量的值自增 1,由于 c0 和 c1 都是指针变量,所以在使用地址中存储的数据时,需要对它们进行解引用。

四、程序设计题
【参考答案】
```
int fun(int x[], int e, int *sum)
{
    int i, count = 0;
    *sum = 0;
    for (i = 0; i < N; i++)
    {
        if (x[i] % e == 0)
        {
            count++;
        }
        else
            *sum += x[i];
    }
    return count;
}
```

【解题思路】
　　程序首先定义循环变量 i,整型变量 count,count 赋初值为 0,count 用来统计可以被 e 整除的元素个数;由于 sum 是 main 函数传入的指针变量,用来存放不能被 e 整除的元素之和,所以程序需要对 sum 所指变量赋初值为 0。接着通过 for 循环变量数组 x,将 x[i] 对 e 求余,若余数为 0,则当前 x[i] 可以被 e 整除,将 count 自增 1;若余数不为 0,则 x[i] 不能被 e 整除,将 x[i] 累加到 sum 所指变量中,最后将 count 作为函数返回值返回。

附 录

综合自测参考答案

第1章

选择题									
1	A	2	B	3	D	4	C	5	A
6	C	7	D	8	D	9	B	10	D
11	D	12	C	13	B	14	D	15	A

第2章

一、选择题									
1	A	2	C	3	C	4	D	5	C
6	D	7	C	8	B	9	A	10	A
11	D	12	B						

二、操作题		
第4行:r后面应为逗号","	第7行:行尾应加上分号";"	第11行:行尾不应加分号";"

第3章

一、选择题									
1	B	2	A	3	C	4	D	5	C
6	A	7	B	8	D	9	B	10	C
11	B	12	D	13	C	14	A	15	D

二、操作题		
【1】0	【2】10 * x	【3】n/10

第4章

一、选择题									
1	C	2	B	3	A	4	A	5	C
6	A	7	B	8	B				

二、操作题		
【1】char	【2】ch <= '9'	【3】'0'

第5章

一、选择题									
1	D	2	B	3	A	4	B	5	D
6	C	7	B	8	B	9	A	10	C
11	B	12	A						

二、操作题	
第6行:c = c + 32;	第9行:c = c + 5;

第6章

一、选择题									
1	D	2	D	3	D	4	A	5	C
6	B	7	A	8	D	9	B	10	A
11	C	12	B						

二、操作题			
1	【1】0	【2】n	【3】(t * t)
2	【1】s[i]	【2】'9'	【3】*t = n

第7章

一、选择题

1	D	2	A	3	A	4	A	5	D
6	D	7	D	8	B	9	C	10	A
11	D	12	A	13	A	14	A	15	C
16	D	17	D	18	D	19	A	20	A

二、操作题

1	【1】1	【2】i	【3】a[p+i]或*(a+p+i)
2	【1】1	【2】s[k]或*(s+k)	【3】c

第8章

一、选择题

1	A	2	B	3	C	4	B	5	A
6	C	7	B	8	C	9	D	10	B
11	A	12	A	13	B	14	D	15	C
16	D	17	A	18	C	19	D		

二、操作题

第5行:long s=0,t=0;	第11行:t=t/10;

第9章

一、选择题

1	D	2	D	3	D	4	A	5	B
6	A	7	B	8	A	9	B	10	D
11	C	12	C	13	B	14	B	15	C
16	C	17	B	18	A	19	D		

二、操作题

1	【1】&&	【2】0或'\0'	【3】s[j]或*(s+j)
2	第9行:while(*r)	第19行:r++;	

第10章

一、选择题

1	B	2	B	3	C	4	C	5	B
6	B	7	C	8	C	9	C	10	D
11	C	12	B	13	D				

二、操作题

【1】s[i]	【2】k	【3】'\0'或0

第11章

一、选择题

1	D	2	D	3	C	4	C	5	B
6	B	7	C	8	B	9	A	10	A
11	C								

二、操作题

1	第13行:while(p!=NULL)	第17行:p=p->next;	
2	【1】q	【2】next	【3】next

第12章

一、选择题

1	A	2	C	3	B	4	D	5	A
6	A	7	B	8	D	9	A	10	B
11	D	12	A	13	D	14	A	15	C
16	D								

二、操作题

【1】STYPE	【2】FILE	【3】fp